测绘行业职业技能培训教材

地 籍 测 绘

DIJI CEHUI

（技师版）

国 家 测 绘 局 人 事 司
国家测绘局职业技能鉴定指导中心 编

测 绘 出 版 社

·北京·

图书在版编目(CIP)数据

地籍测绘/国家测绘局人事司，国家测绘局职业技能鉴定指导中心编. —北京：测绘出版社，2010.6(2018.1 重印)
测绘行业职业技能培训教材
ISBN 978-7-5030-2041-4

Ⅰ. ①地…　Ⅱ. ①国…②国…　Ⅲ. ①地籍测量－技术培训－教材　Ⅳ. ①P27

中国版本图书馆 CIP 数据核字(2010)第 099302 号

责任编辑　贾晓林	封面设计　李　伟	责任校对　董玉珍　李　艳	责任印制　陈　超

出版发行	测绘出版社		
地　　址	北京市西城区三里河路 50 号	电　　话	010-83543956(发行部)
邮政编码	100045		010-68531609(门市部)
电子邮箱	smp@sinomaps.com		010-68531363(编辑部)
印　　刷	北京京华虎彩印刷有限公司	网　　址	www.sinomaps.com
成品规格	210mm×297mm	经　　销	新华书店
印　　张	13	字　　数	410 千字
版　　次	2010 年 6 月第 1 版	印　　次	2018 年 1 月第 2 次印刷
印　　数	1501—2000	定　　价	45.00 元

书　　号　ISBN 978-7-5030-2041-4/P・468

本书如有印装质量问题，请与我社联系调换。

编写说明

测绘是经济社会发展和国防建设的一项基础性工作。随着经济社会的全面进步，各方面对测绘的需求不断增长，测绘滞后于经济社会发展需求的矛盾日益突出。为进一步加强测绘工作，提高测绘对落实科学发展观和构建社会主义和谐社会的保障服务水平，国家对测绘事业发展越来越重视，《国务院关于加强测绘工作的意见》提出：加大测绘人才培养力度，全面提高测绘队伍整体素质；加强测绘职业资格管理，积极实施注册测绘师制度；加强基础地理信息获取和服务队伍建设，形成一支布局合理、功能完善、保障有力的基础测绘队伍。

高技能人才是我国测绘人才队伍的重要组成部分，在加快产业优化升级、提高企业竞争力、推动技术创新和科技成果转化等方面具有不可替代的重要作用。改革开放以来，我国高技能测绘人才工作取得了显著成绩，人才队伍不断壮大。但是，随着经济全球化趋势深入发展，科技进步日新月异，我国经济结构调整不断加快，人力资源能力建设要求不断提高，高技能测绘人才工作也面临严峻挑战。从总体上看，高技能测绘人才工作基础薄弱，与现代测绘技术的发展不适应。

国家测绘局《关于加强"十一五"测绘人才工作的意见》指出：认真贯彻落实中央《关于进一步加强高技能人才工作的意见》，大力加强技能人才的培养，力争用5年时间在测绘行业培养5 000名左右高技能人才、1 000名左右技师和高级技师；以职业院校和职业培训机构为依托，加大对技能人才的上岗培训、岗位技能培训，支持和鼓励职工参加各种职业技能学习；健全和完善技能人才考核评价制度，进一步加强测绘行业特有工种职业技能鉴定工作；大力开展多种形式的测绘职业技能竞赛、岗位练兵和技术创新活动，为测绘高技能人才脱颖而出创造条件；研究建立测绘就业和岗位准入制度，并探索把高技能人才的配备情况作为测绘单位资质评估和参加重大工程项目招投标的必要条件。

为推动测绘高技能人才队伍建设，配合测绘行业技师、高级技师的培训和考评工作顺利开展，我们组织编写了这套测绘行业职业技能培训教材。本套教材是测绘行业技师考评的指定培训教材，亦可供有关院校师生及其他测绘专业技术人员参考使用。

本套教材内容翔实，结构合理，统筹考虑和兼顾了测绘理论知识和实际测绘生产技能的关系，做到了理论联系实际，实现了知识和技能的统一。该教材与国家职业标准紧密结合，对国家职业标准的基本要求、工作要求以及理论知识和技能操作所占比重，特别是工作要求中所涉及的职业功能、工作内容、技能要求和相关知识，都有直接的反映和体现。同时，教材中引入了大量技术实例，融入了大量测绘实际工作中的经验、方法和技术，贯穿了测绘规范的相关规定，加强了依据测绘规范进行生产操作的观念，重点突出了测绘生产过程中技术设计、作业方案、组织实施、数据处理、技术总结、质量检验、技术指导、技术培训等各个技术环节，注重实际操作能力培养，具有较强的实用性和指导性。

本套教材由国家测绘局人事司、国家测绘局职业技能鉴定指导中心组织编写，郑州测绘学校承担本套教材的编写工作。陕西测绘局、黑龙江测绘局、四川测绘局、中国测绘科学研究院、北京市测绘设计研究院、浙江省测绘局等单位承担本套教材的审稿工作。测绘出版社对本套教材的出版给予了大力支持。此外，在2007年12月出版的由浙江省测绘局主持编写的《房产测量》测量员版教材中已经涵盖了房产测量技师的培训内容，在技师版教材中暂未单独成册。

读者在使用过程中如发现问题，可书面向国家测绘局职业技能鉴定指导中心反映，以便今后修订过程中加以完善。

测绘行业职业技能培训教材编审委员会

2009年6月

测绘行业职业技能培训教材编审委员会

主任委员　李永春　赵继成　李玉潮

副主任委员　雷　斌　韩力援　李骏元　高锡瑞

委　　员　任振宇　庞秋红　曾晨曦　胡秀琴

张彦东　常　玲　刘忠卿　崔　巍

薛雁明　王军德　杨国清　尚国旗

郑殿军　侯方国

主　　编　李玉潮

副 主 编　李骏元　薛雁明

《地籍测绘》编审人员

执行主编　侯方国

参　　编　马臣领　王建设

审　　稿　崔　巍

前　言

本书依据《地籍测绘员》国家职业标准(6-01-02-05)编写,为测绘行业地籍测绘技师职业技能培训教材,也可供有关院校师生及其他测绘技术人员参考。

根据职业要求和工作内容,本书共编写了九章。内容包括地籍测绘方案制定、地籍测绘技术设计、地籍测绘组织与实施、地籍测量数据处理、地籍数据库建设、地籍测绘成果资料整理与质量管理、地籍测绘成果检查验收与质量评定、地籍测绘技术总结、技术指导与业务培训。本书所需要的其他测绘基础知识,可参考配套培训教材《测量基础》、测绘行业职业技能培训教材《地籍测量》(测量员版)。本教材考虑了职业要求的理论知识的条理性和系统性,又兼顾了测绘生产实际,实现了理论知识与生产实践的有机统一。

本书在编写中,引入了大量的生产实例,融入了大量的地籍测绘中的经验、方法、技术;同时体现了最新测绘规范的相关规定,重点突出了测绘生产过程中方案制定、设计、实施、数据处理、质量管理、质量检验、技术总结等技术环节。这对培训和考核地籍测绘技师及培养测绘生产单位技术人员,都有很强的指导性和可借鉴性。

本书由侯方国担任主编,马臣领、王建设参编。具体分工如下:第一章、第二章由马臣领编写;第三章、第八章、第九章由侯方国编写;第四章、第五章、第六章、第七章由王建设编写;全书由侯方国统稿。

本书在编写过程中,得到了郑州测绘学校教材编审委员会的诸多指导,同时听取了有关专家和有关老师的意见。国家测绘行业特有工种职业技能鉴定浙江站崔巍同志进行了认真细致的审稿,提出了许多宝贵建议。在此一并表示感谢!

本书在编写中,部分内容参考了互联网上收集的文献资料,在此表示感谢! 如果涉及版权问题,请与国家测绘局职业技能鉴定指导中心联系,共同协商解决。

热忱希望广大读者对书中错误给予批评指正。

编　者
2010年4月

目　录

第一章　地籍测绘方案制定 …… (1)
§1-1　地籍测绘技术方案制定 …… (1)
§1-2　控制网设计 …… (4)
§1-3　地籍测绘平面控制网布设方案 …… (8)

第二章　地籍测绘技术设计 …… (11)
§2-1　测绘技术设计概述 …… (11)
§2-2　地籍测绘技术设计 …… (18)
§2-3　某市D级GPS控制网技术设计书样例 …… (19)
§2-4　地籍测绘专业技术设计书样例 …… (23)

第三章　地籍测绘组织与实施 …… (31)
§3-1　概述 …… (31)
§3-2　地籍调查的组织与实施 …… (35)
§3-3　导线网控制测量实施与技术要求 …… (37)
§3-4　GPS控制网测量实施与技术要求 …… (40)
§3-5　数字地籍测绘 …… (45)
§3-6　地籍原图数字化 …… (48)
§3-7　数字摄影测量法成图 …… (49)

第四章　地籍测量数据处理 …… (57)
§4-1　导线测量数据处理 …… (57)
§4-2　GPS测量数据处理 …… (65)
§4-3　高程控制网数据处理 …… (73)
§4-4　导线网平差算例 …… (75)
§4-5　GPS网平差算例 …… (81)

第五章　地籍数据库建设 …… (86)
§5-1　数据库基础知识 …… (86)
§5-2　空间数据库管理系统 …… (90)
§5-3　地籍数据库 …… (95)
§5-4　地籍元数据 …… (99)
§5-5　地籍数据库设计 …… (105)
§5-6　地籍数据建库与检查 …… (113)
§5-7　地籍数据库更新与管理功能 …… (124)
§5-8　地籍数据库安全管理与维护 …… (125)
§5-9　地籍信息系统概述 …… (128)

第六章　地籍测绘成果资料整理与质量管理 …… (132)
§6-1　地籍测绘成果资料整理 …… (132)

§6-2　地籍测绘成果资料档案管理 …………………………………………………… (136)
§6-3　成果质量管理概述 ……………………………………………………………… (141)
§6-4　地籍测绘质量控制要点 ………………………………………………………… (147)
§6-5　测绘技术标准 …………………………………………………………………… (152)

第七章　地籍测绘成果检查验收与质量评定……………………………………… (157)
§7-1　成果检查验收依据 ……………………………………………………………… (157)
§7-2　地籍测绘成果检查验收质量要求 ……………………………………………… (157)
§7 3　成果检查验收方法及要求 ……………………………………………………… (160)
§7-4　地籍测绘成果质量评定 ………………………………………………………… (166)
§7-5　某地籍测绘项目检查报告样例 ………………………………………………… (171)

第八章　地籍测绘技术总结…………………………………………………………… (176)
§8-1　测绘技术总结概述 ……………………………………………………………… (176)
§8-2　地籍测绘技术总结内容及要求 ………………………………………………… (183)
§8-3　某市 GPS 控制测量技术总结样例 ……………………………………………… (184)
§8-4　某县地籍测绘项目技术总结样例 ……………………………………………… (189)

第九章　技术指导与业务培训………………………………………………………… (194)

参考文献………………………………………………………………………………… (196)

附录　土地利用现状分类……………………………………………………………… (197)

第一章　地籍测绘方案制定

§1-1　地籍测绘技术方案制定

地籍测绘工作开始前，应按照有关要求，结合各地实际情况，制定可行的技术方案。地籍测绘技术方案经专家论证后，报相关部门审查批准后方可实施。

地籍测绘技术方案内容主要包括：基本情况、测绘范围、技术路线、作业依据、技术方法、工作程序（准备工作、外业调查、外业测量、面积统计、数据库建设、成果整理、质量监理、检查验收、成果资料归档和汇交）、数据库建设、面积量算与统计、质量监控体系、测量成果、组织实施等。

一、地籍测绘的目的和意义

地籍测绘是调查和测定土地及其附着物的权属、位置、数量、质量和利用现状等基本情况的测绘工作。地籍测绘也是一项具有政府行为的测绘工作，是社会经济发展过程中的重要基础工程，为国家经济建设提供基础资料和定位系统。通过获取其空间信息和属性信息，掌握真实的土地基础数据，并对测绘成果实行信息化、网络化管理，为建立和完善土地调查、登记制度和统计制度，实现土地资源信息的社会化服务，满足经济社会发展、土地宏观调控及国土资源管理的需要。开展地籍测绘，对于贯彻落实科学发展观构建社会主义和谐社会，促进经济社会可持续发展和加强国土资源管理具有十分重要的意义。

二、测绘范围和内容

测绘范围可根据各地实际及已有资料的完善情况划定。在1∶10 000比例尺标准分幅土地利用现状图上根据线状地物或权属界线标绘出测绘范围，与土地利用更新调查不重不漏，并要在工作方案与技术方案中具体说明测绘范围。

地籍测绘内容包括权属调查、地籍测量、面积量算、数据库建设。权属调查是现场调查核实每一宗土地的位置、权属、界址、地类、数量、质量等基本状况；地籍测量是测量每宗土地的界址点、界址线、位置、形状，测绘地籍图和宗地图；面积量算与汇总是根据不同要求，计算宗地面积及各地类面积并进行统计汇总；数据库建设是利用上述调查成果，采用先进的地理信息系统和数据库技术建立地籍专题数据库。

三、技术路线与方法

（一）技术路线

围绕地籍测绘总体目标和主要工作内容，依据相关技术规程，充分利用现有地籍测绘成果，采用无争议的权属资料，运用航天航空遥感（RS）、地理信息系统（GIS）、全球卫星定位系统（GPS）和数据库及网络通信等技术，在权属调查（核查）的基础上，参考原有的地籍调查资料，建立相应等级的地籍控制网；采用航空摄影测量、野外数字测量、解析法、部分解析法等方法测制符合要求的数字地籍图；并在此基础上建立城镇地籍数据库。

城市和有条件的地方，应优先采用航空摄影测量法或野外数字测量法，并制作数字地籍图和数字地籍正射影像图；采用航空摄影测量方法的县城、建制镇，在测绘数字地籍图的同时，均应制作符合要求的数字地籍正射影像图。首先获取测区数字线划地形图及数字影像图，再与解析法实测的界址点和其他地籍要素套合，按规定整饰后制作成数字地籍图和真彩色数字地籍正射影像图。条件不具备的县城、一般建制镇和独立工矿，可以采用野外数字测量法或解析法；乡政府所在地可以采用部分解析法施测。

（二）技术方法

1. 外业调查与测量技术方法

充分应用航空、航天遥感技术手段，及时获取客观现势的地面影像作为主要信息源。采用多平台、多波段、多信息源的遥感影像，包括航空、航天获取的光学及雷达数据，制作数字线划图和数字影像图，并以此作为调查底图，充分利用现有资料，在GPS等技术手段引导下，实地对每一块土地的地类、权属等情况进行外业调查，并详细记录，绘制相应图件，填写外业调查记录表，确保每一地块的地类、权属等现状信息详细、准确、可靠。地籍测量以1∶500比例尺为主，充分运用全球定位系统、全站仪等现代化测量手段，采用数字测量法准确确定每宗土地的位置、界址、权属等信息。

2. 基于统一标准的地籍数据库建设方法

系统整理外业调查与测量记录，并以县（区）为单位，按照国家统一的数据库标准和技术规范，逐宗录入调查记录，并对图形数据和属性的表单数据进行属性联结，形成集图形、影像、属性、文档为一体的地籍数据库。

以地理信息系统为图形平台，以大型的关系型数据库为后台管理数据库，存储各类地籍成果数据，实现对土地利用的图形、属性、栅格影像空间数据及其他非空间数据的一体化管理，借助网络技术，采用集中式与分布式相结合的方式，有效存储与管理地籍数据。考虑到土地变更调查需求，采用多时序空间数据管理技术，实现对土地利用数据的历史回溯。另外，由于地籍调查成果包括了土地利用现状数据、遥感影像数据、权属调查数据以及土地动态变化数据等，数据量庞大，记录繁多，采用数据库优化技术，提高数据查询、统计、分析的运行效率。

3. 基于网络的信息共享及社会化服务技术方法

借助现有的国土资源信息网络框架，采用现代网络技术，建立先进、高速、大容量的全国土地利用信息管理、更新的网络体系，按照“国家—省—市—县”四级结构分级实施，实现各级互联和数据的及时交换与传输，为国土资源日常管理提供信息支撑。同时，借助现有的信息网络及服务系统，依托国家自然资源和空间地理基础数据库信息平台，实现与各行业的信息共享与数据交换，为各相关部门和社会提供土地基础信息和应用服务。

四、权属调查

（一）确定调查的基本内容

权属调查是指以宗地为单位，对宗地的权属、位置等属性进行调查和确认（土地登记前具有法律意义的初步确认），具体内容有：

(1) 查清一宗地的权属状况，包括宗地权属性质、权属来源、取得土地的时间和土地使用期限、土地使用者或所有者名称等。取得土地的时间是指获得土地使用权的起始时间。土地使用期限是指获得土地使用权的最高年限。

(2) 查清一宗地的位置状况（坐落、门牌号、四至、宗地号等）、界址状况（界址点、界址线、界标）以及相关的行政界线、地理名称等。

(3) 查清一宗地的利用状况和土地级别。

土地利用状况调查包括宗地的批准用途和实际用途的调查，以《土地利用现状分类》（GB/T 21010—2007）调查至二级分类。

土地级别调查利用城镇土地定级成果，确定每宗地的土地级别，并在图上标注土地级别界线。

（二）制定权属调查工作程序

1. 拟订调查计划

明确调查任务、范围、方法、时间、步骤、人员组织以及经费预算，然后组织专业队伍，进行技术培训与试点。

2. 物质方面准备

印刷统一制定的调查表格和簿册，仪器与绘图的各种工具，生活交通工具和劳保用品等。

3. 调查底图选择

根据需要和已有的图件，选择调查底图。利用已有的数字正射影像图、航片或已有的地籍图、大比例尺地形图作为调查工作底图，也可以利用按街坊或小区绘制的宗地关系图作为调查工作底图。

4. 街道和街坊划分

以县级行政区为单位，按照街道（乡、镇）—街坊（村）—宗地三级进行编号。对于城市，在街道办事处管辖范围内，以马路、街、巷为界，适当地划分若干街坊；对于县城或建制镇，由于范围较小，可直接以街道办事处或居委会的管辖范围划分街坊；当范围较大时也可进一步把街道范围划小，主要根据实际情况而定。

5. 发放指界通知书

实地调查前，要向土地所有者或使用者发放指界通知书，同时对其四至发出指界通知。按照工作进度，分区分片通知，并要求土地所有者或使用者及其四至的合法指界人，按时到达现场。

6. 土地权属资料的收集、分析和处理

土地权属资料是指能确定土地使用权和建筑物、构筑物的所有权的证明材料。在进行实地调查以前，调查员应到各土地权属单位，收集土地权属资料，并对这些资料进行分析处理，确定实地调查的技术方案。

7. 实地调查

由调查员实地确认界址，并将宗地信息登记于地籍调查表，同时勘丈界址数据，绘制宗地草图。

五、地籍测量

（一）地籍平面控制测量

地籍平面控制测量包括基本控制测量（首级控制、加密控制）和图根控制测量。城镇地籍首级平面控制网，是城镇调查区范围内最高等级的地籍平面控制网，原则上在国家 A、B、C 高等级 GPS 大地控制点或二、三、四等大地控制点基础上建立。城镇地籍加密平面控制网，应在已有的高等级控制点或 D、E 级 GPS 控制点基础上，采用一、二级光电测距导线加密建立，其最弱点（相对于起算点）的点位中误差不得超过 ±5 cm。加密的控制点也可采用 GPS 快速静态测量方法施测。

（二）高程控制测量

地籍高程控制测量以国家各等级水准点为起始数据，可采用四等或等外水准施测。

（三）界址点测量

界址点坐标测量方法有解析法和图解法两种。

解析法测定界址点坐标是以各等级已知地籍控制点为依据，外业采集已知控制点与界址点间的距离和角度数据，利用数学公式解算每个界址点的坐标。解析法测定界址点坐标的方法有野外数字测量法、极坐标法、截距法、测距交会法、直角坐标法、测角交会法等。根据不同的条件使用不同的方法。

图解法在城镇大比例尺地籍测绘中，精度低，不再使用。目前，可在农村小比例尺地籍调查及行政境界勘测中的使用。

（四）地籍图绘制

地籍图绘制根据各单位实际情况，可采用解析法、部分解析法、全野外数字测量法、航空摄影测量法等方法。

六、主要成果

通过地籍测绘工作，全面获取覆盖全国的土地利用现状信息和土地所有权、使用权登记信息，形成一系列不同尺度的地籍测绘成果。具体成果主要包括：数据成果、图件成果、相关文字成果和数据库成果等。

（一）数据成果

（1）各级行政区城镇土地利用分类面积数据。

（2）各级行政区各类土地的权属信息数据。

（3）外业测量数据。

（4）内业计算数据成果。

（二）图件成果

(1) 各级土地利用现状图件。

(2) 土地权属界线图件。

(3) 分幅地籍图及宗地图。

（三）文字成果

(1) 各级地籍测绘工作报告。

(2) 各级地籍测绘技术报告(技术设计书、技术总结)。

(3) 各市县土地利用状况分析报告。

（四）数据库成果

形成集数据成果、图件成果和文字成果等内容为一体的各级地籍数据库。主要包括：

(1) 各级土地利用数据库。

(2) 各级土地权属数据库及图形数据库。

(3) 各级多源、多分辨率遥感影像数据库。

(4) 市(县)级城镇地籍信息系统。

§1-2 控制网设计

为了确保测量工作任务的完成，事先进行控制网设计是十分必要的。一般的说，控制网设计应阐明测量的目的、任务与要求，测区自然地理条件，以往完成测量工作成果的评价，最佳布网方案的论证，控制网施测方法及主要技术指标等。

一、控制网设计的一般规定

对于四等控制网，规定其最弱相邻点的点位误差不超过±5 cm；对于四等以下各级平面控制，要求最弱点点位中误差相对于起算点不超过±5 cm；对于四等以上的控制网，要求精度要保证下级网的加密要求。具体可参见表 1-1 和表 1-2。

表 1-1 各等级三角网的主要技术规定

等级	平均边长/km	测角中误差/(″)	起始边相对中误差	导线全长相对中误差	水平角测回数			三角形最大闭合差/(″)
					DJ1	DJ2	DJ6	
二等	9	±1.0	1/300 000	1/120 000	12	—	—	±3.5
三等	5	±1.8	1/200 000(首级) 1/120 000(加密)	1/80 000	6	9	—	±7.0
四等	2	±2.5	1/120 000(首级) 1/80 000(加密)	1/45 000	4	6	—	±9.0
一级	0.5	±5.0	1/60 000(首级) 1/45 000(加密)	1/20 000	—	2	6	±15.0
二级	0.2	±10.0	1/20 000	1/10 000	—	1	3	±30.0

表 1-2 各等级测距导线的主要技术规定

等级	平均边长/km	附合导线长度/km	测距中误差/mm	测角中误差/(″)	导线全长相对中误差	水平角测回数			方位角闭合差/(″)
						DJ1	DJ2	DJ6	
三等	3.0	15.0	±18	±1.5	1/60 000	8	12	—	$\pm3\sqrt{n}$
四等	1.6	10.0	±18	±2.5	1/40 000	4	6	—	$\pm5\sqrt{n}$
一级	0.3	3.6	±15	±5.0	1/14 000	—	2	6	$\pm10\sqrt{n}$
二级	0.2	2.4	±12	±8.0	1/10 000	—	1	3	$\pm16\sqrt{n}$

注：表中 n 为导线转折角个数。

二、控制网布设方法

（一）常规大地测量法

1. 三角测量法

三角测量法是在地面上选定一系列待定点位构成三角形网状，观测的方向需通视，网中观测量是全部方向值，由这些方向值可计算出三角形的各内角。三角网中的元素包括方向、边长、方位和坐标。其中，起算元素包括已知坐标、边长和方位角；观测元素包括观测的所有方向；推算元素包括由起算元素和观测元素的平差值推算的网中各边边长、坐标方位角和各点坐标。

2. 三边测量及边角同测法

三边测量法的网形结构同三角测量法相同，只是观测量不是角度而是所有网中的边长，内角通过三角形余弦定理计算得到。如果在测角的基础上加测全部或部分边长，则称为边角同测法。

3. 导线测量法

在地面上选定相邻点间通视的控制点 A、B、C…连接成一条折线形状，直接测定各边边长和方向值，利用起算边推算各点坐标。

（二）天文测量法

天文测量法是在地面上架设仪器，通过观测天体（主要是恒星）记录观测瞬间的时刻，来确定地面点的地理位置，即天文经度、天文纬度和该点至另一点的天文方位角。

（三）现代定位新技术

1. GPS 测量

全球定位系统（GPS）可为用户提供精密的三维坐标、三维速度和时间信息。GPS 定位技术已广泛用于高精度的大地测量控制网；建立陆地海洋大地测量基准，进行海洋测绘和海岛陆地联测；监测地球板块运动和地壳形变；城市测量快速成图等方面。

2. 甚长基线干涉测量系统

甚长基线干涉测量系统（VLBI）是在甚长基线的两端（相距几千千米），用射电望远镜，接收银河系或银河系以外的星体发出的无线电辐射信号，通过信号对比，根据干涉原理，直接测定基线长度和方向的一种空间技术。测定长度的相对精度可优于 10^{-6}，对测定射电源的空间位置，可达 $0.001''$，由于其定位精度高，在研究地球的极移、地球自转速率的周期变化、地球固体潮、大板块运动的相对速率和方向中广泛应用。

3. 惯性测量系统

惯性测量系统（INS）是利用惯导技术，同时获得经度、纬度、高程、方位角、重力异常和垂线偏差的一种新技术。利用惯性力学原理，在较远的两点之间，对装有惯性测量系统的运动载体从一个已知点到另一个待定点的加速度，分别沿三个正交的坐标轴方向进行两次积分，从而求定运动载体在三个坐标轴方向的坐标增量，进而求出待定点的位置和其他大地测量数据。

惯性测量系统的优点是完全自主式，在测量过程中不需要任何外界信号，点间也不需要通视，全天候、全能快速、机动灵活。缺点是价格昂贵，不便于检修。

三、控制网优化设计

传统的控制网设计在接受测量任务后，根据地形图（或现场踏勘）选点布网，再按各等级测量精度，用最弱边边长相对中误差或最弱点点位中误差的公式估算所设计的控制网的精度，如果满足不了控制网的精度要求，则通过增加观测量和提高观测精度的办法调整设计方案，直到满足要求为止。传统的设计方法是根据经验拟定设计方案，用精度估算公式进行试算，通过调整设计方案求得满足精度要求的方案。因此，传统设计方法只解决了设计方案的可行性，在相同的条件下，选择最合理、最佳方案就要进行优化设计。

控制网的优化设计，主要有两方面的内容：一是在新网的设计中，为了使控制网在整体或局部达到预期的精度，研究如何合理地确定网的结构，以及观测量的必要精度及最佳分布；二是在已建成的控制网中，研究如何利用现代高精度的观测量，来改善控制网的精度，以满足新技术需要。

(一) 控制网的设计目标

控制网的设计目标指控制网应达到的质量标准，它是设计的依据和目的，也是评定网质量的指标。质量标准包括精度标准、可靠性标准、费用标准、可区分标准及灵敏度标准等，其中常用的主要是前 3 个标准。

1. 精度标准

网的精度标准以观测值仅存在随机误差为前提，使用坐标参数的方差-协方差阵 $\boldsymbol{D}_{XX}$ 或协因数阵 $\boldsymbol{Q}_{XX}$ 来度量，要求网中目标成果的精度应达到或高于预定的精度。

为了反映全网的总体精度，常用包含网的总体精度信息的 $\boldsymbol{D}_{XX}$ 或 $\boldsymbol{Q}_{XX}$ 的某种矩阵不变量为指标，从平均的意义上来表征网的总体精度，如 $\mathrm{tr}(\boldsymbol{D}_{XX})$ 和 $\det(\boldsymbol{D}_{XX})$ 等均是矩阵相似不变量。

设坐标未知参数的方差-协方差阵为

$$\boldsymbol{D}_{XX}=\sigma_0^2\boldsymbol{Q}_{XX} \tag{1-1}$$

则作为整体精度标准的指标有：

(1) N 最优。即 $\boldsymbol{D}_{XX}$ 的范数 $\|\boldsymbol{D}_{XX}\|$ 满足

$$\|\boldsymbol{D}_{XX}\|=\min \tag{1-2}$$

(2) A 最优。若

$$\mathrm{tr}(\boldsymbol{D}_{XX})=\lambda_1+\lambda_2+\cdots+\lambda_r=\min \tag{1-3}$$

(λ_i 是矩阵 $\boldsymbol{D}_{XX}$ 的特征值)成立，则称为 A 最优。

(3) D 最优。若

$$\det(\boldsymbol{D}_{XX})=\lambda_1\cdot\lambda_2\cdot\cdots\cdot\lambda_r=\min \tag{1-4}$$

成立，则称为 D 最优。

(4) E 最优。

$$\lambda_{\max}=\min \tag{1-5}$$

$\lambda_{\max}$ 是 $\boldsymbol{D}_{XX}$ 的最大特征值。

(5) S 最优。

$$\lambda_{\max}-\lambda_{\min}=\min \tag{1-6}$$

$\lambda_{\max}-\lambda_{\min}$ 表示矩阵 $\boldsymbol{D}_{XX}$ 的频谱间隔。

所谓局部精度指标是用一个或几个指标反映控制网的局部精度特性。控制测量中常用的局部精度指标有：

(1) 点位误差椭圆。其元素的计算公式为

$$\left.\begin{aligned}
\lambda_1&=\frac{1}{2}(Q_{XX}+Q_{YY}+k)\\
\lambda_2&=\frac{1}{2}(Q_{XX}+Q_{YY}-k)\\
k&=\sqrt{(Q_{XX}-Q_{YY})^2+4Q_{XY}^2}\\
\tan\varphi_1&=\frac{\lambda-Q_{XX}}{Q_{XY}}=\frac{Q_{XY}}{\lambda_1-Q_{YY}}\\
\tan 2\varphi_1&=\frac{2Q_{XY}}{Q_{XX}-Q_{YY}}
\end{aligned}\right\} \tag{1-7}$$

(2) 相对误差椭圆。其元素计算公式与式(1-7)相似，只是把坐标权系数改为坐标差的权系数。

(3) 未知数某些函数的精度。例如控制网中推算边长、方位角的精度等，设有观测值函数

$$\boldsymbol{F}=\boldsymbol{f}^{\mathrm{T}}\boldsymbol{X}$$

则有

$$\boldsymbol{D}_F=\boldsymbol{f}^{\mathrm{T}}\boldsymbol{Q}_{XX}\boldsymbol{f} \tag{1-8}$$

2. 可靠性标准

可靠性理论是以考虑观测值中不仅含有随机误差，还含有粗差为前提，并把粗差归入函数模型中评价网的质量。

网的可靠性，指控制网能够发现观测值中存在的粗差和抵抗残存粗差对平差结果的影响的能力。

对于间接（参数）平差，有

$$\left.\begin{array}{l}\boldsymbol{V}=\boldsymbol{Q}_{VV}\boldsymbol{P}\boldsymbol{l}\\ \boldsymbol{Q}_{VV}=\boldsymbol{P}^{-1}-\boldsymbol{B}\boldsymbol{Q}_{XX}\boldsymbol{B}^{\mathrm{T}}\end{array}\right\}$$

式中，$\boldsymbol{V}$ 表示观测值改正数向量，$\boldsymbol{Q}_{VV}$ 是 $\boldsymbol{V}$ 的协因数阵，$\boldsymbol{P}$ 为观测值权阵，$\boldsymbol{l}$ 为误差方程常数向量，$\boldsymbol{Q}_{XX}$ 为未知参数的协因数阵，$\boldsymbol{B}$ 为设计矩阵。定义

$$r_i=(\boldsymbol{Q}_{VV}\boldsymbol{P})_i \tag{1-9}$$

为第 i 个观测值的多余观测分量，且

$$\sum_{i=1}^{n} r_i = r \quad (r\ \text{为多余观测数}) \tag{1-10}$$

（1）内部可靠性指标。通常将多余观测分量作为控制网的内部可靠性指标在显著水平 α_0 下，以检验功效 β_0 发现粗差的下界为

$$\nabla l_{0i}=\sigma_{li}\delta_0/\sqrt{r_i} \tag{1-11}$$

式中，δ_0 为非中心化参数，$\delta_0=\delta_0(\alpha_0,\beta_0)$，若 $\alpha_0=0.05$，$\beta_0=0.80$，$\delta_0=4.13$

$$\sigma_{li}=\sigma_0/\sqrt{p_i} \tag{1-12}$$

式中，p_i 是观测值的权。

（2）外部可靠性指标。外部可靠性指标表示不可发现的粗差对平差结果影响的指标。第 i 个观测值不可发现的粗差对平差未知数的影响为

$$\overline{\delta}_{0i}=\delta_0\sqrt{\frac{1-r_i}{r_i}} \tag{1-13}$$

$\overline{\delta}_{0i}$是一个没有量纲的量，与坐标系无关，从平均意义上进行度量。

从式(1-11)和式(1-13)可知，内、外可靠性主要与多余观测分量有关。多余观测分量越小，∇l_{0i}越大，表示只能发现大粗差；$\overline{\delta}_{0i}$越大，表示粗差对未知数的影响越大，即内、外可靠性均较差。当 r_i 接近于 1，则网的内、外可靠性都较好。所以可靠性标准直接与多余观测分量发生联系，若要求可靠性指标在一定范围内，就相当于对多余观测分量和总的多余观测提出制约。

在网的优化设计中，若只用可靠性标准作为目标进行设计，很难获得合理的观测方案，会导致费用较高，优化解不稳定等问题。因此通常把可靠性作为约束条件处理，这样做比较容易获得合理的观测方案，其结果是对各个多余观测分量提出适当的上下约束。

3. 费用标准

布设控制网不可一味追求高精度和高可靠性而不考虑费用问题。网的优化设计，应在费用最小的前提下，满足布网方案。

（1）最大原则。在费用一定条件下，使控制网的精度和可靠性最大或能满足一定限制下精度最高。

（2）最小原则。在使精度和可靠性指标达到一定的条件下，支出费用最小。

一般地，布网费用可表达为

$$C_{总}=C_{设计}+C_{造埋}+C_{观测}+C_{计算}+C_{分析}$$

在控制网设计中，主要考虑观测费用，由于各种观测量采用仪器设备不一样，主要视具体情况定。

（二）控制网优化设计分类

控制网的优化设计，是在限定精度、可靠性，以及费用等质量指标下，获得最合理和最满意的设计。控制网的优化设计可分为零、一、二、三类。

根据平差理论，对于间接平差而言，有

$$\boldsymbol{Q}_{XX}=(\boldsymbol{B}^{\mathrm{T}}\boldsymbol{P}\boldsymbol{B})^{-1}$$

1. 零类设计

零类设计亦即基准选择。固定参数 $\boldsymbol{B}$ 和 $\boldsymbol{P}$，待求参数 $\boldsymbol{X}$ 和 $\boldsymbol{Q}_{XX}$。主要是解决参考系问题。选择合适的起算数据，使网的精度最高。目前主要采用 S—变换法，可以很方便地实现各种不同基准之间的相互转

换，从而达到选择最佳外部配置。

2. 一类设计

一类设计即网形设计。固定参数 $\boldsymbol{P}$ 和 Q_{XX}，待定参数为 $\boldsymbol{B}$。主要解决网点布置和观测量选择两个方面。网点布置很大程度上取决于地形条件，没有很大的变化余地。

3. 二类设计

二类设计即权设计。固定参数 $\boldsymbol{B}$ 和 Q_{XX}，待定参数为 $\boldsymbol{P}$。主要解决观测精度设计问题。在控制网图形和精度要求已定的情况下，合理分配观测工作量，决定观测值的权，使各种手段合理组合。

4. 三类设计

三类设计即加密设计。固定参数 Q_{XX} 和部分 $\boldsymbol{B}$、$\boldsymbol{P}$，待定参数为部分 $\boldsymbol{B}$、$\boldsymbol{P}$。主要进行已有控制网的改进和加密问题。处理部分点位的变化，也要处理观测计划和精度的变化。

大多数控制网的优化设计是不同类优化设计的综合。进行一、二、三类设计问题，必须先解决零类设计问题；二类设计不仅解决最优权分配，也包括观测计划的某些改变；三类设计可看做是一类、二类的混合设计问题。因此，各类设计问题不能断然分开。

(三) 控制网优化设计方法

控制网优化设计的方法分为解析法和模拟法两种。

1. 解析法

解析法的基本思路是：首先建立设计问题的数学模型（包括目标函数和约束条件），然后选择适当的算法，求出问题的最优解。解析法的优点是可以求得严格的最优解。但在实际应用中建立数学模型较为困难。解析法设计可用于各类设计问题，主要是零类、一类和二类设计。

2. 模拟法

模拟法也叫机助法。模拟法的基本思路是：将计算机的计算能力和判断能力与实际经验结合起来，通过人机对话，对设计方案实时修改，直到满意为止。此法的优点是数学模型简单，具有直观性，结果实用，广泛用于实践中。但该法存在结果不一定最优，修改设计需要经验，设计过程占用机时较多等缺点。模拟法设计可用于一类和三类设计。

§1-3 地籍测绘平面控制网布设方案

一、地籍测绘平面控制测量的特点

地籍测绘平面控制测量精度要求高，控制点的精度与测图比例尺无关，现代地籍大面积控制测量一般采用 GPS 技术测量，小范围控制测量一般采用导线测量。

二、地籍平面控制测量布网方法

(一) 常规的布网方法

地籍平面控制测量可采用三角网、测边网或边角网，也可采用导线测量的方法。

首级平面控制网等级的选择，应根据测区大小、城市经济状况和技术条件等实际情况而定。国家二、三、四等以及一、二级平面控制网都可作为测区首级平面控制网。首级平面控制网是测区范围内最高等级的地籍平面控制网，原则上在国家 A、B、C 高等级 GPS 大地控制点或二、三、四等大地控制点基础上建立。

平面控制网的布设等级，根据区域面积大小，按表 1-3 选择。

表 1-3 测区范围与地籍平面控制网布设

调查区面积 /km^2	首级控制网		加密控制网	
	布设形式	等级	布设形式	等级
<60	GPS(导线)	E级(一级)	GPS或导线	一、二级
≥60	GPS	D级	GPS或导线	E级或一、二级

首级地籍控制网的精度，要能保证四等网中最弱相邻点的相对点位中误差，以及四等以下各等级控制点相对于上级控制点的点位中误差不超过±5 cm。布设首级地籍控制网时，必须先制定技术设计方案，经上级业务主管部门批准后方可实施。

一般城市均布设有国家二、三、四等控制网或城市二、三、四等控制网，经过精度分析后，若已有控制点能满足地籍首级控制网的精度要求，则可直接利用这些控制网进行首级控制网的加密工作。

当测区已有控制网达不到地籍首级控制网的精度要求时，若能在原有控制网的基础上加强图形改造，应尽量采用改造方案；否则应重新布设首级平面控制网。

对于农村地区地籍平面控制网应以国家大地控制点为基本控制点，以一、二级导线(或一、二级小三角)进行加密。

(二) GPS 控制网

GPS 可为用户提供精密的三维坐标、三维速度和时间信息。由于 GPS 具有独立、快速、精确、全天候测量的优势，已广泛应用于地籍控制测量中。

GPS 网应布设成三角形或导线网形，或构成其他独立检核条件可以检核的图形。GPS 网控制点与高等级控制点重合点不少于 3 个。当重合点不足 3 个时，应与原控制网高等级点进行联测，重合点与联测点的总数不少于 3 个。

三、加密控制网的布设

加密控制网应按满足界址点测量及地籍细部测量的要求安排计划，可分期、分片布设，也可以一次整体布设完成。加密平面控制网，应在已有的高等级控制点或 D、E 级 GPS 控制点基础上，采用一、二级光电测距导线或导线网的形式加密建立，其最弱点(相对于起算点)的点位中误差不得超过±5 cm。条件许可的情况下，加密的控制点也可采用 GPS 快速静态测量方法施测。在测区内建立地籍基本控制网时，首级控制点较稀，一般要求，基本控制点密度每平方千米不少于 10 个点。因此布设基本控制网应采取逐级加密的原则较合理。

四、地籍图根控制网的布设

图根控制点是测定界址点、地物点坐标和测绘地籍图的依据。地籍图根控制网通常以一个或几个街区为单位，以 GPS 点及一、二级导线点为基础进行加密。一般以附合导线(或导线网)的形式进行布设，不宜超过两次附合。当局部地区图根点密度不足时，可采用极坐标法、支导线法、交会法等增补测站点，在施测时要有检核条件。

在特殊情况下，个别图根点采用 RTK 方式测定时，必须具备严密的检核条件。为了满足地籍图测绘和界址点测量，必须有足够的控制点数量，需要在基本控制点上和加密控制点上进行图根控制测量布设。

一级、二级图根点相对于图根起算点的点位中误差不得超过±5 cm，测站点相对于邻近图根点的点位中误差不得超过±5 cm；图根点高程中误差不得超过±5 cm。为确保地物点的测量精度，图根光电测距导线测量的技术要求见表 1-4。

表 1-4　图根导线测量技术要求

级别	导线长度/km	平均边长/m	测回数		测回差/(″)	方位角闭合差/(″)	导线全长相对闭合差	坐标闭合差/m
			DJ2	DJ6				
一级	1.2	120	1	2	18	$\pm 24\sqrt{n}$	1/5 000	0.22
二级	0.7	70	—	1	—	$\pm 40\sqrt{n}$	1/3 000	0.22

五、控制网坐标系统的选择

坐标系统的选择对于地籍测绘以及国家基础测绘和各专业测绘来讲是首要的重要的工作。从长远和全局考虑，全国应采用统一的国家大地坐标系，并使城市控制网成为国家控制网中的一部分。但由于历史原因，城市大比例尺地形图用户和市政工程施工放样的需要，我国各城市多数都先后建立起了自己独立的地区性平面坐标系。为了充分利用现有的成果资料，保持地籍测绘成果的统一和共享，也为了使地籍测绘成果便于为多用途服务的目的，也可以利用城市现有的地方平面坐标系统进行地籍测绘工作。而对于地籍测绘任务比较紧急，面积小于 25 km^2 的城镇和农村，也可采用独立坐标系。但在条件允许时，均应和国家坐标系联测，联测点数一般不少于 3 个，并均匀分布在控制网的外围，以保证坐标转换到国家坐标系统时可求得较为可靠的转换参数。在地籍测绘项目中，通常要求按 1980 西安坐标系成果解算坐标，但由于各地所处位置 3 度带中央子午线不同，当长度变形值相对精度大于 1/40 000，就应使用地方坐标系，以过测区中心的子午线为中央子午线，确定坐标系统。

我国以前普遍使用的 1954 北京坐标系、1980 西安坐标系和新 1954 北京坐标系，是基于地面控制网测量成果建立的，在国家经济、国防建设和科学领域都发挥了重要作用，但随着时间的推移和科学技术的进步，这些坐标系已经不能适应新的要求。我国 1988 年建立的第二代地心坐标系——1988 地心坐标系(GCS88)，满足了当时我国远程武器和航天技术对地心坐标系的急需，但随着精确打击武器精度的提高和航天技术的发展，GCS88 已不能满足其精度要求。因此，战场准备、武器研制、航天技术、经济建设、科技发展等诸方面都迫切要求采用高精度地心坐标系。

随着国家 GPS 大地控制网平差和全国天文大地网与空间大地网联合平差二期工程的完成，建立了 2000 国家大地坐标系(China Geodetic Coordinate System 2000，CGCS2000)，获得全国范围约 50 000 个优于 0.3 m 的高精度地心坐标成果。CGCS2000 是我国新一代地心坐标系，自 2008 年 7 月 1 日由国务院批准启用，现已推广应用。由于目前 2000 国家大地坐标系(CGCS2000)还没有实际使用，各地在进行新旧坐标系的转换工作，因此，在本教材中仍沿用 1980 西安坐标系进行叙述。

思考题

1. 地籍测绘技术方案主要包括哪些内容？
2. 地籍测绘技术路线与方法有哪些？
3. 简述地籍调查的工作步骤。
4. 地籍测绘的主要成果有哪几类？
5. 控制网设计的一般规定有哪些？
6. 评定控制网质量的指标有哪些？
7. 控制网优化设计有哪些方法？
8. 简述地籍平面控制测量的布设方法。
9. 简述地籍图根控制测量的基本技术要求。

第二章　地籍测绘技术设计

§2-1　测绘技术设计概述

测绘技术设计是为测绘成果(或产品)固有特性和生产过程或体系提供规范性依据的文件。其目的是制定切实可行的技术方案,保证测绘成果(或产品)符合技术标准和满足顾客要求,并获得最佳的社会效益和经济效益。因此,每个测绘项目作业前都应进行技术设计。

测绘技术设计分为项目设计和专业技术设计。项目设计是对测绘项目进行的综合性整体设计。专业技术设计是对测绘专业活动的技术要求进行设计。它是在项目设计基础上,按照测绘活动内容进行的具体设计,是指导测绘生产的主要技术依据。对于工作量较小的项目,可根据需要将项目设计和专业技术设计合并为项目设计。一般地,项目设计由承担项目的法人单位负责,专业技术设计由具体承担相应测绘专业任务的法人单位负责。

一、测绘技术设计的原则

(1) 技术设计应依据设计输入内容,充分考虑顾客的要求,引用适当的测绘技术标准,重视社会效益和经济效益。

(2) 技术设计应先考虑整体后局部,且顾及发展;要根据测区实际情况,考虑作业单位的资源条件(如技术条件、经济条件、仪器设备配置情况等),选择最适用的方案。

(3) 积极采用新技术、新方法、新工艺。

(4) 认真分析和充分利用已有的测绘成果(或产品)和资料;对于外业测量,必要时应进行实地踏勘,并编写踏勘报告。

二、测绘技术设计的内容

(一) 项目技术设计的内容

1. 项目概述

说明项目来源、内容和目标、作业区范围和行政隶属、任务量、完成期限、项目承担单位和成果(或产品)接收单位等。

2. 测区自然地理概况

主要说明测区自然地理概况,包括地形、地貌特征,测区气候特征及其他需说明的情况。

3. 已有资料分析

说明已有资料的数量、形式、主要质量情况(包括已有资料的主要技术指标和规格等)和评价,说明已有资料利用的可能性和利用方案等。

4. 技术依据

说明项目技术设计书编写过程中引用的标准、规范或其他技术文件。

5. 成果(或产品)的技术指标和规格

说明成果(或产品)的种类及形式、坐标系统、高程基准、比例尺、分带、投影方法,分幅编号及其空间单元,数据基本内容、数据格式、数据精度以及其他技术指标等。

6. 设计方案

(1) 作业中软件、硬件配置要求

对作业中所需的测量仪器设备、数据处理设备、数据存储设备及作业所需的交通工具、物资、通信设备等的要求;作业中所需的软件要求。

(2) 技术路线与工艺流程

说明项目实施的主要生产过程和这些过程之间输入、输出的接口关系。必要时，应用流程图或其他形式清晰、准确地规定出生产作业的主要过程和接口关系。

(3) 技术规定

规定各专业活动的主要过程、作业方法和技术、质量要求；特殊的技术要求，采用新技术、新方法、新工艺的依据和技术要求。

(4) 上交和归档成果(或产品)的内容和要求

说明上交和归档的成果(或产品)内容、要求和数量，以及有关文档资料的类型、数量等，主要包括：

——成果数据。规定数据内容、组织、格式，存储介质，包装形式和标识及其上交和归档的数量等。

——文档资料。规定需上交和归档的文档资料的类型(包括技术设计文件、技术总结、质量检查验收报告、必要的文档簿、作业过程中形成的重要记录等)和数量等。

(5) 质量保证措施和要求

——组织管理措施。规定项目实施的组织管理和主要技术人员的职责和权限。

——资源保证措施。对人员的技术能力和培训的要求及软、硬件装备的要求等。

——质量控制措施。规定生产过程中的质量控制环节和产品质量检查、验收的主要要求。

——数据安全措施。规定数据安全和备份方面的要求。

(6) 进度安排和经费预算

根据设计方案计算统计各工序的工作量；根据工作量和生产能力确定工作进度；同时根据进度编制经费预算计划，并作出说明。

(7) 附录

包括需进一步说明的技术要求及有关的附图和附表。

(二) 专业技术设计的内容

1. 概述

说明任务来源、目的、作业区范围和作业内容、行政隶属以及完成期限等基本情况。

2. 测区自然地理概况

主要说明测区自然地理概况，包括地形、地貌特征，测区气候特征及其他需说明的情况。

3. 已有资料分析

说明已有资料的数量、形式、主要质量情况(包括已有资料的主要技术指标和规格等)和评价，说明已有资料利用的可能性和利用方案等。

4. 技术依据

说明专业技术设计书编写过程中引用的标准、规范或其他技术文件。

5. 成果(或产品)的技术指标和规格

说明成果(或产品)的种类及形式、坐标系统、高程基准、比例尺、分带、投影方法，分幅编号及其空间单元，数据基本内容、数据格式、数据精度以及其他技术指标等。

6. 设计方案

(1) 作业中软件、硬件配置要求。对作业中所需的测量仪器设备、数据处理设备、数据存储设备及作业所需的交通工具、物资、通信设备等的要求；作业中所需的软件要求。

(2) 作业技术路线和流程。

(3) 各工序的作业方法、技术指标和要求。

(4) 作业中质量控制环节和质量检查要求。

(5) 数据安全、备份和其他特殊要求。

(6) 上交和归档成果及其资料的内容和要求。

(7) 附录和附表。

7. 设计评审

在技术设计的适当阶段，应依据设计策划的安排对技术设计文件进行评审，以确保达到规定的设计目标。

8. 设计验证及审批

为确保技术设计书满足要求，必要时对技术设计书进行验证。同时为使测绘成果（或产品）满足规定的使用要求或已知的预期用途的要求，应依据设计策划的安排对技术设计文件进行审批。设计审批的依据主要包括设计输入内容、设计评审和验证报告等，技术设计文件报批之前，承担测绘任务的法人单位必须对其进行全面审核，并在技术设计文件和产品样品上签署意见并签名。技术设计文件经审核签字后，一式 2～4 份报测绘任务委托单位审批。

三、技术设计书的编写要求

(1) 内容明确，文字简练。对标准或规范中已有明确规定的，一般可直接引用，并根据引用内容的具体情况，标明所引用标准或规范名称、日期以及引用的章、条编号，且应在其引用文件中列出；对于作业生产中容易混淆和忽视的问题，应重点描述。

(2) 名词、术语、公式、符号、代号和计量单位等应与有关法规和标准一致。

(3) 测绘技术设计书格式要求：

测绘技术设计书包含正封面、副封面、目录、正文和附录。技术设计书文本采用 A4 幅面，其中正、副封面名称用二号黑体，封面其他文字均使用四号仿宋体，如图 2-1 至图 2-4 所示；目录页中“目录”使用三号黑体字，目录内容使用小四号宋体；技术设计书正文中，章、条、附录的编号和标题使用小四号黑体，图、表的标题使用小四号黑体；条文（或图、表）的注、脚注使用五号宋体；图、表中的数字和文字以及图、表右上方关于单位的陈述用五号宋体；正文和附录的其他内容均采用小四号宋体。

封面格式见图 2-1 至图 2-4。

密级[1]　　　　　　　　　　编号[2]

项　目　名　称
项目设计书

设计单位名称

年　　月　　日

注：1. “密级”依照有关国家规定划分的保密等级；
2. “编号”为设计单位自行编号，亦可采用项目编号；
3. 专业技术设计书封面上的“密级”和“编号”与此相同。

图 2-1　项目设计书正封面格式

密级[1] 编号[2]

项　目　名　称

(测绘专业名称)专业技术设计书

设计单位名称

年　　月　　日

图 2-2　专业技术设计书正封面格式

项　目　名　称

项目设计书

项目承担单位(盖章)：　　　　　　设计负责人：

审核意见：　　　　　　　　　　　主要设计人：

审　核　人：

年　月　日　　　　　　　　　　　年　月　日

批准单位(盖章)：

审批意见：

审　批　人：

年　月　日

图 2-3　项目设计书副封面格式

项　目　名　称

(测绘专业名称)专业技术设计书

测绘专业任务承担单位(盖章)：　　　　设计负责人：

审核意见：　　　　　　　　　　　　　主要设计人：

审 核 人：

年　月　日　　　　　　　　　　　　　年　月　日

批准单位或部门(盖章)：

审批意见：

审 批 人：

年　月　日

图 2-4　专业技术设计书副封面格式

§2-2　地籍测绘技术设计

地籍测绘技术设计是以测绘技术设计为基础，结合地籍测绘工作特点，以其各工作环节技术要求编写而成的技术报告。主要包含以下内容：

一、任务概述

说明任务来源、测区范围、行政隶属、测图比例尺、任务量等基本情况。

二、测区自然地理概况

根据需要说明与设计方案或测区有关的自然地理概况，内容可包括测区的地理特征、居民地、道路、水系、植被等要素的主要特征，地形类别以及测区测量困难类别，经济总体发展水平，土地登记及土地利用概况等。

三、已有资料分析

说明已有控制成果和图件的形式，采用的测绘基准、比例尺，控制点分布密度、等级，行政区划资料、质量情况评价，利用的可能性和利用方案等；土地利用现状调查资料的现势性和可靠性，土地利用分类、土地权属单元的划分、城镇房产类别、房屋建筑结构分类等标准的制定单位和年代等资料情况和利用方案。

四、技术依据

说明引用的各类标准、规范或其他技术文件。

五、主要技术要求

说明采用的测绘基准、投影方式、成图方法、比例尺、数据精度、格式、基本内容及其他主要技术指标。

六、设计方案

(1) 说明采用的各类仪器设备的数量、型号、精度指标及鉴定情况；作业需要的各类软件及其他配置。

(2) 说明作业的技术路线与流程。

(3) 说明作业方法与技术要求。

——控制测量部分。平面控制网的布设方案，觇标和埋石规格，观测方法及限差要求，新旧点联测方案及控制网的精度估算。

——权属调查部分。采用的调查底图(地形图、航片、影像平面图及其他图件)，调查的内容和方法，各种权属界线的表示方法和宗地的划分、编号方法等。

——界址点测量。采用的测量方法及精度要求。

——地籍图绘制。采用的成图方法、仪器设备、精度要求和各项限差；地籍要素和地形要素的表示方法等。

——面积统计。采用的面积量算方法及汇总要求。

——数据库建设。软、硬件设备配置，建库方法及流程，数据库逻辑设计(要素分层、属性值、数据文件命名规则、数据库类型等)，数据备份，用户界面形式等。

——其他技术要求。

七、质量控制与质量检查(略)

八、上交和归档成果(略)

九、附录(略)

§2-3 某市D级GPS控制网技术设计书样例

一、任务概述

(一) 任务内容

布设某市D级GPS三维空间大地控制网。

(二) 任务来源和目的

为了促进市级基础测绘工作，为地方经济建设服务，某市国土资源局决定开展以大地控制网和区域大地水准面精化为主要目标的空间坐标基准框架建设。项目的实施可以满足某市的快速成图和GPS技术综合服务的需求，有力地推动和加速“数字城市”的建设。

(三) 任务量

以某省C级GPS基础控制点作为起算点，在某市域内布设D级GPS控制网，控制网由387个点组成。按照D级GPS精度要求进行观测；用四等水准联测D级GPS点高程，为某市建立高精度的测量基准，确定某市准确、可靠的WGS-84坐标系统、1980西安坐标系统和1954北京坐标系的坐标转换参数（平移参数、尺度比、旋转因子），并且为大地水准面的精化研究奠定一个坚实的基础，从而更好地为国民经济建设服务。

二、测区概况

某市地处某省西部，横跨黄河中游南北两岸，东连某市，西接某市，南邻某市，北接某市。某市交通便利，陇海、焦枝两大纵横铁路干线交汇于此，连霍高速，洛界高速，二广高速公路，310、207国道，17条省道、县乡级公路纵横交错，四通八达。本测区位于东经111°08′至112°57′和北纬33°38′至35°04′之间，市境东西最大横距170 km，南北最大纵距168 km，全市总面积15 208 km^2。

三、已有测量成果资料的分析和利用

(一) 平面资料

某省C级GPS基础控制网（2003年完成，精度符合规范要求）可作为本次D级GPS控制网测量的起算依据。本测区内有52个C级GPS点。

本测区内国家四等以上控制点，只要点位完好，符合GPS观测要求的，均可利用。

(二) 高程资料

测区内的国家Ⅰ等水准三郑线、国家Ⅱ等水准郑州—××××线、测区内的C级GPS点水准高程（Ⅲ等）均可作为四等水准测量的起算点。

四、作业技术依据

(1)《全球定位系统（GPS）测量规范》(GB/T 18314—2009)。

(2)《全球定位系统（GPS）测量型接收机检定规程》(CH 8016—1995)。

(3)《国家三、四等水准测量规范》(GB/T 12898—2009)。

(4)《测绘产品质量评定标准》(CH 1003—1995)。

(5)《测绘产品检查验收规定》(CH 1002—1995)。

(6)《测绘技术设计规定》(CH/T 1004—2005)。

(7) 本技术设计书。

五、采用的基准及精度标准

(一) 坐标系统及高程基准

(1) 平面坐标系。1980西安坐标系，中央子午线经度为111°。

(2) 地心坐标系。ITRF97 参考框架。

(3) 高程系统。1985 国家高程基准。

(二) 基本精度

GPS 网相邻点间基线长度精度为

$$\sigma=\sqrt{a^2+(b\times d)^2}$$

式中,σ 为标准差,mm;a 为固定误差,mm;b 为比例误差系数;d 为相邻点间距离,km。

六、D 级 GPS 网布测方案

(一) 布设原则

在 C 级 GPS 点的基础上加密 D 级 GPS 网,D 级 GPS 网可布设为多边形或附合路线。最简独立闭合环或附合路线的边数≤8。相邻点间平均距离 5～10 km,基线边长度应尽可能接近,相邻点最小距离可为平均距离的 1/3～1/2,相邻点最大距离可为平均距离的 2～3 倍。

(二) 点位选择及要求

(1) 点位必须选在地基坚实且适合 GPS 观测并有利于长期保存的稳定区域。若必须选择在地基松软的区域,为了增强点位的稳定性,在埋石时,需进行地基处理。

(2) 点位须远离大功率无线电发射源(如电视台、微波站等),其距离≥400 m;远离高压输电线,其距离≥200 m,控制点要尽量布设在四周开阔的区域,在地面高度角 15°内不应有成片的障碍物。

(3) 点位应选择在交通方便,又有利于安全作业、长期保存的地方。点位附近不应有大面积的水域或其他强烈干扰卫星信号接收的物体(如金属广告牌等),应尽量避免在主要道路边设点。

(4) 点的布设应考虑到图形结构,尽可能地均匀分布,且利于生产和工程施工使用。同时,应尽可能重合于高等级控制点上。

(5) 已有四等以上等级控制点,点位符合 GPS 观测条件的,应充分利用,若点位已破坏或无法满足 GPS 观测要求的,应在附近选埋新点。点位设计应充分利用已有水准点,利用水准点时点位应符合 GPS 观测要求,并在中心标志上做平面定位点标志;若点位不符合要求时,可以选择该水准线路上邻近的符合要求的水准点;附近无符合要求的水准点时,应在附近埋设新点,新埋设的点也应进行四等水准联测。

(6) 对 GPS 观测有特殊要求(如:需升高天线、带大扳手卸觇标的标头、带强制对中装置的连接螺丝等)的应在点之记中加以说明。

(7) 选点结束后应提交 GPS 网选点图。

(三) 标石的埋设

本测区 D 级 GPS 控制网标石采用预先预制或用混凝土现场浇灌,标石顶面中心设置中心标志,标石干后,野外埋置;在平坦地区,GPS 点点位选择与墩标埋设须同时满足水准测量的有关要求。

(四) 控制点的命名与编号(略)

(五) 外业观测方法及技术要求

外业数据采集是建网的核心工作,其质量与整个项目的关系重大,因而必须按照高起点、高技术、高标准、高质量的要求进行作业。

1. 使用的仪器

GPS 接收机应满足:固定误差 $a\leqslant 10$ mm;比例误差系数 $b\leqslant 1\times 10^{-6}D$($D$ 为测量距离),采用双频 GPS 接收机。

2. 观测前准备

(1) 在控制点标石埋设完毕后,应使其稳定一段时间,使之稳固后再进行观测。

(2) GPS 接收机应按 GPS 检定规程进行检定。光学对中器应在作业前及作业中经常进行检验和校正,尤其在高标上进行观测时对中器应进行严格检验和校正。

(3) 为满足厘米级大地水准面精化的要求,D 级网的观测时间应长于《全球定位系统(GPS)测量规范》(GB/T 18314—2009)所规定的时段长度。其基本技术要求如下:

——卫星高度角≥15°。

——PDOP 值≤8。

——有效观测卫星总数≥4 颗。

——所有网的时间段中任一卫星有效观测时间≥30 min。

——数据采样间隔为 15 s。

——平均观测时段数≥1.6。

——观测时段长度≥2 h。

——两次量高误差≤3 mm。

——同步观测接收机数≥3 台。

3. 外业观测的基本原则

(1) 采用双频 GPS 接收机进行施测。尽可能避开中午 12:00～15:00 时段进行观测，以减弱电离层的影响。

(2) 观测手簿中的内容在现场用铅笔认真填写，不得伪造、涂改。填错的内容可划改，正确的内容填写在划改内容的上方，划改的内容须清晰地保留。

(3) 正确量取天线高，并记入观测手簿中，天线高采取每时段测前和测后各量取一次，每次应从天线 3 个不同方向(间隔 120°)量取，两次量高误差≤3 mm，取其平均值；还应画出天线量测的示意图。注明是垂高还是斜高。

(4) 正确输入各项参数，合理命名存储数据的文件名。

七、四等水准联测

(1) 为了满足似大地水准面精化的要求，D 级 GPS 网必须要进行足够的水准联测，水准等级不低于四等，且应合理分布。

(2) 水准测量采用仪器精度不低于 DS3 型的水准仪，标尺采用双面区格式木质标尺。

(3) 采用 1985 国家高程基准，四等水准观测以国家三等以上水准点为起算点，布设成附合路线或网状。

(4) 用于水准观测的水准仪、水准标尺，应按《国家三、四等水准测量规范》(GB 12898—1991)规定的要求检验和校正，检验的各项指标均应符合规范的要求，并将检验记录装订上交。

(5) 外业观测后要进行高差改正数计算。高差改正数计算包括：水准标尺长度误差的改正，正常水准面不平行的改正，水准路(环)线闭合差的改正。

(6) 平差计算使用清华山维“工程测量控制网平差系统”软件进行严密平差并评定精度，并进行不平行改正，其公式为

$$\delta=-AH\Delta\phi$$

式中，$\Delta\phi$ 为纬差，(″)；H 为平均高程，m；A 为常系数。

八、基线处理

(1) 软件。基线处理软件采用随接收机配备的商用软件。利用广播星历解算的基线仅用于同步环和异步环的检验，平差时采用 Trimble Geomatics Office (TGO 1.60)软件利用精密星历解算的基线进行网平差。

(2) 基线解算，按同步观测时段为单位进行。

(3) 起算坐标。基线解算中，应保持数据传递的连续性，利用 C 级 GPS 点的 WGS-84 坐标作为起算点来解算相邻的同步观测网，乃至整个 GPS 控制网。

(4) 观测值应加入对流层延迟修正，对流层延迟修正模型中的气象元素采用标准气象元素。

(5) 基线解算时，15 km 以内的基线，采用双差固定解；15 km 以上的基线，可在双差固定解和双差浮点解中选择最优结果。

(6) 计算中所用的输入值应打印以备检查，计算过程中的问题应随时记录。

(7) 同一时段观测值的数据剔除率，其值宜＜10%。

(8) 复测基线的长度较差 δs，两两比较应满足

$$\delta s \leqslant 2\sqrt{2}\sigma$$

式中，σ 为规定的精度(按实际平均边长计算)。

(9) 同步环闭合差。同步环闭合差应满足

$$W_X \leqslant \sqrt{3}/5\sigma$$

$$W_Y \leqslant \sqrt{3}/5\sigma$$

$$W_Z \leqslant \sqrt{3}/5\sigma$$

式中，σ 为规定的精度(按实际平均边长计算)。

(10) 独立闭合环或附合路线坐标闭合差应满足

$$W_X \leqslant 3\sqrt{n}\sigma$$

$$W_Y \leqslant 3\sqrt{n}\sigma$$

$$W_Z \leqslant 3\sqrt{n}\sigma$$

$$W_S \leqslant 3\sqrt{3n}\sigma$$

式中，n 为闭合环边数；σ 为规定的精度(按实际平均边长计算)。

$$W_S = \sqrt{W_X^2 + W_Y^2 + W_Z^2}$$

九、重测和补测

(1) 未按施测要求，外业缺测、漏测或数据处理后不满足要求时，有关成果应及时重测。

(2) 在进行闭合差检验时，允许舍弃在复测基线边长较差、同步环闭合差、独立闭合环或附合路线坐标闭合差检验中超限的基线，而不必进行该基线或与该基线有关的同步图形的重测，但必须保证舍弃基线后的独立环所含基线数符合要求，否则，应重测该基线有关的同步图形。

(3) 由于点位不满足 GPS 测量要求而造成一个测站多次重测仍不能满足各种限差检核要求时，经批准允许时，可以布设新点重测或者舍弃该点。

(4) 对需补测或重测的观测时段或基线，要具体分析原因，在满足 GB/T 18314—2009 中表 5 要求的前提下，尽量安排一起进行同步观测。

(5) 补测或重测的分析应写入数据处理报告。

十、GPS 网平差

(一) 无约束平差

在基线向量检核符合要求后，以三维基线向量及其相应方差—协方差作为观测信息，以一个点的 WGS-84 系三维坐标作为起算依据，进行网的无约束平差。无约束平差须提供各点在 WGS-84 系下的三维坐标、各基线向量及其改正数和其精度信息。

无约束平差中，基线分量的改正数绝对值($V_{\Delta X}$、$V_{\Delta Y}$、$V_{\Delta Z}$)应满足

$$V_{\Delta X} \leqslant 3\sigma$$

$$V_{\Delta Y} \leqslant 3\sigma$$

$$V_{\Delta Z} \leqslant 3\sigma$$

式中，σ 为基线的规定精度。否则，认为该基线或附近的基线存在粗差，应在平差中采用软件提供的自动方法或人工方法剔除，直至满足上式要求。

(二) 二维约束平差

利用无约束平差后的可靠观测量，分别在 1980 西安坐标系和 1954 北京坐标系下进行二维约束平差。平差结果应输出二维坐标、基线向量改正数、基线边长、方位、转换参数及其相应的精度信息。

约束平差中，基线向量改正数与经过粗差剔除后的无约束平差结果的同一基线相应改正数较差的绝对值($\delta V_{\Delta X}$、$\delta V_{\Delta Y}$、$\delta V_{\Delta Z}$)应满足

$$\delta V_{\Delta X} \leqslant 2\sigma$$

$$\delta V_{\Delta Y} \leqslant 2\sigma$$

$$\delta V_{\Delta Z} \leqslant 2\sigma$$

式中，σ 为基线的规定精度。否则，认为作为约束的已知坐标、已知距离、已知方位中存在一些误差较大的值，应采用自动或人工的方法剔除这些误差较大的约束值，直到满足为止。

十一、质量控制措施

(1) 具体工作实施前需编制实施方案、运行计划、外业观测作业纲要、质量控制细则。

(2) 参加作业人员应进行强化培训。

(3) 实行三级检查制度，即作业组进行 100％自查互查，作业队检查人员进行 100％过程检查，专职质量检查人员进行最终检查，确认为各工序成果达 100％优良后再提交甲方验收。

十二、提交的成果

(一) 外业观测成果

(1) 外业观测数据。

(2) 外业观测手簿(按要求必须填写齐全)。

(3) 点之记。

(4) 外业观测技术总结。

(二) 基线解算文件

(1) 基线解算结果(文件)。

(2) 基线解算信息(文件)。

(3) 重复基线比较文件(文本)。

(三) 控制点成果

WGS-84、1980 西安坐标系、1985 国家高程基准、1954 北京坐标系各一套。

(四) 水准网平差成果

(1) 水准网平差手簿。

(2) 水准网略图。

(3) 附合或闭合环闭合差信息统计。

(4) 1985 国家高程基准成果。

(五) GPS 数据处理技术报告(文本)(略)

(六) 仪器鉴定证书(略)

§ 2-4　地籍测绘专业技术设计书样例

一、某市概况

某市位于某省北部、太湖南岸，东临上海，南接杭州，西近南京，北隔太湖与苏州、无锡相望，地处长三角经济圈、环杭州湾产业带和环太湖经济圈的腹地，经济产业发达，商贸市场繁荣，是承接杭州湾、长三角各地区经济架构重组、产业链延伸、技术资金溢出和产业梯度转移的重要平台。

区域内水陆交通发达，长湖申航线千帆竞发，百舸争流，被誉为中国的"莱茵河"。104 国道、318 国道、杭宁高速公路贯穿全境，申苏浙皖高速公路和申嘉湖高速公路将吴兴纳入了上海一小时快速交通圈；宣杭铁路、新长铁路已全线贯通；拥有全国一流的铁路、公路、水运中转港。

本项目测区范围在吴兴区内，面积约 46 km^2，包括织里、八里店、妙西、埭溪、东林五个镇和道场、环渚两个乡的部分(含七个小集镇)。

二、工作目标和内容

（一）工作目标

全面完成某市吴兴区约 46.9 km^2（其中新测农村居民点 33.9 km^2，新测独立工矿 10 km^2，修测面积 3 km^2）城镇数字地籍测绘工作，包括控制测量、数字地形测量、土地权属核查和地类、宗地界址、地籍要素测量及专项调查。

（二）工作内容

(1) 首级控制测量。收集四等以上高等级控制点资料，布设 GPS E 级控制网；收集三等以上水准点作为四等水准网的起算点，对等级以上点进行四等水准联测，以满足本测区地形、地籍测绘平面与高程控制的需要。

(2) 加密控制测量。在首级控制的基础上，布设一、二级导线。

(3) 图根控制测量。在一、二级导线的基础上布设一、二级图根导线。

(4) 权属调查和地籍要素测量。根据土地登记资料进行土地权属核查，土地权属核查确定的宗地界址点进行实测，或采用具有同样测量精度的地物点位置确定界址点。查清各宗地的实际用地状况和权属界址，在权属核查的同时，对建筑物的楼层数进行调查，编辑地籍图，生成各类图表。

(5) 地类调查。按照《土地利用现状分类》(GB/T 21010—2007)对测区范围内的地类进行调查。宗地土地用途按土地登记的用途为准，宗地外范围只划地类块，进行地类调查，不进行权属核查，地类调查在整个调查范围内必须做到全面覆盖，实现无缝拼接。

(6) 城镇地籍数据库建设。城镇数字地籍测绘过程形成的调查成果数据库是数字地籍测绘的最终成果，也是地籍管理信息系统的基础数据库，数据库的内容、数据的分层与编码、数据库体系结构等均符合有关规定，并满足某市选择确定的地籍信息管理系统的建库数据要求。

三、作业技术依据(略)

四、已有资料分析及利用

收集测区范围内及周边地区的 2004 年至 2006 年测量的 GPS D 级网成果，在本项目范围内共有四等点 17 个，经过实地核对拟采用其中可用的 12 个作为本项目的控制测量起算点，在 D 级网的基础上发展 GPS E 级点。GPS D 级网坐标成果采用原生产单位于 2008 年 5 月重新平差的最新成果，确保本项目测绘精度。

五、技术路线及方法

按照有关的技术标准和规范，在权属调查和土地利用情况调查的基础上，参考原有的地籍调查资料，利用 GPS 和全站仪采用全野外数字测量的方法测绘符合要求的 1∶500 城镇地籍图。获取全区城镇每一宗土地类型、权属、界址、面积、位置及利用和分布信息，为建立“省—市—县”三级数据库及网络化管理系统打好基础。

采用全数字测绘技术，以各等级控制点为基础，开展全要素地形地籍图测绘，完成权属调查后，采用全解析方法补测部分界址点和地籍要素点，绘制地形、地籍图和宗地图。

六、技术方案

（一）地籍平面控制测量

1. 地籍首级平面控制网

首级平面控制网的等级根据测绘区域大小按表 2-1 选择 GPS E 级网（按照省定统一标准的 D、E 级 GPS 网）。

在本测区沿主干道共布设首级地籍控制点 512 个，每两点之间保证都有较好的通视条件，在选点时，应考虑到网形结构并尽可能利用原有控制点。E 级 GPS 点标志采用直径 2 cm、长 15 cm 的钢钉，上刻“＋”字，钻孔浇注；对于土质地面埋设的标石，上表面为 30 cm×30 cm，下底面为 40 cm×40 cm，高为50 cm，标石顶部距地面为 40 cm。所有 E 级 GPS 点现场绘制点之记，E 级 GPS 点点名按“E001、E002…”顺序编号。

表 2-1 测区范围与地籍平面控制网布设

调查区面积	首级控制网		加密控制网	
/km²	布设形式	等级	布设形式	等级
＜60	GPS(导线)	E 级(一级)	GPS 或导线	一、二级
≥60	GPS	D 级	GPS 或导线	E 级或一、二级

本次作业采用南方 9600 型 GPS 接收机(精度 $5\ mm+1\times10^{-6}D$)，施测前进行了一般检视和通电检验。具体内容可参见《全球定位系统(GPS)测量规范》(GB/T18314—2009)。GPS 网观测时，卫星高度角应大于 15°，有效卫星总数 4～6 颗。观测时段静态时 40～60 min，有效观测卫星与测站组成的几何强度因子 PDOP＜8。其作业要求、测量手簿按《全球定位系统(GPS)测量规范》规定执行。

GPS 测量数据在野外进行基线向量解算，经同步环、异步环检核后，如各项指标均满足要求，可进行 GPS 网平差。GPS 网数据处理应满足《全球定位系统(GPS)测量规范》第 12 款要求。

2. 加密控制点测量

加密控制点可在首级控制网基础上，采用一、二级光电测距导线施测，其最弱点的点位中误差不得超过±5 cm，加密的控制点也可采用 GPS 快速静态测量方法施测。

为满足界址点施测的需要，在首级控制网的基础上加密一、二级导线。一、二级导线宜布设成直伸导线，各边应大致相等，相邻边长之比一般不超过 3∶1。导线点一般沿道路布设，同时绘制点之记，各点点之记一般应有两个以上栓距，目标要固定，在实地用红漆标注点号和栓距，书写要正规。其技术要求见表 2-2。

表 2-2 一、二级导线测量技术要求

等级	附合导线长度/km	平均边长/m	每边测距中误差/mm	测角中误差/(″)	方位角闭合差/(″)	导线全长相对闭合差/(″)
一级	3.6	300	±15	±5	$\pm10\sqrt{n}$	1/14 000
二级	2.4	200	±15	±8	$\pm16\sqrt{n}$	1/10 000

注：n 表示测站数。

3. 图根控制测量

图根点的编号以英文字母 T 开头，后缀自然数顺序排列，如 T1，T2，…，TN。图根点编号在实地用红漆书写，用箭头指示方位，一般没有空号和跳号。

(1) 图根点以一、二级导线点为基础进行加密。一般以图根附合导线和导线网的形式进行布设，不超过两次附合。

(2) 图根点密度以满足界址点施测、地形测图需要为原则，根据建筑物密集程度、地形复杂程度以及界址点分布情况，加大了图根点密度。

(3) 图根点一般设置临时标志，土质地面打入了 20 cm 长木桩，木桩上钉上小钉，铺装地面打入了 10 cm长水泥钉，或打“＋”字，刻方框，红漆涂描。土质地面埋设上标石面 10 cm×10 cm，下标石面 20 cm×20 cm，高 40 cm 的混凝土标石。铺装路面上的图根点打入 15 cm 长的钢筋或道钉作为埋石点，相邻埋石点之间互相通视。

具体技术要求见表 2-3。

表 2-3 图根导线测量主要技术要求

等级	导线长度/km	平均边长/m	测回差/(″)	测回数		方位角闭合差/(″)	导线全长相对闭合差	坐标闭合差/m
				J2	J6			
一级	1.2	120	18	1	2	$\pm24\sqrt{n}$	1/5 000	0.22
二级	0.7	70	—	—	1	$\pm40\sqrt{n}$	1/3 000	0.22

说明：1. 导线总长度＜500 m 时，相对闭合差分别降为 1/3 000 和 1/2 000，但坐标闭合差不变。

2. 导线网中结点与高级点间或结点与结点间的导线长度不应大于附合导线规定长度的 0.7 倍。

3. 表中 n 表示测站数。

(4) 图根导线采用标称精度±(3 mm+2×10^{-6} D),测角精度 2″的 GTS-332W 全站仪,采用斜距和垂直角模式进行测量。水平角按方向观测法,各项限差依《城镇地籍调查规程》表 3 执行;距离归算进行了加常数、乘常数、气象改正和倾斜改正,距离归化至高斯投影面上。

——距离测量采用全站仪测距一测回,四次读数,各次读数较差均小于 10 mm,气象数据采用时间段平均值。

——测边时均加入了加常数、乘常数、倾斜改正,当气象改正数大于边长的 1/10 000 时加入了气象改正。

——边长的水平距离按近似公式计算:$D=S\cdot\cos\alpha$。

——垂直角施测一测回。

——采用全站仪施测,各项改正直接置入仪器自动完成。

——图根导线的记录采用清华山维 ELER 电子记录手簿,平面坐标计算采用清华山维智能图文网平差软件在微机上进行。

(二) 地籍细部测量

1. 测定界址点坐标

测定界址点位置是地籍测量的核心工作。其方法是用全站仪或 GPS 外业测定界址点解析坐标。测量时,棱镜于界址点上严格对中,无法对中时,要采用偏心法观测。个别隐蔽的界址点用解析法施测困难时,可实地量取有关边长在计算机上用 AutoCAD 环境,采用成图法求得,界址点精度指标及适用范围见表 2-4。

表 2-4 界址点精度指标及适用范围

类别	界址点对邻近图根点点位误差/cm		界址点间距允许误差/cm	界址点与邻近地物点关系距离允许误差/cm	适用范围
	中误差	允许误差			
一	≤±5.0	≤±10.0	≤±10.0	≤±10.0	城镇街坊外围界址点及街坊内明显的界址点
二	≤±7.5	≤±15.0	≤±15.0	≤±15.0	城镇街坊内部隐蔽的界址点及村庄内部的界址点

2. 测绘地籍图及宗地图

以全野外数字法测绘地籍图及宗地图。利用全站仪实地同时采集界址点、地物点及其他有关数据,现场绘制草图,外业一次完成,且必须满足《城镇地籍调查规程》中对平面位置精度要求。地籍图平面位置精度指标见表 2-5。

表 2-5 地籍图平面位置精度指标

项目	图上中误差/mm	图上允许误差/mm	备注
相邻界址点间距	≤±0.3	≤±0.6	
相邻界址点与邻近地物点关系距离	≤±0.3	≤±0.6	
宗地内部与界址边不相邻地物点	≤±0.5	≤±1.0	
邻近地物点间距	≤±0.4	≤±0.8	
勘丈数据装绘界址点间距	—	≤±0.3	
勘丈数据装绘界址点与邻近地物点关系间距	—	≤±0.3	
内图廓边长误差	—	≤±0.2	
内图廓对角线误差	—	≤±0.3	
图廓点、控制点、坐标网点展点误差	—	≤±0.1	
其他解析坐标点展点误差	—	≤±0.2	

3. 地籍图的内容

地籍图内容主要包括数学基础、地籍要素、地物要素和有关的土地利用要素等。

数学基础包括平面坐标系、高程基准、内外图廓线、坐标格网及注记、比例尺、图幅编号与注记等。

地籍要素包括各级行政界线(省界、市界、县(市、区)界、乡(镇)界、街道界,当各级行政界线重合时,只表示高级界线)、权属界线(宗地界址点、界址线、地籍街坊界线(村街坊)、城乡结合部国有土地使用权和集体土地所有权界)、地籍号(街道(乡、镇)号、街坊(村)号、宗地号)、地类、宗地坐落、土地使用者或所有者、宗地面积、行业代码等。

地物要素包括建筑物(表示层数和结构)、构筑物、道路、水系、花坛、绿地、立交桥及其他永久性建筑物、构筑物等,具体技术要求如下。

(1) 建筑物、构筑物

——建筑物面积小于6 m^2 的可不表示。

——固定的永久性建筑物要测绘其占地状况,同时要标注建筑物的属性(层次和结构),建筑结构代码见表2-6,同一栋建筑物层次不同的应分别标注。层高低于2.20 m的不作为一层。

表2-6 房屋建筑结构分类及其代号

结构分类	钢结构	钢和钢筋混凝土	钢筋混凝土	混合结构	砖木结构	其他结构
缩写	钢	钢、钢	钢混	混合	砖木	其他
代号	1	2	3	4	5	6

——建筑物墙外砖柱等小于50 cm×50 cm的装饰性细部不表示。

——占地面积大于6 m^2 的构筑物和宽度大于等于0.5 m,长度大于等于50 m的线状构筑物应表示。

——室外扶梯、楼梯等应包括在建筑物范围内,不落地的可舍去。

——不落地的阳台、雨篷等不表示。

——非永久性建筑物、构筑物不表示。

——城墙及垣栅应表示。

(2) 道路

——道路以两旁宗地界址线为界。道牙石线是界址线的要表示,不是界址线的酌情表示。

——道路中间、两旁的小绿地、小花池、花坛、行树可不表示。

——道路附属物、里程碑、筑路牌不表示。

——桥梁(立交桥)、大型涵洞、隧道用相应符号表示,且须符合投影原理。

——地下道路、架空道路用相应符号表示。

——郊区道路若有确切的界址线的,必须在图上标明,并表示出路肩线。

(3) 水系

——河流、湖泊、坑塘等水域以堤、岸为界绘出,有界址线的标明界址线和界址点。

——河流中线为界址线时,按实际河流中心标绘,当河道变迁时,界址线随之变迁。

——地下河流、地下排水沟不表示。

(4) 地貌

——地籍图上不用等高线表示地貌。

——大面积农用地适当注记散点高程。

(5) 土壤植被

——公园及各宗地外大面积绿化地、街心花园、城乡结合部的农田、园地等用土壤、植被符号表示。

——宗地内的绿地、花坛、零星植被可不表示。

(6) 注记

除地籍要素注记外,还应注记河流名称、地名、有特色的地物名称等。

(7) 其他

——一般电力线不表示,但110 kV以上高压线及塔位应表示。

——通信线、架空管线、电杆、路灯、消防栓、窨井等一般不表示,但与土地他项权利有关时应表示。

——地下室一般不表示,但与土地他项权利有关的大面积地下商场、地下停车场等应表示。

——宗地内部的次要道路、水塔、花坛、纪念碑及与权属界址无关的围墙可不表示,危险品仓库、保密车间应注记。

——农贸市场内的摊位、临时售货棚不表示。

(8) 土地利用情况

闲置土地、空闲土地、低效使用土地、批而未用土地、供而未用土地，按宗地调查，需要表示时，可分别用 x、k、d、p、g 字母在图上标注在地类编码之后。

4. 地籍图的分幅与编号

地籍图统一采用 50 cm×50 cm 正方形分幅。地籍图编号以图幅西南角坐标(以千米为单位)表示，X 在前，Y 在后，中间用短线连接，如 $X—Y$。1∶500 地籍图 X、Y 坐标取整至 10 km，小数点后取至 10 m，按 **.00、**.25、**.50、**.75 的规则分幅，如 08.25 24.00；1∶1 000 地籍图 X、Y 坐标小数点后取至 100 m，按 **.0、**.5 的规则分幅，编号方法同前，如 45.0—26.5。图名用图内最大用地单位全称，当无单位名可取用时，可用与邻幅单位相关位置作为图名，如“面厂北”。

5. 地籍图的成图方法

本测区以全野外数字法测绘地籍图，以已知控制点为依据，利用全站仪或 GPS 实地采集界址点、地物点及其他有关数据，现场绘制草图，利用计算机成图软件，采用 CASS7.0 软件室内编辑图形，生成数字地籍图，并将数字地籍图以数字形式存储在计算机介质上，通过绘图仪绘出所需比例尺的地籍图。

宗地图是土地证书和宗地档案的附图，直接从数字地籍图上复制输出，根据宗地的大小可调整比例尺，但比例尺的分母必须为 10 的整数倍，一般用 A3、A4 图纸绘制。

宗地图的内容包括：行业代码、本宗地号、地类号、宗地面积、土地使用者全称、宗地内的建筑物和构筑物、所在图幅号、界址点及界址点号、界址边长、邻宗地土地使用者及宗地号、邻宗地界址示意线等。

在地籍图的基础上编绘 1∶5 000 或 1∶10 000 土地利用情况图。包括行政界线、街坊界线、界址线、宗地号、主要单位名称、行业代码、地类编码、土地利用情况代码(x、k、d、p、g、j)、建筑容积率(J_R)、建筑密度(J_M)、城镇土地级别及基准地价、道路河流名称等。其他不必要的建筑物和构筑物、文字说明、数字注记可省略。

(三) 面积量算与汇总统计

(1) 面积量算一律利用计算机完成，根据各种界线的连续点位坐标串，使用辛普森公式计算。

(2) 量算面积前，要注意进行坐标串的检查，避免出现各种界线的打折现象。

(3) 面积量算的单位为 m^2，面积取值保留到 0.01 m^2。

(4) 以宗地为单位进行量算。当图幅内的宗地面积、道路面积、河流面积及其他面积之和与图幅理论面积之差，小于等于 $0.000\,5P$(P 为图幅理论面积)时，不进行平差，将较差配赋在道路或河流内，并加以说明；当大于 $\pm 0.000\,5P$ 时，应查明原因。

(5) 在面积量算的基础上，根据以街道为单位宗地面积汇总表、城镇土地分类面积统计表、城镇土地利用情况调查统计表，按街道(乡、镇)、区(市、县)、市逐级统计汇总。

(6) 为了保证面积量算和统计汇总的准确性，必须进行下述面积逻辑检查：

——同一街坊内，各宗地面积之和必须与街坊面积相等。

——同一街道内，各街坊面积之和必须与街道面积相等。

——同一区内，各街道面积之和必须与区总面积相等。

——同一城镇各区面积之和必须与城镇总面积相等。

七、质量监控体系及其保证措施

(一) 质量监控体系

严格按照国家有关规程进行设计、施工，提交成果；依照全面质量管理办法对工程全过程进行监控。为使成果质量达到规范、规程和技术设计的要求，满足设计需要，特采取如下措施：

(1) 由项目部具体负责该项目的组织领导与协调工作。下设四个专业组，即外业调查组、测量组、内业清绘组、质量检查组，以保证工作顺利进行。

(2) 外业调查组分成 10 个小组，2 人一组，按照调查细则的要求，制作调查工作用图，现场审核土地登记申请书内容。确定界线、设置界标。勘丈、绘制宗地草图，填写地籍调查表。

(3) 测量组首先在测区内加密足够的控制点，待每一个街坊外业权属调查完成后，统一编写界址号。然后按照设计要求实地测量界址点，并计算界址点坐标和量算各单位宗地面积。

(4) 质量检查组对各项工序进行实地抽查、检验。对野外原始记录进行100%的检校。

(5) 内业清绘组按照调查实施细则和规程、设计的要求，核实各图件内容。展绘坐标网格，清绘地籍图、街坊图、宗地图及各种图件。

(二) 质量检查措施

(1) 外业调查组自检。每调查小组每天对调查情况登记、填表，检核每一宗地调查表。当一街坊调查结束后，进行100%内外业核查。当确认无误后，由质检员核查。

(2) 质量检查组检查。质量检查组负责全部成果检查。针对外业调查组成果进行巡查和抽查。

(3) 项目检查。由项目负责人负责对全部成果进行抽查。

八、工作计划安排

整个项目的截止时间按某市国土资源局的工作部署要求进行，其中整个工作计划于100天内完成，具体安排进程如图2-5所示。

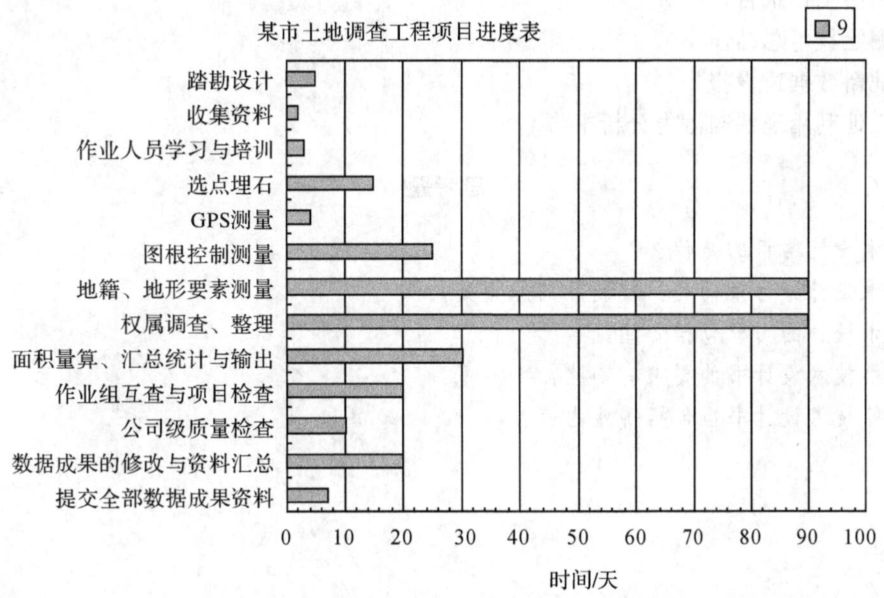

图2-5 时间安排进程

九、提交成果

(一) 权属调查成果

——地籍调查表。

——地籍勘丈原始记录。

——宗地草图。

——调查工作底图。

(二) 地籍平面控制测量成果

——外业观测记录、测量手簿及其他原始记录。

——控制点网图。

——数据处理中生成的文件、平差计算资料及成果表。

——点之记、选点和埋石资料。

——接收设备、气象及其他仪器检验资料。

——控制点成果表。

（三）地籍要素测量成果

——解析界址点成果表、界址点观测手簿及原始记录。

——标准分幅 1∶500 地籍图及电子文档。

——土地利用情况图。

——宗地图（纸质）及电子文档。

（四）面积量算及汇总统计

——城镇土地统计台账。

——城镇土地统计簿一。

——城镇土地统计簿二。

——城镇土地统计簿三。

——城镇土地利用情况调查统计表。

——其他相关统计表格。

（五）文字成果

——地籍测绘工作实施方案。

——地籍测绘技术设计书。

——地籍测绘工作报告。

——地籍测绘技术总结。

——城镇地籍数据建设报告。

——城镇土地利用现状与潜力分析报告。

思考题

1. 测绘技术设计的目的是什么？
2. 测绘技术设计分为哪两类？其设计的原则是什么？
3. 测绘技术设计的内容包括哪些？
4. 编写测绘技术设计书的要求有哪些？
5. 地籍测绘技术设计书应包括哪些内容？

第三章　地籍测绘组织与实施

§3-1　概述

地籍测绘工作是一项具有政府行为的测绘工作，牵涉到千家万户的切身利益，涉及面广、政策性强、技术要求高。同时地籍测绘工作又是一项综合性的系统工程，不同于一般的基础测绘工作，地籍测绘是政府行为，属于官方测绘，其成果又具有法律效力，为此，地籍测绘必须在充分准备、周密计划、精心组织、统筹实施的基础上进行。

一、地籍测绘的组织工作

地籍测绘工作是一项公益性、基础性的测绘工作，为国土管理、房产管理、规划、交通、市政、城市建设、环保、旅游、税收等部门提供基础数据和信息服务，已成为国家基础地理信息数据的重要来源，因此应根据国家统一部署或社会经济发展情况，及时组织开展地籍测绘工作，保证地籍资料的现势性和准确性。

（一）组织管理

地籍测绘工作以县（区）为单位开展，为保证地籍测绘工作的顺利开展，统筹协调辖区内地籍工作，由国土资源管理部门负责地籍工作的组织和领导，协调解决重大问题。具体负责组织实施、业务指导、日常协调、检查验收、成果汇总和上报工作。

（二）制定工作方案、实施方案和技术规定

依据测绘任务和国家有关技术规程，组织相关技术人员制定总体工作方案、实施方案和技术规定，包括测绘项目、内容、技术要求、工作方法、时间安排、质量控制措施等，并报上级部门批复实施。

（三）组织开展宣传工作

按照工作计划，开展形式多样的宣传工作，采用电视、广播、张贴布告、散发宣传单、流动宣传车等手段面向全社会开展宣传，做到家喻户晓，以便了解地籍测绘工作的意义和重要性，保证地籍测绘工作的顺利开展。

（四）组织专业队伍

地籍测绘工作是一项综合性特别强的技术工作，涉及土地管理技术、测绘技术、计算机技术、信息技术等多门学科，要求作业人员有较高的专业素养。组织高水平的技术队伍是顺利完成地籍测绘工作的根本保证。目前是以招投标等方式，在审查资质的基础上，确定各级具体承担任务的专业单位。

（五）组织开展技术培训

在正式开始工作之前，集中作业单位主要技术人员进行技术培训，学习各种技术规程、技术要求和新技术，统一标准和工作方法，明确要求，使作业员既要掌握一定的技术水平，又要养成质量至上、高度负责的工作态度。

（六）组织收集基础数据，制作工作底图

组织相关技术人员收集调查区域的基础图件（地形图、影像平面图、航片、卫片等）和数据资料（控制点资料、已有调查资料等），针对收集的基础图件和数据资料分析其现势性和质量状况，并以此制作调查工作底图。

（七）组织试点工作

对于地籍测绘工作任务重、技术难度大、成果质量要求高，而且多数地籍测绘项目由多个作业单位协同完成，为使各作业单位按相同的技术要求开展工作，为其提供标准方法、工作流程、工作成果等，必须先进行试点，通过试点，可以检验已制定的技术方案、技术指标、技术方法等，发现问题及时解决、更正，并且积累经验，保证工作顺利进行和成果质量。

(八) 组织、指导工作开展

组织指导具体测绘工作，及时了解、发现和处理各种问题，重大问题及时上报领导小组。并针对调查中出现的土地权属争议，提出指导意见，组织协调和调处。同时协调与各单位、个人的联系，保证调查工作的顺利进行。

(九) 组织检查验收

根据有关检查验收办法，组织对测绘成果进行自检、预检、验收和数据核查。层层把关，前一工序检查合格后，才能转入下道工序，不合格的必须返工处理。

二、地籍测绘工作的内容及流程

(一) 地籍测绘工作内容

地籍测绘工作主要内容有：

(1) 地籍调查。

(2) 地籍首级控制测量。

(3) 地籍加密控制测量。

(4) 地籍图根控制测量。

(5) 地籍要素测量。

(6) 地籍图测绘。

(7) 面积量算与汇总。

(8) 数据库建设。

(二) 地籍测绘工作实施流程

根据以上地籍测绘工作内容，可分为准备工作、外业调查与测量工作、内业工作、检查验收与成果归档四个阶段。

1. 准备工作

准备工作包括组织准备，技术准备，资料、仪器、工具准备。

2. 外业调查与测量工作

外业调查是根据相关权源材料结合利用现状，对土地位置、权属、数量、质量、用途等基本情况进行实地核实、调查、勘丈，并按规程要求登记。

外业测量是依据现场认定的界址和利用现状，按国家技术规范实地测量地籍要素和相关地形要素的空间位置。

3. 内业工作

在外业调查与测量工作的基础上，首先进行图形数据和属性数据的预处理，入库数据检查，按数据库格式导入数据，并在此基础上，进行各类土地面积汇总统计，输出成果。

4. 检查验收与成果归档

依据地籍测绘成果检查验收办法和测绘产品质量评定要求检查验收，各项检查粗差率不得大于5%，否则，针对检查验收结果进行补做或返工，直至全部达到合格。验收合格后，必须进行成果资料的整理和归档，按一定的规则和标准建立地籍档案，向社会各行业、部门提供信息服务。

地籍测绘工作实施流程如图3-1所示。

三、地籍测绘实施的基本原则

(一) 突出重点

由于地籍测绘内容较为复杂，数据类型多，各地已有资料情况参差不齐，在开展工作时，可根据国土管理部门的实际管理需要，有所偏重，突出重点内容。

(二) 充分使用已有成果

凡是已有的土地权属调查、土地利用调查资料、行政区域勘界资料、图件、数据等成果，经复查、审核无误的均应使用，避免重复调查，以降低成本，提高效率。

(三) 实事求是

坚持尊重历史、实事求是,真实反映调查时点的土地利用现状和权属状况,严格遵循国家和省级统一标准和规范,提供准确可靠、现势性好的基础数据和图件资料。

(四) 实用与创新

在保证质量的前提下,充分运用"3S"技术、信息技术和计算机网络技术等先进、实用的测绘方法和手段,提高成果的现势性、科学性和权威性。强化成果的应用性,及时开发利用各种成果资料,及时为新一轮土地利用规划修编、国土资源管理的信息化建设提供服务,提高时效性。

(五) 统一标准、技术方法

在地籍测绘工作实施前,进行多层次、全方位的技术培训,学习相关技术标准、技术方法,合理利用和有效整合社会资源,统一工作程序、方法、成果和精度要求,突出成果的共享性和标准性。

(六) 统筹安排,分步实施

根据地籍测绘工作总体方案、实施方案和技术设计书,统筹安排各项工作内容,地籍调查、地籍要素测绘、面积汇总、数据库建设等内容分阶段按工作流程实施。

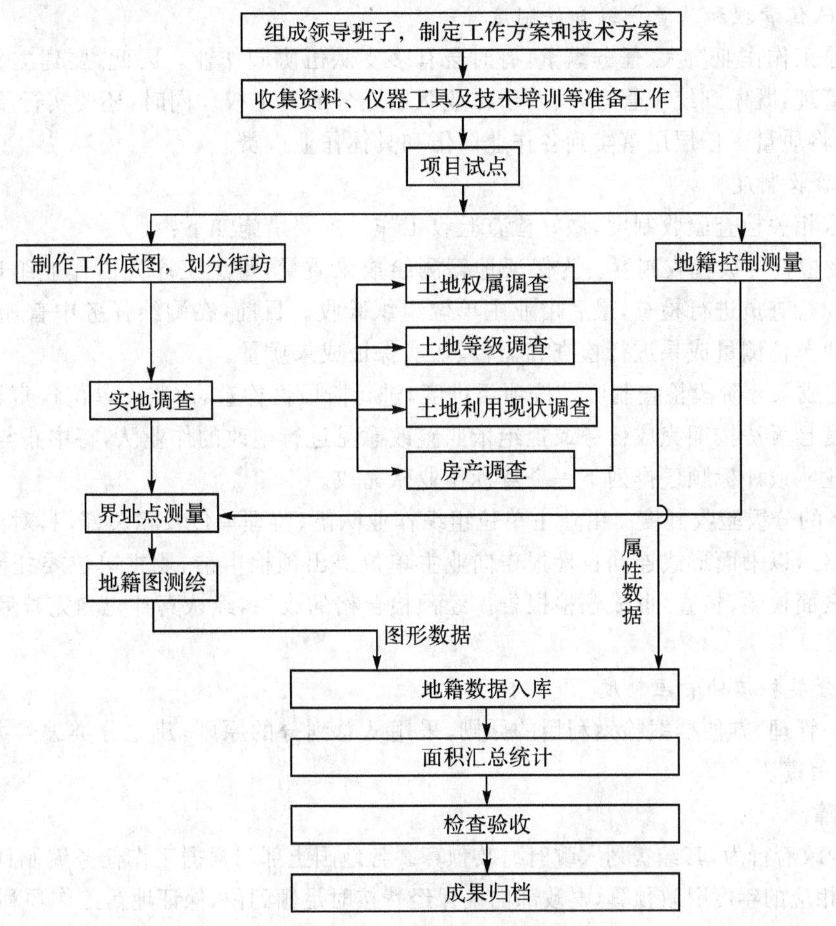

图 3-1 地籍测绘工作实施流程

四、地籍测绘实施的保障措施

(一) 组织保障

为保证地籍测绘工作的顺利开展,统筹协调辖区内地籍工作,地方各级政府都应成立地籍调查领导小组,负责地籍测绘工作的组织和领导,协调解决重大问题。基层国土管理部门配合作业队伍开展各项外业工作,组织安排进村、社区测绘和调查。行政村村民委员会或村民小组指定专人配合权属调查工作。

(二) 制度保障

1. 明确技术要求

在国家、省统一制定的实施方案和相关规范、标准基础上,明确各项技术要求,包括各流程环节的技术要求及其操作程序、方法和检查办法，成果的表达形式，数据库和管理信息系统建设的框架结构、内容、维护更新要求等。

2. 引入竞争机制，提高工程质量

依据政府采购法，按照“公平、公正、公开”的竞争原则，采取公开招投标方式择优选择技术强、信誉好、质量管理严的作业队伍，以合同方式约定双方职责、项目任务、成果质量以及工程进展要求、经费支付方式等，统一规范测绘行为。

3. 建立监理制度

地籍测绘工作按国家要求实行质量监理制度，并采用公开招投标方式确定技术力量强、信誉好、质量把关严的单位为项目监理单位，推行项目监理制。监理单位全过程跟踪检查项目进展和成果质量，负责测绘成果的检查和核查，对成果质量负责。

由项目监理机构在规定的权利和职责条件下进行日常的项目监理工作。项目监理实施前必须制定规范的监理计划和项目监理实施细则，明确项目委托方、监理机构和项目承担方的权利和职责。项目监理实施必须满足相关国家或行业标准的要求。

4. 建立作业队伍管理和质量分级责任制度

城镇地籍测绘工作作业量大、任务繁重，有时会有多支队伍协同作业。因此，要建立相关制度对作业队伍实行规范化管理，既做到统一管理，又给予作业队伍充分的自主权。同时，还要实行质量责任制，采用分级管理的方式，将质量责任层层落实到各作业队伍和具体作业人员。

5. 建立检查验收制度

严格按照国家相关检查验收制度，做好检查验收工作。主要措施如下：

(1) 实行两级检查一级验收制度。为保证地籍测绘成果质量，每道工序先由作业组进行自检、互检，再由作业单位专职检查员进行检查，最后由业主单位组织验收。目前，在测绘任务中普遍引入监理制度。由监理单位对作业单位测量成果进行检查和监督，切实保证成果质量。

(2) 实行测绘成果分阶段检查制度。按项目进度，进行阶段性检查，由监理单位负责该项工作。对因自身原因拖延进度且无法按期完成任务或拒绝依照整改意见进行整改的作业队，将中止与该作业队合同，交由其他中标作业队或评标顺序排列下一个竞标作业队完成。

(3) 实行严格的分级验收制度。由业主单位组织作业队伍、监理单位及相关部门，对测绘成果进行自检，并形成自检报告，以书面形式连同自检报告向业主单位提出预检申请，业主单位委托专业技术人员对内外业成果进行全面检验、核查，形成预检报告。经预检合格的成果，经认真补充和完善后，再以书面形式提出验收申请。

6. 建立资料分类和归档管理制度

为了体现统一管理、方便档案检索利用的原则，采用从总到分的原则，建立分类编号办法和归档管理制度，并指定专人负责。

(三) 经费保障

地籍测绘作为政府行为，其经费列入政府财政预算。各地国土部门根据工作任务编制详细的支出预算、核定经费，并列入相应的年度财政预算，财政部门确保经费按时足额到位，保证地籍工作顺利进行。

地籍测绘专项资金专款专用，任何单位、部门不得截留、挪用。对弄虚作假、截留资金等违法违纪行为，将依法追究有关责任人的责任。国土资源管理部门、财政部门要加强专项资金使用的监督检查，重点跟踪检查地籍测绘工作进度、资金的拨付和使用情况，确保地籍测绘工作的顺利完成。

(四) 技术保障

1. 统一技术标准规范

依据国家相关的技术规范和标准，制定工作方案、技术设计书，统一方法、统一标准、统一要求、统一格式，保证成果的共享性。

2. 采用高新技术和先进设备

在执行统一标准和规范的同时，充分利用现有设备，充分应用成熟、实用的现代高新技术手段，以“3S”技术（遥感 RS、地理信息系统 GIS、全球定位系统 GPS）和信息技术为核心，全面提升测绘成果的科技含量。

3. 加强技术指导与咨询

各级政府国土部门成立技术专家组。专家组对调查中遇到的重大技术问题进行研究解决。由专家组成员和相关部门及相关专业技术人员组成巡视组，定期或不定期地开展巡视工作。通过巡视、考察，及时掌握各地工作动态和调查进度，及时发现和研究重大政策问题。

§3-2 地籍调查的组织与实施

我国《土地管理法》规定：国家建立土地调查制度。地籍调查正是针对土地的自然属性（面积、位置、形状、适应性条件等）和社会属性（权属、价格、等级，其他经济关系和法律关系等）及其变化情况和趋势的调查，是为土地管理和资源配置服务的一种活动。地籍调查是国土资源管理和国民经济建设必不可少的基础性、公益性工作，也是一项需要全民共同参与，各部门协调配合才能完成的社会系统工程。

一、地籍调查的目的与任务

地籍调查是要全面获取土地及其附着物的基本信息：权属状况及其空间分布；数量及其在各部门、权属单位间的比例、规模、分布状况；质量及其使用状况等，并将其记载于地籍调查表中和地籍图上，建立一套完善的地籍档案。实现地籍调查信息的社会化服务，满足社会经济发展、土地宏观调控及国土资源管理的需要。

地籍调查分为城镇地籍调查和农村地籍调查。城镇地籍调查是调查城市、建制镇内部每宗土地的地类、面积、权属，掌握每宗土地的位置和利用状况，以及土地使用权和所有权状况。农村地籍调查要逐地块调查其地类、面积和权属，掌握各类用地的分布和利用状况，及国有土地使用权和集体土地所有权状况；实地核实基本农田的范围、面积、分布状况。在城镇和农村地籍调查的基础上，统计工业、基础设施、金融商业服务、开发园区和房地产用地等专项用地的利用情况，并由此建立省、市、县三级调查数据库，为土地利用规划修编、建设用地审批、耕地及基本农田保护、土地开发整理复垦以及农业产业结构调整、政府宏观决策提供基础数据资料。

二、地籍调查的原则

（一）真实性原则

严格按照国家的统一要求，保证地籍调查数据的真实性，客观反映土地利用现状。

（二）连续性原则

充分利用原有成果，节约成本，保证成果连续性，提高成果质量。

（三）创新性原则

在调查中，勇于创新，运用“3S”技术，提高成果科技含量，实现成果的数字化、信息化。

（四）一查多用原则

在调查中，遵循现代地籍多用途——一查多用原则，节约成本，满足社会各行业、各部门不同需求，实现国土管理社会化信息服务。

（五）分工协作原则

地籍调查是一项系统工程，涉及千家万户，各部门要各司其职、通力协作、密切配合、精心组织、统筹规划，保证成果质量。

三、地籍调查的技术依据

（1）《城镇地籍调查规程》（原国家土地管理局，1993 年）。

（2）《土地利用现状分类》（GB/T 21010—2007）。

（3）《确定土地所有权和使用权的若干规定》（原国家土地管理局，1995 年）。

（4）《土地调查条例》（国务院令第 518 号，2008 年）。

（5）《城镇地籍数据库标准》（TD/T 1015—2007）。

(6)《土地利用数据库标准》(TD/T 1016—2007)。

(7) 各省、市制定的技术补充规定。

四、地籍调查内容

根据我国现阶段地籍工作要求和国家有关技术规程，地籍调查内容可分为：权属调查、土地利用现状调查、土地等级调查和房产调查。

(一) 权属调查

权属调查是地籍调查的核心内容，包括行政境界调查和土地权属调查两部分。

行政境界调查是调查各级行政区域界址线，包括省界、市界、县(市、区)界、乡镇(街道)界线。通常根据调查区内现势性较强的图件和资料，实地调绘，核实境界走向，在上级勘界领导小组核准的情况下，将界址点、界址线走向转绘到调查图上。

土地权属调查在农村主要调查集体土地所有权，以及公路、铁路、河流和国营农、林、牧、渔场、企事业单位等用地权属状况；在城镇调查每宗土地权属状况(包括权属性质、权属来源、权属主、使用期限、取得时间等)；位置状况(包括坐落、四至、门牌号、宗地号等)；界址状况(界址点、界址线、界标)；利用状况(质量、用途、等级、税费等)等。

(二) 土地利用现状调查

依据《土地利用现状调查技术规程》，土地利用现状调查内容包括村和农林牧渔场及居民地以外的厂矿、机关团体、企事业单位等用地权属界线及辖区境界线，地类分布，面积汇总及相关图件编制等。

(三) 土地等级调查

土地等级调查是对土地的自然属性、社会经济属性进行综合鉴定。其内容主要包括土地质量性状调查、土地分等定级、土地评价等。

(四) 房产调查

地籍测绘的对象为土地及其附着物，地籍调查不仅获取土地基本信息，还要获取其附着物信息，而房屋是最重要的一类建筑物，获取其位置、权属、数量、质量、利用状况等基本信息，为房地产产权产籍管理、城市建设、房地产交易、规划等提供信息服务。

五、地籍调查工作的实施程序

(一) 成立组织机构

地籍工作是政府行为，地籍调查由当地政府进行组织，成立专门领导机构，并组织成立相应工作机构，负责辖区内地籍调查工作的实施，对地籍调查工作进行技术指导、组织协调和检查验收。

(二) 制定总体工作方案和技术方案

根据项目任务和目标，结合当地实际，制定调查工作总体方案，并报上级部门批准。依据批准的工作实施方案，制定技术方案。

(三) 宣传

调查工作涉及千家万户，需要用地单位的密切配合，充分利用电视、广播、电台、报纸等媒体全面宣传，解释调查工作的意义和重要性，以便使人们配合调查工作。各级政府和街道办应召开辖区内用地单位负责人参加的调查协调会，通报情况，保证调查工作的顺利开展。

(四) 技术培训

地籍调查工作政策性强、技术要求高、专业面广，要求调查人员熟悉相关政策和技术规程，同时为统一标准、工作方法、技术要求，应组织专家对参与调查的技术人员进行技术培训，使之熟悉有关法律法规政策，熟悉技术规程和程序，能熟练掌握技术方法并能处理作业中出现的问题。

(五) 资料、仪器和工具准备

为使调查工作顺利进行，少走弯路，提高效率，应广泛收集调查区各种有用资料，如控制资料、图件资料、权源资料、已有的调查数据资料等，并对此进行分析。同时对调查中使用的仪器设备、工具等进行检测、充电，还要配备计算机及交通工具等。

(六) 制定技术设计书

由作业单位经验丰富的技术人员，根据工作方案、技术方案和合同书的要求，依据国家技术规程，结合当地实际，制定切实可行的技术设计书。技术设计书应包含调查区基本情况、技术路线、技术依据、技术方法、工作进度安排、质量控制措施、上交成果等内容。

(七) 街道、街坊、宗地室内预判及划分

按照技术设计书要求，利用相关图件资料，室内划分调查区范围，街道、街坊、宗地划分以方便调查、便于管理为原则进行。

(八) 实地调查

以上准备环节完成后，调查员可按照分工划片到实地开展调查，实地核实权源资料，确认界址，勘丈距离，在现场各方签字，并将调查结果记录于地籍调查表中，同时绘制宗地草图。

(九) 成果整理、检查验收和归档管理

将调查成果按设计书要求逐宗认真整理，验收合格后，归档整理。

§3-3 导线网控制测量实施与技术要求

地籍控制测量是地籍测绘的基础内容，是进行地籍要素测量和地籍图测绘的依据。地籍控制测量也遵循从整体到局部、由高级到低级分级控制的原则。

地籍控制测量是根据界址点和地籍图的精度要求，视测区范围的大小、测区地物密集程度、控制点数量等情况，按照技术要求进行控制网设计、选点、埋石、野外观测、数据处理等工作。地籍平面控制测量包括基本控制测量(首级控制、加密控制)和图根控制测量。地籍控制测量不论是基本控制测量还是图根控制测量，都可采用导线网及 GPS 测量施测。

本节以导线网为例阐述其实施步骤及技术要求。

一、导线控制网的技术要求

导线控制网是为开展地籍细部测量以及日常地籍测量而布设的测量控制网。控制网的布设，在精度上要满足测定界址点坐标精度的要求，在密度上要满足地籍细部测量的要求，在点位埋设上要顾及日常地籍管理的需要。

地籍基本平面控制(首级控制与加密控制)点，每平方千米不少于 10 个点。各等级地籍基本平面控制点均应埋石。埋石点密度为 1∶500 每幅图不少于 3 点，1∶1 000 每幅图不少于 6 点。各等级地籍导线网主要技术要求如表 3-1 和表 3-2 所示。

表 3-1 电磁波测距导线的主要技术指标

等级	导线长度 /km	平均边长 /km	测距中误差 /mm	测角中误差 /(″)	方位角闭合差 /(″)	导线全长相对闭合差
三等	15	3	±18	±1.5	$\pm 3\sqrt{n}$	1/60 000
四等	10	1.6	±18	±2.5	$\pm 5\sqrt{n}$	1/40 000
一级	3.6	0.3	±15	±5.0	$\pm 10\sqrt{n}$	1/14 000
二级	2.4	0.2	±15	±8.0	$\pm 16\sqrt{n}$	1/10 000

注：表中 n 为测站数。

表 3-2 图根导线的主要技术要求

级别	导线长度 /km	平均边长 /m	测回数		测回差 /(″)	方位角闭合差 /(″)	测角中误差/(″)	导线全长相对闭合差	坐标闭合差 /m
			DJ2	DJ6					
一级	1.2	120	1	2	±18	$\pm 24\sqrt{n}$	±12	1/5 000	±0.22
二级	0.7	70	—	1	—	$\pm 40\sqrt{n}$	±20	1/3 000	±0.22

注：表中 n 为测站数。

布设导线网时，导线宜布设成直伸形状，各边应大致相等，相邻边长之比一般不超过 3∶1。导线点一般沿道路布设，一般应埋设混凝土标石，或钻孔打入 20 cm 长专用测量钢钉。同时所有一、二级导线点应绘制点之记，见图 3-2，各点点之记一般应有两个以上栓距，目标要固定，在实地用红漆标注点号和栓距，书写要正规。当附合导线长度超过《城镇地籍调查规程》规定时，应布设成结点网。结点与结点、结点与高级点之间的导线长度，不应超过附合导线长度的 0.7 倍。由于目前全站仪的广泛应用，地面控制网计算平差软件的功能增强，因此，加密控制网的等级一般不再分级，计算时应整体平差。

一级导线点点之记

日期：2008 年 11 月　　　　绘图：　　　校对：

<table>
<tr><td rowspan="10">点名及等级</td><td>点名</td><td>Ⅰ 023</td><td rowspan="2">土质</td><td colspan="2" rowspan="2">硬质路面</td></tr>
<tr><td>点号</td><td>Ⅰ 023</td></tr>
<tr><td>等级</td><td>Ⅰ级</td><td rowspan="2">标石说明</td><td colspan="2" rowspan="2">混凝土标石</td></tr>
<tr><td rowspan="7">通视点列表</td><td>Ⅰ 022</td></tr>
<tr><td>Ⅰ 024</td><td rowspan="2">旧点名</td><td colspan="2" rowspan="2"></td></tr>
<tr><td></td></tr>
<tr><td></td><td rowspan="4">坐标</td><td>平面坐标</td><td>高程</td></tr>
<tr><td></td><td rowspan="3">X：
Y：</td><td rowspan="3"></td></tr>
<tr><td></td></tr>
<tr><td></td></tr>
<tr><td colspan="6">所在地</td></tr>
<tr><td colspan="4">选点情况</td><td colspan="2">点位略图</td></tr>
<tr><td>单位</td><td colspan="3"></td><td colspan="2" rowspan="4">N
工
28.0
工业三路　Ⅰ 023
3.0</td></tr>
<tr><td colspan="2">选点名</td><td>日期</td><td>2008.11</td></tr>
<tr><td colspan="2">联测高程等级</td><td colspan="2">四等水准</td></tr>
<tr><td>点位说明</td><td colspan="3">详见点位略图：
距东北电线杆 28.0 m；
距南路灯 3.0 m</td></tr>
</table>

图 3-2　点之记样例

图根点也应设置固定标志，铺装路面打入 10 cm 长的测量钢钉；水泥地面可刻“十”字，外加方框；泥土地面打入 20 cm 长木桩。相邻埋石点之间应互相通视。

地籍图根控制网与地形图根控制网相比，有以下特点：

(1) 地籍图根控制网布设规格(点位密度、精度等)高。地形图根控制网由测图比例尺决定，不同成图比例尺图根控制网的规格相差很大。而地籍图根控制网布设规格，应满足测量界址点坐标的精度要求，与地籍图的比例尺大小无关。

(2) 地形图根控制点，是为地形细部测量而布设的，测图(整个项目)完成后，便失去了其作用。因此，埋点时原则上设临时性标志。而地籍图根控制点不仅要为当前的地籍细部测量服务，同时还要为日常地籍管理(各种变更地籍测量、土地有偿使用过程中的测量等)服务，因此地籍图根控制点原则上应埋设永久性或半永久性标志。

(3) 由于地籍图根控制点密度是根据界址点位置及其密度决定的，几乎所有的道路上都要敷设地籍图根导线。一般说来，地籍图根控制点密度比地形图根控制点密度要大。

地籍图根导线布设的几点特殊要求：

(1) 当导线长度小于允许长度的 1/3 时，只要求导线全长的绝对闭合差小于 13 cm，而不作导线相对闭合差的检查。

(2) 当单导线中的边长短于 10 m 时，允许不作导线角度闭合差检查，但不得用该导线的边长及方位作为起算数据布设低一级导线或支点。

(3) 当用电磁波测距仪或电子全站仪测量导线的边长时，导线总长允许放宽。但这时导线全长绝对闭合差不得超过±22 cm；而对于相对闭合差，一级地籍图根导线不得超过 1/5 000，二级地籍图根导线不得超过 1/3 000。

二、控制网的施测

平面控制网的观测元素主要是水平方向值、斜距和天顶距。对于斜距的气象改正，还应量测气温和气压。

(一) 控制点点名及点号

对于控制网中控制点的点名及点号，国家相关规范并未做统一要求，但为便于今后的使用和规范命名方法，在一个测区中作业单位应尽量统一规则。高等级控制点尽量沿用旧名称，一、二级导线点可用“Ⅰ”、“Ⅱ”作为等级标示符，后缀顺序号编号，如Ⅰ023、Ⅱ087 等。

(二) 观测与记录

在控制点选点完毕后，即进入控制网外业观测阶段。由于目前在控制测量中，已经普遍采用了电子全站仪，有些全站仪有自动存储记录的功能，也有些单位开发了控制测量观测成果记录程序，因此，有条件的施测单位，应尽量采用自动电子记录方式记录每一测站的观测值。采用自动记录方式，不仅可以大大提高作业效率，更主要的是可以减少许多人为错误（如外业观测时数据读错、听错、写错、限差检查错、测站平差错等）。

一、二级导线测量使用鉴定合格的全站仪进行观测，均在测站一端记入气象数据。边长各次读数较差≤10 mm，测回间较差≤15 mm。水平角按方向观测法，距离归算应进行加常数、乘常数、气象改正和倾斜改正。各项限差依《城镇地籍调查规程》执行，具体要求见表 3-3 至表 3-8。

表 3-3 水平角方向观测法的各项限差

项目	经纬仪型号		
	DJ1	DJ2	DJ6
光学测微器两次重合读数差/(″)	1	3	—
半测回归零差/(″)	6	8	18
两个半测回同一方向较差/(″)	15	20	36
一测回内 2C 互差/(″)	9	13	—
同一方向值各测回互差/(″)	6	9	24

表 3-4 导线测量水平角观测的技术要求

等级	测角中误差/(″)	测回数			方位角闭合差/(″)	测站圆周角闭合差Δ/(″)
		DJ1	DJ2	DJ6		
一级	±5.0	—	2	4	$\pm 10\sqrt{n}$	6
二级	±8.0	—	1	3	$\pm 16\sqrt{n}$	8

注：表中 n 为测站数，$\Delta = L + R - 360$。

表 3-5 光电测距仪测量边长的技术要求

等级	测距仪等级	每边测回数		
		往	返	备注
一级	Ⅰ、Ⅱ	2	—	
二级	Ⅰ、Ⅱ	2	—	

注：测回指照准目标一次，读数 4 次。

表 3-6　光电测距的各项限差

等级	一测回读数值较差限值/mm	测回间较差限值/mm	往返测或不同时段间较差限值/mm
Ⅰ	5	7	$\sqrt{2}(a+b\cdot D\cdot 10^{-6})$
Ⅱ	10	15	$\sqrt{2}(a+b\cdot D\cdot 10^{-6})$

注：1. 往返较差必须将斜距化算到同一水平面上，方可进行比较。
2. $(a+b\cdot D\cdot 10^{-6})$为仪器标称精度。

表 3-7　垂直角观测技术要求及测回数

测角中误差 / 仪器型号 / 观测方法	5″～10″	10″～30″		>30″
	DJ2	DJ2	DJ6	DJ6
中丝法	2	1	2	2
三丝法	1	1	1	1

表 3-8　一、二级光电测距导线气象数据测定技术要求

等级	最小读数		测定时间间隔	气象数据取用
	温度/(℃)	气压/Pa		
一	0.5	100(或 1 mmHg)	每边测定一次	观测一端数据
二	0.5	100(或 1 mmHg)	一时段始末各测定一次	取平均值作为各边测量的气象数据

图根导线施测可采用平距模式进行测量。水平角按方向观测法，各项限差依《城镇地籍调查规程》执行；距离归算进行加常数、乘常数、气象改正和倾斜改正，距离归化至高斯投影面上。

(1) 距离测量采用全站仪测距一测回，四次读数，各次读数较差均小于 10 mm，气象数据采用时间段平均值。

(2) 测边时均加入了加常数、乘常数、倾斜改正，当气象改正数大于边长的 1/10 000 时加入了气象改正。

(3) 采用全站仪施测，各项改正直接置入仪器自动完成。

三、导线网平差

当控制网外业观测结束后，即可进行控制网平差计算工作，计算步骤为：数据整理、边长改化、坐标计算、成果输出。目前的控制网平差基本都是在计算机上通过一些软件进行计算的，常用软件如清华山维测量平差软件、南方测量平差软件等，也有一些单位自行开发应用测量平差软件。随着技术进步，平差软件的各方面性能都得到了很大的改善，它除具有控制网概算、平差、精度评定及成果输出等功能外，还提供了一些实用的功能，如控制网优化设计、网图显绘、粗差剔除、方差分量估计、贯通误差影响值计算、闭合差计算、叠置分析、坐标变换及换带计算等。

具体过程参见第四章地籍测量数据处理。

§3-4　GPS 控制网测量实施与技术要求

GPS 定位技术以其精度高、速度快、费用省、操作简便等优良特性被广泛应用于地籍控制测量中。应用 GPS 卫星定位技术建立的控制网叫 GPS 控制网(简称 GPS 网)。GPS 网可分为两大类：一类是全球或全国性的高精度 GPS 网，网中相邻点的距离在数千千米至上万千米，其主要任务是作为全球(或全国)高精度坐标框架，为全球性地球动力学和空间科学方面的科学研究工作服务，或用以研究地区性的板块运动或地壳形变规律等问题。另一类是区域性的 GPS 网，包括国家 C、D、E 级 GPS 网或专为工程项目(如城镇地籍测量、水利枢纽、城市地铁、隧道等)布测的工程 GPS 网，这类网的特点是控制区域有限(控制一个市或一个地区)、边长短(一般从几百米到两千千米)、观测时间短(从快速静态定位的几分钟至一两个小时）。

GPS控制网测量与常规地面控制网测量相类似，在实际工作中也可划分为方案设计、外业实施及内业数据处理三个段。

一、GPS控制网方案设计

GPS控制网技术设计的主要依据是GPS测量规范（规程）和测量任务书。GPS测量规范（规程）是国家测绘行业管理部门制定的技术法规，目前GPS网设计依据的规范（规程）主要是《全球定位系统（GPS）测量规范》（GB/T18314—2009）。在GPS方案设计时，首先依据测量任务提交的GPS网的精度、密度和经济指标，再结合规范（规程）规定并现场踏勘，具体确定各点间的连接方法，各点设站观测的次数、时段长短等布网观测方案。

二、GPS控制网测量精度标准及分类

各类GPS控制网的精度设计主要取决于网的用途。用于地籍测绘的GPS控制网，可根据相邻点的距离和精度，参照《全球定位系统（GPS）测量规范》（GB/T18314—2009）的规定执行，具体见表3-9。

表3-9　GPS网精度分级及技术要求

项目	级别				
	A	B	C	D	E
相邻点间平均距离/km	几百	50	20	5	3
相对精度	$\frac{1}{10^8}$	$\frac{1}{10^7}$	$\frac{1}{10^6}$	$\frac{1}{10^5}$	$\frac{1}{60\,000}$
网中闭合环或附合路线的条数	≤5	≤6	≤6	≤8	≤10
卫星截止高度角/(°)	—	10	15	15	15
同步观测有效卫星数	—	≥4	≥4	≥4	≥4
有效观测卫星总数	—	≥20	≥6	≥4	≥4
观测时段数	—	≥3	≥2	≥1.6	≥1.6
时段长度	—	≥23 h	≥4 h	≥60 min	≥40 min
采样间隔/s	—	30	10～30	5～15	5～15
同步观测接收机数	—	≥4	≥3	≥2	≥2

注：A、B级GPS点是国家高精度大地控制点，是C、D、E级GPS网起算点。

利用GPS定位技术建立地籍控制网时，GPS网点应布设成三角网形或导线网形，或者构成其他独立检核条件检核的图形。GPS网点应与已有控制点进行联测，联测的点不应少于3个。其主要技术指标参照《地籍测绘规范》（CH 5002—94）的规定执行，具体见表3-10。

表3-10　GPS静态相对定位测量技术要求

	等级				
	二等	三等	四等	一级	二级
平均边长/km	9	5	2	0.5	0.2
GPS接收机性能	双频或单频	双频或单频	双频或单频	双频或单频	双频或单频
观测量	载波相位	载波相位	载波相位	载波相位	载波相位
接收机标称精度（优于）	$10\ \text{mm}+2\times10^{-6}D$	$10\ \text{mm}+3\times10^{-6}D$	$10\ \text{mm}+3\times10^{-6}D$	$10\ \text{mm}+3\times10^{-6}D$	$10\ \text{mm}+3\times10^{-6}D$
同步观测接收机数量	≥2	≥2	≥2	≥2	≥2
卫星高度角/(°)	≥15	≥15	≥15	≥15	≥15
有效观测卫星总数	≥6	≥4	≥4	≥4	≥4

续表

	等级				
	二等	三等	四等	一级	二级
时段中任一卫星有效观测时间	≥20	≥5	≥5	—	—
观测时段数	≥2	≥2	≥2	≥1	≥1
观测时段长度	≥90	≥10	≥10	—	—
数据采样间隔	15～60	15～60	15～60	15～60	15～60
点位几何图形强度因子	≤8	≤10	≤10	≤10	≤10

三、GPS测量的外业实施

GPS测量作业工作一般分为以下几个步骤。

(一) 准备工作

(1) 选用合适的GPS信号接收机。

(2) GPS控制网的技术设计。

(3) 观测计划的拟定。

(4) 选择GPS作业模式。

(5) 点位选择及要求如下：

——点位必须选在地基坚实，适合GPS观测并有利于长期保存的稳定区域。应避开地基松软的区域和预期的工程建设区。

——点位须远离大功率无线电发射源(如电视台、微波站等)，其距离≥200 m；远离高压输电线，其距离≥50 m，控制点要尽量布设在四周开阔的区域，在地面高度角15°内不应有成片的障碍物。

——点位应选择在交通方便，又有利于安全作业、长期保存的地方。点位附近不应有大面积的水域或其他强烈干扰卫星信号接收的物体(如金属广告牌等)。

——点的布设应考虑到图形结构，尽可能地均匀分布，且利于安置GPS接收机和其他手段进行扩展与联测。

——为了便于常规测量仪器的使用，每点必须至少有1个通视方向。

——已有的旧控制点，符合四等GPS规定要求的，应充分利用，以减少埋石工作量。

——对GPS观测有特殊要求(如需升高天线，带大扳手卸觇标的标头，带强制对中装置的连接螺丝等)的应在点之记中加以说明。

——控制网的布设应充分考虑与已有国家等级控制点的联测。

——控制网点的布设应完全覆盖测区，选点结束后应提交GPS网选点图。

(二) 外业观测及技术要求

1. 观测前准备

(1) 在控制点标石埋设完毕后，应有一定的沉降时间，使之稳固后再进行观测。

(2) GPS接收机应按GPS鉴定规程进行鉴定。光学对中器应在作业前及作业中经常进行检验和校正。

(3) 观测前应编制GPS卫星可见性预报表，研究所要观测点的最佳时间段，并制定观测计划。

(4) 出发前应检查电池电量、接收机内存是否充分。

2. 外业观测的基本原则

(1) 采用双频或单频GPS接收机进行施测。

(2) 观测手簿中的内容在现场用铅笔认真填写，不得伪造、涂改。填错的内容可划改，正确的内容填写在划改内容的上方，划改的内容必须清楚地保留。

(3) 正确量取天线高，并记入观测手簿中，天线高采取每时段测前和测后各量取一次，每次应从天线三个不同方向(间隔 120°)量取，两次量高误差≤3 mm，取其平均值；还应画出天线高量测的示意图。

(4) 正确输入各项参数，存储数据的文件名命名要合理。

(5) 为了获取 1980 西安坐标系坐标，观测时还应联测 3 个以上具有 1980 西安坐标系成果的四等以上控制点，同时应与 D 级 GPS 三维大地控制网充分联测，以确保统一平差时，连接数据充分。

(6) 数据采集采用经过检验合格标称精度优于 $10\ \text{mm}+5\times10^{-6}\ D$ 的 3 台套以上接收机进行同步观测，采用静态定位模式。

(7) 接收机观测期间应防止震动、移动，严禁人和物体靠近天线。

(8) 应当站填写观测记录，记录要清晰、整洁，不允许事后补记或追记。

(9) 接收机在观测期间，不应在旁边使用对讲机；雷雨时，不能进行观测。

(10) 观测时应保证接收机工作正常、数据记录正确，数据及时导出，确保数据不丢失。原始观测数据严禁修改。

3. 数据采集

数据采集工作主要包括：天线安置、观测作业和观测记录。

(1) 天线安置

正确地安置天线是实现精密定位的重要条件之一，其安置工作应符合下列要求：

——一般情况下，天线尽量利用脚架安置在标志中心的垂线方向上，直接对中。在特殊情况下，偏心观测时，归心元素应以解析法精确测定。

——需在觇标的基板上安置天线时，应先卸去觇标顶部，以防止对信号干扰。并将标石中心投影到基板上，作为安置天线的依据。

——GPS 点上建有寻常标时，应在安置天线前，先放倒觇标或采取其他措施，防止干扰卫星信号。

——天线定向标志线应指向正北，顾及当地磁偏角影响后，定向误差不应超过±5°，以减弱相位中心偏差的影响。

——天线底板上的圆水准器气泡必须居中。

——雷雨天气安置天线时，应注意将其底盘接地，雷雨过境时应暂停观测，并卸下天线，防止雷击。

天线安置后，应在各观测时段的前后各量天线高一次，两次结果之差不应超过 3 mm，并取其中数。

所谓天线高，指天线的相位中心至测站点标志中心顶端的垂直距离。

(2) 观测作业

观测作业的主要任务是捕获 GPS 卫星信号，并对其进行跟踪、处理和量测，以获取定位信息和观测数据。观测要求如下：

——观测组必须按规定的时间作业，同步观测同一组卫星。

——经检查测站上各项连接无误，且接收机预置状态正确时，方可接通电源。

——每一观测时段，气象观测不少于 2 次，观测时段较长(超过 60 min)应适当增加观测次数。

——观测期间要严防人员和其他物体碰动天线和阻挡信号。

——测站全部作业完成后，方可迁站。

(3) 观测记录

GPS 测量作业所获得的成果记录主要有以下两种形式：

——观测记录。观测记录由接收机自动完成，均记录在存储介质上，其主要内容包括：载波相位观测值及相应的观测历元，GPS 卫星星历参数，实时绝对定位结果，测站控制信息及接收机工作状态信息。

——观测手簿。观测手簿是在接收机启动前及观测过程中，由作业人员随时填写的。其格式和内容具体要求见表 3-11。

表 3-11　GPS 观测记录表

点号		点名		图幅编号	
观测员		记录员		观测日期	
接收机名称 及编号		天线类型及其编号		存储介质编号 数据文件名	
近似纬度		近似经度		近似高程	
预热时间(BJ)		开始记录 时间(BJ)		结束记录 时间(BJ)	
站时段号		日时段号		点位略图	
天线高测定		测定方法及略图			
测前：　测后：					
①					
②					
③					
均值：					

时间 (UTC)	跟踪卫星号 (PRN)	天气 状况	纬度 /(°　′　″)	经度 /(°　′　″)	高程 /m

量测时 间(BJ)								
干温 /(℃)								
湿温 /(℃)								
气压 /(10 Pa)								

记 事	

4. 观测成果的检核

观测成果的外业检核是确保外业观测质量，实现预期定位精度的重要环节。所以，在外业观测结束后，必须在测区检核数据质量，以便及时发现不合格的成果，并根据情况采取补测或重测措施。

四、GPS 数据处理

GPS 接收机采集的数据是接收天线至卫星的距离和卫星星历等数据，而不是常规测量技术所得到的角度、距离和高差等。因此要得到有实际意义的定位信息，还必须进行一系列的处理。

GPS 测量数据处理可以分为观测值的粗加工、预处理、基线向量解算(相对定位处理)和 GPS 基线向量网与地面网数据的联合处理等基本步骤。粗加工是将接收机采集的数据通过传输、分流、解译成相应的数据文件，并通过预处理将各类接收机的数据文件标准化，形成平差计算所需的文件。粗加工和预处理的主要目的是净化观测值，提高观测值的精度。基线向量解算是利用预处理后的数据求解接收机所在测站之间的坐标差，提供 GPS 基线向量网平差的观测值。经过一系列处理，各类数据文件化后就可以调用平差程序进行计算。目前商用 GPS 基线向量网平差程序为 Geolab 软件包。平差计算完毕后，还应对成果进行分析，剔除一些粗差，对成果进行比较、检核，各项分析数据均满足网的设计精度要求时，平差成果才可以交付使用。

§3-5　数字地籍测绘

一、概述

(一) 数字地籍测绘的概念

数字地籍测绘是以传统的地籍测图原理为基础，以计算机及其外围设备为工具，采用数据库技术和图形数字处理方法，实现地籍信息的获取、处理、显示和输出的一门新兴技术。它将以不同手段采集的数据以及地籍要素调查信息输入计算机，使用地籍测量数字化成图软件系统对输入的数据进行处理，生成地籍图、宗地图、地籍数据集和地籍表册文件，在绘图仪、打印机上输出。

(二) 数字地籍测绘的基本功能

数字地籍测绘的基本功能有：

(1) 能以不同数据录入的方式，建立原始数据文件。

(2) 具有多种联机数字化采集功能。

(3) 具有图形显示、编辑、裁剪、查询、检索、输出等功能。

(4) 能根据相关界址点坐标自动计算界址边长和宗地面积。

(5) 具有统计计算、表册和图件输出功能。

(三) 数字地籍测绘的优点

(1) 点位精度高。其数据都是通过外业实测直接或间接得到的点位坐标，从而保证有较高的精度。

(2) 比例尺不固定。数字化成图可以输出任意比例尺的地籍图。

(3) 产品多样化。能以多种形式输出地籍资料，还可以提取某一要素，绘制各种专题图，以满足不同用户的需求。

(4) 便于地籍信息的更新，节约经费。

(四) 数字地籍测绘的基本过程

数字地籍测绘的主要过程为地籍测量外业调查、地籍控制测量、数据采集、数据处理、成果输出等。其中地籍调查及地籍控制测量与一般成图方法相同。数据采集包括对已有图形(像片)数字化和全野外数据采集。

已有图形数字化是用数字化仪，将原有图件进行矢量化处理，使图形数据变成矢量数据，通过各种编辑，获得数字化地籍图的一种方法；或者将原有图形通过扫描仪扫描，利用矢量化软件，将由扫描得到的栅格数据变成矢量数据，然后通过编辑处理，进而得到数字化地籍图的方法。

对航摄像片数字化是将航摄像片通过解析测图仪或立体测图仪，获得地面立体模型，采集地面模型数据，从而得到数字化地籍图的一种方法。也可以采用全数字摄影测量的方法得到数字化地籍图。

全野外数据采集是利用全站仪、GPS 接收机等在野外采集各种图形信息，通过通信接口与计算机连接，由测图软件自动处理获得地籍图的方法。

数字地籍测绘的作业过程如图 3-3 所示。

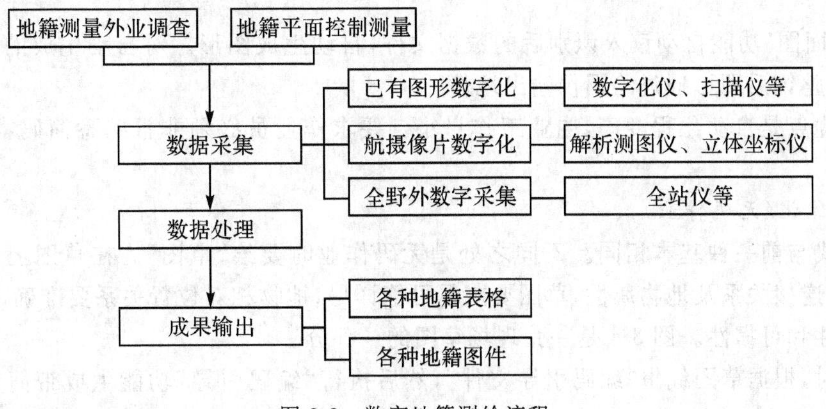

图 3-3　数字地籍测绘流程

二、数字地籍测绘的基本设备

(一) 计算机及外围设备

计算机及外围设备包括了中央处理器、存储器、显示屏及总线等几部分。中央处理器由运算器和控制器组成,是计算机的核心部分。存储器是计算机存放数据和程序的装置。总线是计算机部件之间的信息通道,包括地址线、数据线和控制信号线等。

(二) 计算机系统软件

软件是共用程序的集合及与一个系统有关的计算机化的文件的总称。数字化成图包括了三类软件:操作系统、功能软件和应用软件。

计算机系统软件中操作系统是基础,也是计算机工作的前提。目前的操作系统有 DOS(磁盘操作系统)、Windows(窗口操作系统)、UNIX(分时操作系统)、RSXIIM(实时操作系统)。功能软件是在系统中解决问题,用以实现系统的功能。应用软件是在数字化测量中解决实际问题的一些简便的应用程序,如平差软件、极坐标换算软件等。

(三) 数据采集设备

全站仪、数字化仪、扫描仪、解析测图仪及与计算机的接口等。

(四) 输入、输出设备

打印机、绘图仪、显示器等。

三、数字地籍测绘软件简介

目前,国内的数字地籍测绘软件已逐渐成熟。主要有南方测绘仪器公司的 CASS 系列软件、清华山维的 EPWS 系列软件、广州开思公司的 SCS 系列软件、天津天维科技开发有限公司的 Mapinsource 系列软件及武汉瑞得数字化成图软件等。

大多数的数字地籍测绘软件具有完备的数据采集、数据处理、图形生成、图形编辑、图形输出等功能,同时还有地籍管理功能,将地籍图、地籍表格与地籍管理融为一体,能自动生成宗地图和界址点成果表。本节只对作业模式及地籍图测制过程作一简介,其他功能由于篇幅所限不作介绍。

(一) 数字地籍测绘作业模式

1. 内外业一体化(有码作业)

(1) 在采集数据时,仪器整置好后,将全站仪与电子手簿用相应的接口连接好,启动后,输入必要的测站信息。

(2) 实际观测时,记录员应把地物点的属性及连接关系的编码输入手簿中,与地物点的坐标数据一块存储。

(3) 内业处理时,将电子手簿与计算机连接,通过"数据通讯"功能,将记录数据输入到计算机并生成带简码的坐标数据文件。

(4) 利用软件的"简码识别"功能对坐标数据文件进行识别。在此过程中,还可对建筑物进行误差调整。

(5) 用"绘平面图"功能自动读入识别后的数据文件,自动生成图形。对自动生成的图形文件作必要的修改,进行图幅整饰后即可通过绘图仪输出地籍图。

这种模式的优点是自动化程度高,内业工作量小。要求作业员必须非常熟悉简码,测站与镜站密切配合。

2. 内外业一体化(无码作业)

这种作业模式与前一种基本相同。不同之处是无码作业时要绘"草图"。在草图上表示出测点的编号、地物点之间的连接关系及地物属性,草图要求尽可能详尽,地物相对位置关系要准确,直接影响到内业编辑成图的准确性和可靠性。图 3-4 是一张现场草图的一部分。

在内业处理时,根据草图编辑"编码引导文件",然后执行"编码引导"功能生成带简码的坐标数据文件。其余工作与有码作业相同。

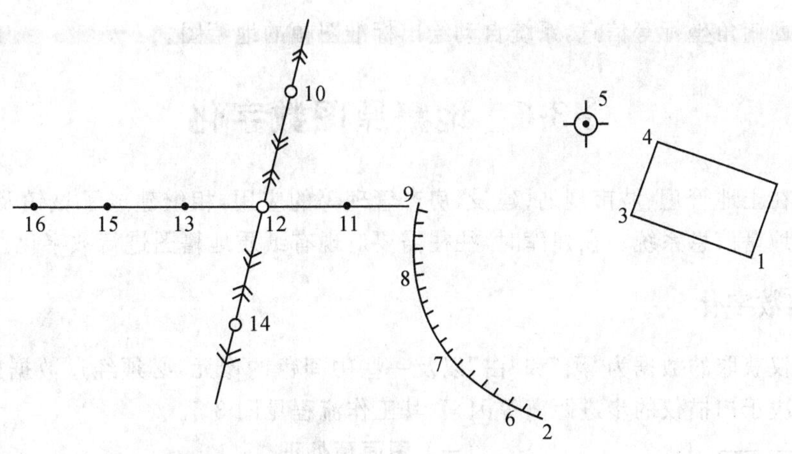

图 3-4 现场草图(节选)

3. 电子平板

这种作业模式的流程如下：

(1) 在测站整置仪器，然后将全站仪与计算机通过专用电缆连接，开机后进入“电子平板”定点方式，选择全站仪类型，输入测站信息及坐标数据文件名等信息。

(2) 全站仪开始观测，所测数据可直接在计算机屏幕上展绘出来，利用软件所提供的功能现场成图。

这种作业模式真正实现了内外业一体化，测绘工作全部在现场完成，达到了“所测即可显，所显即所测”的效果。使成图变得更直观。但这种模式要带足备用电池，同时也使便携机的寿命缩短。

(二) 测制地籍图

1. 绘制平面图

首先把外业观测数据传输到计算机。其次定显示区。移动鼠标至“绘图处理”下的“定显示区”来确定屏幕显示区域的大小。

(1) 测点点号定位成图法

这种作业模式先进行“绘图处理”菜单下的“展点”中的“野外测点点号”功能，将全部测点在屏幕上展绘出来，作业员即可根据画的草图，选择相应的图式符号在屏幕上连线成图。

(2) 简编码自动绘图模式

这种作业模式是在数据传输、定显示区后，执行“绘图处理”菜单下的“简码识别”功能，将带简编码格式的坐标数据文件转换成计算机能识别的绘图码，然后执行“绘平面图”功能，自动将平面图绘出来。

(3) 编码引导自动绘图模式

这种模式先编辑引导文件，通过引导文件告诉计算机地物属性及连接关系。然后执行“绘图处理”菜单下的“编码引导”功能，将“引导文件”与“无码的坐标数据文件”合并生成简码格式的坐标数据文件。再执行“简码识别”及“绘平面图”功能，即可实现自动绘图。

2. 编辑权属引导文件(略)

3. 生成权属信息文件

按要求输入权属引导文件名，坐标数据文件名，地籍权属信息数据文件名，当提示区显示“权属合并完毕时”，表明地籍信息数据文件已自动生成。

4. 绘权属或地籍图

执行“绘图处理”下的“绘权属或地籍图”功能，根据需要选择注记内容，在输入要绘制的范围后，自动绘出该范围内的地籍图。

5. 注记界址点点名

执行“绘图处理”下的“注记界址点点名”功能，输入权属信息数据文件名，给出注记范围，就会自动注记界址点点名。

6. 图幅整饰

执行“绘图处理”菜单下的“图幅整饰”的“标准图幅”(50 cm×50 cm)，按要求输入图幅名、测量员、绘图员、审核员、图幅西南角坐标等信息，系统自动绘出标准图幅的地籍图。

§3-6 地籍原图数字化

随着信息技术在土地管理、城市规划、建设、房产管理等的应用，相继建成了城镇及农村地籍数据库、土地利用数据库及地籍信息系统。在建库时，往往需要对现有纸质地籍图进行数字化。

一、原图扫描数字化

原图经过扫描仪获取的数据为“黑”和“白”以及一些中间色的像元，必须经过数据处理成为地籍图数据。像元的大小取决于扫描仪的步进距离等因素，其工作流程见图3-5。

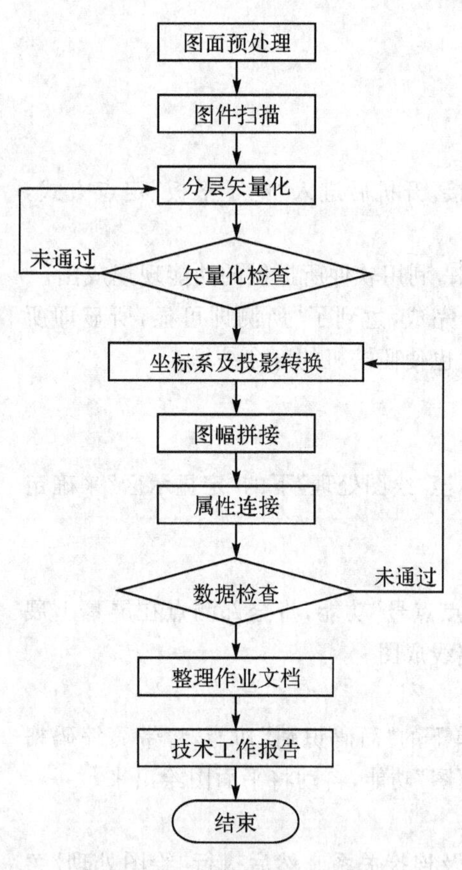

图3-5 原图数字化工作流程

（一）图面预处理

在进行扫描数字化前首先进行图面预处理。图面预处理主要是检查相邻图幅的接边情况，线状要素的连续性，图斑界线是否闭合及等高线是否连续、相接，水系的关系是否正确等；标出同一条线上具有不同属性内容线段的分界点等；添补不完整的线划，如被植被符号等压盖而间断的线划，图面上的各种注记标示清楚，包括图廓内外各种注记。

（二）分层矢量化

扫描仪获取的是栅格数据。数字地籍图应用时，如点、线、面的计算，各种统计、分析等，要求数字地籍图必须是矢量数据表示，就要求将扫描的栅格图像数据转换成矢量数据，以坐标方式记录图形要素的几何数据。这个转换过程称为矢量化。矢量化的工作一般需要人机交互来完成，最优途径就是采用扫描屏幕数字化的方法。

对一般的线段可做到自动跟踪矢量化，但由于地图上线划分布比较复杂，地物要素多样、重叠、交叉及一些字符、注记等，使得全自动跟踪矢量化有困难，故一般采用人机交互和自动跟踪结合的方法进行，由于这一过程是在屏幕上进行的，也称为屏幕数字化。线段跟踪的操作步骤如下：

(1) 给定线段的起点，记录其坐标。

(2) 以此点为中心，按8个方向的邻近像素，搜索下一个未跟踪的点。如果没有点，则退出；如果有点，则记下它的坐标。

(3) 将找到的点作为新的判定中心，转向操作(2)，依次循环，直到跟踪到另一端点(结束点)，线段上所有点被自动跟踪出来。

(4) 跟踪结束。

地籍图矢量化是分层进行的，作业时，可参照《城镇地籍数据库标准》、《县(市)级土地利用数据库标准》进行分层。分层矢量化完成后必须对成果进行检查，检查合格后才能进行下一步工作。目前，矢量化的软件主要有CorelDRAW、MapInfo、CASSCAN等。

（三）坐标系及投影转换

由原图扫描生成的光栅图存在旋转、位移和畸变等误差，没有纠正过的光栅图不能真实反映原图上图形的位置和形状，因此要对扫描图进行一系列的纠正。

平面坐标的转换是根据4个内图廓点及格网点坐标采集和键盘输入的相应点坐标的对应关系，求出坐标系的平移和旋转参数，最后使两坐标系统一。通过坐标系的转换，基本上可以消除图纸旋转、位移和畸变等误差。当某测区跨过2个以上3°带时，则选择一个主带，将副带的数据转换到主带上来，如果数据源的投影方式与要求不符，还要进行投影转换。

（四）属性数据的输入

属性数据又称为非几何数据，包括定性数据和定量数据。定性数据用于描述地籍要素的分类或对要素进行标识，一般用拟定的属性码表示。定量数据则用于说明地籍图要素的性质、特征等。属性数据主要通过地籍调查和相关资料获取，用键盘输入。

属性数据可以与空间数据组织在数据文件的同一记录中，这样可以同时反映宗地空间位置及属性特征信息，但是当数据量大时，数据管理过程就显得不灵活，又会造成很大的数据冗余，从而使数据处理时间增加，降低效率。也可以将属性数据以单独的数据文件存放，采用这种方式，会简单实用，但难以实现数据共享。

（五）数据接边

数据接边是指把相邻图幅分割开的同一图形对象不同部分拼接成一个逻辑上完整的对象。在图形接边的同时要注意保持与属性数据的一致性，数据接边要满足限差要求。

（六）属性数据连接

在输入空间数据时可以直接在图形实体上附加特征编码，当数据量较大时，这种交互输入的效率太低，可用特定的程序把属性与已数字化的点、线、面空间实体连接起来。这样，只要求空间实体带有唯一的识别符即可，识别符可以用程序自动生成，也可手工输入。

二、数据编辑处理

由于在数据采集和录入过程中不可避免产生错误，必须对其进行编辑处理，以保证数据符合要求。

数据编辑处理指在数据获取和图形输出中进行的各种数据处理，包括数据检索、编辑与更新，以及执行建立图形的各种处理功能（如数据的选取、图形变换、各种专门符号的绘制和注记等）和为图形输出（宗地图、地籍图）而进行的计算机处理，这些工作都是通过调用系统和应用程序来完成的。编辑处理的途径是采用图形显示编辑方法，即将每次处理结果及时地在屏幕上显示，供编辑人员检查，以便对重复、遗漏或错误的数据进行编辑。编辑的功能包括：数据的添加、删除、修改；图形的分割、连接、显示、放大、选取、变换；线画、符号、注记和图廓整饰等。

（一）编辑处理步骤

数据编辑处理工作是按照检查错误、编辑修改、再检查、再编辑修改、再检查……循环进行的，直到满足质量要求。

（二）编辑方法

(1) 图形数据的编辑工作，一般利用软件提供的编辑工具进行。图形数据的编辑包括点、线、面数据的增加、删除、移动、连接、相交等。对于带属性的空间数据，还要对其属性数据进行增加、删除、修改等。

(2) 利用具有拓扑关系的 GIS 软件建库时，还要建立拓扑关系，并对其进行检查。

(3) 由于不同的软件功能不同，数据处理的方式有一定的差异，可根据软件的功能，以数据结构设计为标准进行编辑处理。

(4) 属性数据的编辑处理主要是检查表中记录数据的正确性，以便进行增加、删除、修改等。

（三）编辑处理内容

扫描影像图的空间数据的处理包括精度检查、与影像图数据的匹配、节点平差、图幅拼接、拐点匹配、行政界线编辑、权属编辑、地类界编辑、数据的几何纠正、投影变换、接边处理、要素分层等，每个过程都需不断地检查修正。属性数据的编辑处理主要包括各数据记录完整性和正确性检查与修改等。在数据编辑处理阶段，应该建立图形数据与属性数据的对应连接关系。

§ 3-7　数字摄影测量法成图

一、摄影测量概述

摄影测量是从飞行载体上（飞机、卫星等）对地面摄影，根据航摄像片所提供的图像信息，在特定的航测仪器或计算机上测制各种比例尺地形图的一种摄影测量技术。

摄影测量有悠久的历史，从19世纪中叶至今，经历了模拟摄影测量、解析摄影测量，现在已进入数字摄影测量时代。

(一) 模拟摄影测量

早在18世纪，数学家兰伯特(Lambert)于1759年在著作"Frege Perspective"中论述了摄影测量的基础——透视几何理论。1839年法国达盖尔(Daguerre)报道了第一张摄影像片的产生后，摄影测量就开始了它的历程。19世纪中叶，劳塞达(被认为是"摄影测量之父")利用所谓"明箱"装置，测制了万森城堡图。20世纪初，由维也纳军事地理研究所按奥雷尔的思想制成了"立体自动测图仪"，后来经德国蔡司厂进一步发展，制造了实用的"立体自动测图仪"。在这一时期主要是利用立体测图仪来"模拟"摄影过程，交会出被摄物体的空间位置。采用模拟方法测图是为了避免烦琐的计算，在这一阶段摄影测量基本上是围绕十分昂贵的立体测图仪进行的。

(二) 解析摄影测量

随着计算机技术与自动控制技术的发展，海拉瓦(Helava)于1957年提出了摄影测量的一个新的概念。利用电子计算机实时地进行共线方程的解算，从而交会被摄物体的空间位置。基于这样的思想，意大利的OMI公司与美国公司Bendix合作，于1961年研制第一台解析测图仪，此后逐步成熟发展起来。

解析测图仪与模拟测图仪的区别在于:前者使用的是数字投影方式，后者使用模拟的物理投影方式。由此导致仪器设计和结构上的不同，前者是由计算机控制的坐标量测系统，后者使用纯光学、机械性的模拟测图装置。另外还有操作方式的不同，前者是计算机辅助的人工操作，后者是完全的手工操作。由于在解析测图仪中引入了半自动化的机助作业，免除了定向的烦琐过程及测图中的许多手工作业。此阶段基本实现了测图的半自动化，但其产品仍然是模拟产品。

(三) 数字摄影测量

数字摄影测量的发展起源于摄影测量自动化的实践，利用相关技术，实现自动化测图。美国于20世纪60年代研制成功DAMC系统就是全数字的自动测图系统。采用瑞士WILD公司生产的STK-1精密立体测图仪进行影像数字化，再用计算机实现摄影测量自动化。我国也于1985年研制了全数字自动测图系统WUDAMS。随着计算机技术以及数字图像处理、模式识别、人工智能、专家系统、计算机视觉等学科发展，各国都相继开发了功能齐全的数字测量系统。在数字测量阶段，不仅产品是数字的，而且其中数据的记录以及处理的原始资料均是数字的。

数字摄影测量是基于数字影像与摄影测量的基本原理，应用计算机技术、数字影像处理、影像匹配、模式识别等多学科的理论与方法，以立体数字影像为基础，由计算机进行影像处理和影像匹配，自动识别相应像点及坐标，运用解析摄影测量的方法确定所摄物体的三维坐标，并输出数字高程模型和正射数字影像图。影像匹配又称影像相关。影像相关是实现立体观察和量测自动化、测图自动化的关键技术。影像匹配是自动化立体观测时，确定构成立体像对的左右像片上影像相似程度的算法。它以相关函数和相关系数来度量左右片上两个像点(一般为0.3 mm^2)是否为相应像点。当相关函数和相关系数为最大值时即为相应像点;反之，就不是。影像相关的类型主要有三种:电子相关、光学相关和数字相关。电子相关和光学相关是直接利用像片进行影像处理，数字相关是利用数字影像进行影像处理。

三个阶段发展特征如表3-12所示。

表3-12 摄影测量发展阶段特征

发展阶段	原始资料	投影方式	仪器	操作方式	产品
模拟摄影测量	像片	物理投影	模拟测图仪	作业员手工	模拟产品
解析摄影测量	像片	数字投影	解析测图仪	机助作业员操作	模拟产品 数字产品
数字摄影测量	像片 数字影像	数字摄影	计算机 工作站	自动化操作 + 作业员干预	数字产品 模拟产品

(四) 数字摄影测量的发展

数字摄影测量应该是一门相对年轻的学科，由于它利用计算机替代"人眼"，使得数字摄影测量无论在理论上还是其实践都将得到迅速发展。它将在三维可视化、地理信息数据更新、数字近景摄影测量等方面得到广泛的应用与发展。与此同时，高分辨率的遥感影像，以及其定位参数文件的应用，只要极少量的外业控制点，就能迅速生成正射影像图，它已在城市、土地的变迁、规划、交通、铁路、水利、国土资源、快速响应等各方面得到愈来愈广泛的应用。航空激光扫描雷达也愈来愈成熟。所有这一切表明，新一代传感器、定位系统的迅速发展以及数字摄影测量工作站的大规模推广，同时随着数码相机的广泛应用，价格愈来愈低廉，数码相机在测量的应用将是摄影测量发展的必然趋势。它对国家基本图更新与其现势性将会显得愈来愈重要。

新一代"数字摄影测量网格 DPGrid"由武汉大学研发，总投资 500 万元，于 2003 年开始提出理论研究，并进行数据准备。它是一种高速处理数字摄影数据的软件系统，利用航空航天技术，快速、实时获取地球空间信息，确保国防安全与经济建设。该系统将数字摄影测量生产效率提高 5～10 倍，填补了我国数字摄影测量数据处理技术的空白，标志着我国数字摄影测量技术整体上达到国际先进水平。该项目将计算机网络技术、并行处理技术、遥感影像处理技术等相结合，可大幅提高航空航天遥感影像数据处理的效率，同时提高了绘图精度，减少了野外工作点数量。上千平方千米的遥感影像，几天内就可以自动处理完毕，生产出该区域的数字地面模型和正射影像图；对于一定流域范围内的遥感影像进行处理，几十分钟内就能处理完毕，并能提供洪水预报、灾害评估等信息。

二、数字摄影测量的定义

目前，世界上对于数字摄影测量的定义，主要有两种观点。

第一种定义是，数字摄影测量是基于数字影像和摄影测量的基本原理，应用计算机技术、数字影像处理、影像匹配、模式识别等多学科的理论与方法，提取所摄对象以数字方式表达的几何与物理信息的摄影测量学的分支学科。美国等国称之为软拷贝摄影测量(softcopy photogrammetry)，我国王之卓教授称为全数字摄影测量(full digital photogrammetry)。这种定义认为，在数字摄影测量过程中，不仅产品是数字的，而且中间数据的记录以及处理的原始资料均是数字的。

另一种定义，则只强调其中间数据记录及最终产品是数字形式的，即数字摄影测量是基于摄影测量的基本原理，应用计算机技术，从影像(包括硬拷贝，数字影像或数字化影像)提取所摄对象以数字方式表达的几何与物理信息的摄影测量分支学科。

这种定义的数字摄影测量，包括计算机辅助测图(常称为数字测图)与影像数字化图。

影像数字化测图，是利用计算机对数字影像或数字化影像进行处理，用计算机视觉(其核心是影像匹配与影像识别)代替人眼的立体量测与识别，完成影像几何与物理信息的自动提取。

还有一种类型称之为混合数字摄影测量，通常是在解析测图仪上安装一对 CCD 数字相机，对要量测的局部影像进行数字化，有数字相关(匹配)获得点的坐标。

三、数字摄影测量系统

数字摄影测量系统是利用数字影像或数字化影像借助计算机及相关软件进行量测和识别的作业模式。根据处理的影像是部分数字化还是全数字化分为混合型数字摄影测量系统与全数字摄影测量系统。在全数字摄影测量系统中，若从影像获取到影像处理获取目标的三维信息在一个视频周期(1/30 s)内完成，则属于实时型数字摄影测量系统。

(一) 数字摄影测量系统主要功能与产品

1. 主要功能

(1) 影像数字化。

(2) 影像处理。

(3) 单像量测：特征提取与定位。

(4) 多像量测：影像匹配。

(5) 摄影测量解算：与解析摄影测量相同，如空中三角形测量。

(6) 数字表面内插:DEM 建立。

(7) 等值线自动绘制。

(8) 机助量测与解译。

(9) 交互编辑。

2. 主要产品

(1) 空中三角测量加密成果。

(2) 数字表面模型:如数字地面模型 DEM。

(3) 数字线划图。

(4) 数字正射影像图。

(5) 景观图。

(6) 透视图。

(7) 立体模型。

(8) 各种工程设计所需的三维信息。

(9) 信息系统、数据库所需的空间信息。

(二) 数字测量摄影系统的硬件与软件

1. 硬件

数字摄影测量系统的硬件主要由两部分构成:一是数字影像获取装置;二是计算机及输入、输出设备。对于混合型数字测量系统还应在解析测图仪或坐标量测仪上加装 CCD 数字相机构成。

2. 软件

数字摄影测量系统的软件是解析摄影测量软件与数字图像处理软件的集合,主要完成的工作如下。

(1) 定向参数的计算。

——内定向。框标的自动与半自动识别与定位,利用框标检校坐标与定位坐标,计算扫描坐标系与像片坐标系间的变换参数。

——相对定向。将左影像分区提取特征点,利用二维相关寻找同名点,计算相对定向参数。

——绝对定向。现阶段主要由人工在左(右)影像定位控制点,由最小二乘匹配确定同名点,然后计算绝对定向参数。今后有可能建立控制点影像库以实现自动绝对定向。

(2) 空中三角测量。其基本算法与解析摄影测量相同,但由于数字摄影测量利用影像匹配,代替人工转刺,提高了效率,避免了粗差,提高了精度。

(3) 形成按核线方向排列的立体影像。按同名核线将影像的灰度予以重新排列,形成核线影像。

(4) 影像匹配。沿核线进行一维影像匹配,确定同名点。

(5) 建立 DTM。按定向元素计算同名点的地面坐标,内插 DTM 格网点高程,建立 DTM。

(6) 自动生成等高线。

(7) 制作正射影像图。

(8) 等高线与正射影像叠加,制作带等高线的正射影像图。

(9) 制作景观图、DTM 透视图。

(10) 基于数字影像的机助量测。

(11) 注记。

四、数字摄影测量在地籍测绘中的应用

数字摄影测量以其高精度、高效、成图周期快、获取信息丰富等原因在地籍测绘及全国第二次土地调查中得到广泛应用。

(一) 技术路线

数字摄影测量在地籍中的应用分两个步骤进行。首先地物点及其他要素的平面位置采用数字摄影测量法施测。即以航空摄影资料为信息源,利用数字摄影测量工作站(digital photogrammetric worker, DPW),经数据采集、数据处理、地物测绘、图形编辑,生成符合地籍管理要求的数字线划图(DLG)和数字

正射影像图(DOM)。再利用全站仪或GPS采用全野外数字测量法实地测定界址点坐标,最后将解析界址点、界址线及其他地籍要素与数字线划图叠加,经调整和整饰,形成数字地籍图;同时将界址点、界址线和主要土地使用者名称等地籍要素与大比例尺真彩色数字正射影像图套合,按规定整饰后制作成真彩色数字地籍正射影像图。

(二) 技术方法与要求

1. 摄影方式

采用数码航摄仪进行航空摄影,获取真彩色数据。

2. 测区航线设计及对飞行质量的要求

为确保数字地籍正射影像图的精度与视觉效果,航线须按图幅中心线敷设。尽可能一张航片覆盖一幅地籍图,航向重叠在60%以上,旁向重叠在30%以上。

一般一个城市为一个航摄区,县城和建制镇距离不足10 km时,可合并为一个航摄区,航线飞行方向为东西方向,航片倾斜角α一般不大于2°,个别最大不大于4°;传统光学摄影旋偏角γ一般不大于8°,数码摄像旋偏角γ一般不大于5°。

航线两端过渡片的像主点、航摄区边缘的航线应敷设在测区外缘图廓线上或图廓线外,并具有正常的航向、旁向重叠。

航摄分区的平均高度平面,按分区的高点平均高度加低点平均高度的1/2求得。

同一条航线相邻航片的航高差不得超过20 m,最大航高与最小航高差不得大于30 m;摄影分区内实际航高与设计航高之差不得大于50 m,像点位移不超过0.06 mm。

实际航迹线偏离图幅中心线或偏离设计航迹线不得大于1/5图廓长度;航线弯曲度应小于3%。摄影季节以11~3月份为宜,摄影时间在10~14时之间,摄影时的太阳高度角应大于45°。

采用数码航摄时,图像分辨率不得低于12 μm,地面分辨率不小于图上0.1 mm。采用传统光学摄影时,航摄比例尺与成图比例尺的关系应符合表3-13要求。

表3-13 摄影成图比例尺与航摄比例尺的关系

成图比例尺1∶$M_{图}$	航摄比例尺1∶$M_{像}$
1∶500	1∶2 000~1∶3 500
1∶1 000	1∶3 500~1∶7 000
1∶2 000	1∶7 000~1∶14 000

注:表中$M_{图}$为成图比例尺分母,$M_{像}$为航摄比例尺分母。

3. GPS基准站设置

采用数码航空摄影时,航空摄影机应集数码摄像机、全球定位系统、惯性测量器(IMU)为一体。为配合航空摄影时机载惯性测量器和GPS工作,须在地面指定的已知点上设置GPS基准站,并在规定的时间内开机,与机载GPS、IMU进行同步观测。基准站距调查区中心的距离不得大于50 km;GPS接收机的存储能力应大于12 MB,可以记录大于4 h的数据,并能在4 h内提供充足的电源,且随时与机场和飞机联系。

4. 像片控制点(像控点)的精度要求

像片控制点分为平面控制点、高程控制点、平高控制点(同时具备平面坐标和高程数据的点)。平面控制点和平高控制点相对于邻近基本控制点的平面位置中误差不超过图上0.1 mm。高程控制点和平高控制点相对于邻近高程控制点的高程中误差不超过图上0.1 m。

5. 像片控制点应满足的像片条件

像片控制点应布设在航向与旁向6片或5片重叠范围内,使布设的像片控制点能够满足航测内业数字测量要求。

在23 cm×23 cm航片上,像控点距像片边缘的距离应大于1.5 cm;在9.2 cm×16.6 cm像片上,像控点距像片边缘的距离不得小于0.8 cm;像控点距像片上各种标志的距离不小于1 mm;像控点离开通过像主点且垂直于方位线的直线的距离不大于1 cm。

像片控制点应布设在旁向重叠的中线附近,离开方位线的距离应大于4.5 cm;旁向重叠过大时,应分别布点，使点位满足上述像片条件；若旁向重叠过小，致使相邻航线像控点不能共用时，须分别布点，但控制范围裂开的垂直距离必须小于 1 cm。

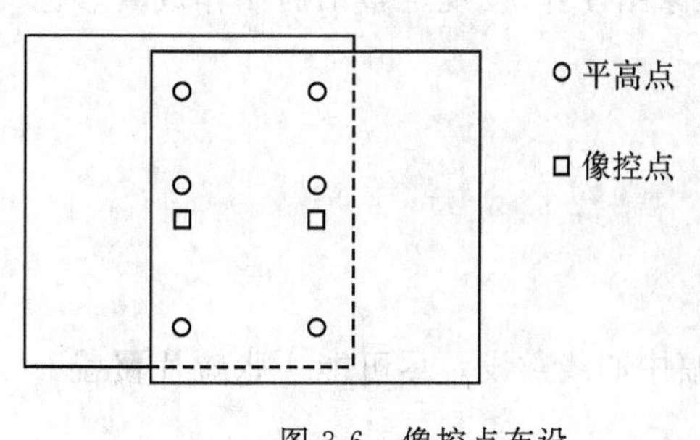

图 3-6　像控点布设

6. 航测像片野外控制点的布设

——全野外布点法。全野外布点法是：在一个立体像对内，布设四个外业施测的平高控制点，如图 3-6 所示。平高控制点的坐标和高程尽可能与地籍基本控制点（首级控制点和加密控制点）同精度施测。

——区域网布点法。区域网布点的技术要求应符合表 3-14 规定。当区域网用于加密平面控制点和平高控制点时，可沿周边布设 6 个或 8 个平高点，如图 3-7 和图 3-8 所示。平地、丘陵不得超过 4 条基线，山地不得超过 6 条基线。

表 3-14　区域网布点要求

比　例　尺	1∶500	1∶1 000	1∶2 000
航线数(条)	4～5	4～5	5～6
平高控制点间基线数(条)	4～6	6～7	6～10
高程控制点间基线数(条)	2～4	2～4	4～6

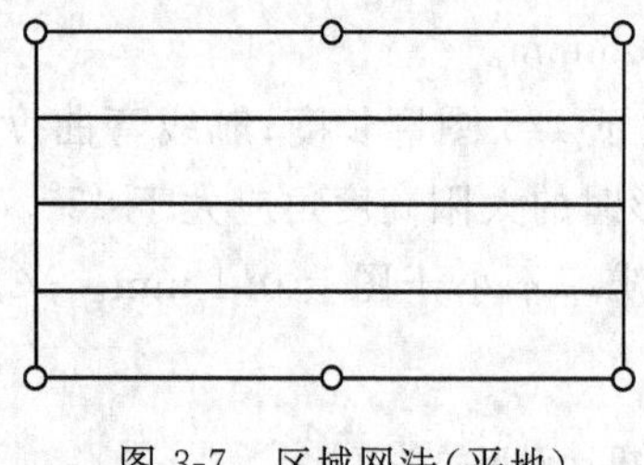

图 3-7　区域网法(平地)

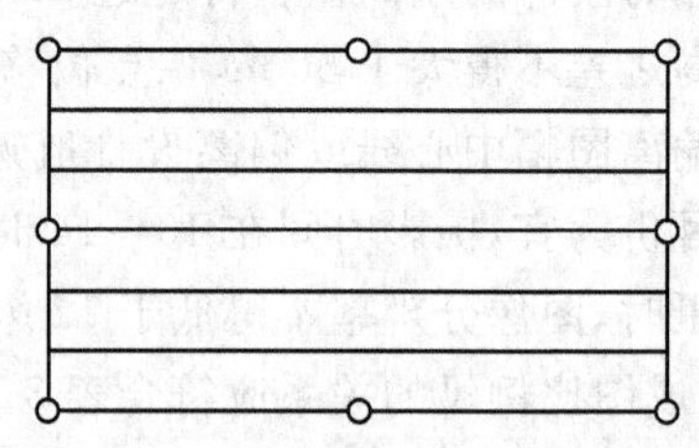

图 3-8　区域网法(丘陵)

若按图幅划分的调查区范围位于自由图边时，控制点应布设在图廓线以外，以保证满幅。

航线首末端上下两像片控制点，应尽量位于通过像主点且垂直于方位线的直线上。困难时互相偏离不应大于半条基线。

航线中间两控制点，应布设在首末控制点中线上，困难时可分别向两侧偏离一条基线，力求其中一个在中线上。

因地形条件和调查区形状限制，也可采用不规则区域网布点。除应按前述间隔要求布点外，区域凸角点处应加布平高点，凹角点处布高程点。当凹角点与凸角点之间的距离超过 2 条基线时，凹角点处应布设平高点，如图 3-9 所示。

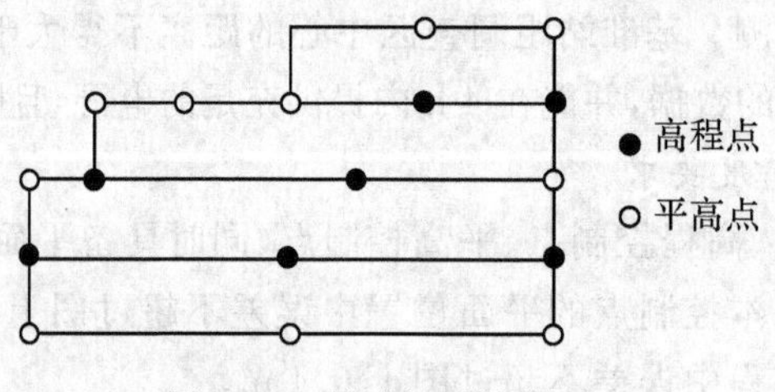

图 3-9　不规则区域网布点

——数码航空摄影时，像片野外控制点采用区域网布点的，原则上按表 3-15 要求布设。也可根据数码航摄仪类型、技术参数、提供的数据量及其附属设备的功能等情况，适当确定基线数和航线数，但必须保证地籍图精度要求。

表 3-15　加密点平面中误差

单位：m

成图比例尺	1∶1 000	1∶500
加密点平面中误差(平地或丘陵地)	0.35	0.18

7. 像片野外控制点联测

航测外业像片控制点联测包括:制定像片控制点联测计划、选点(判点、刺点)、观测、计算、成果整理、控制像片整饰等。

为保证实测解析界址点与航测数字线划图、数字正射影像图套合精度,像片控制点的平面坐标应尽可能在施测地籍基本平面控制网的同时,采用光电测距导线、GPS 等与地籍基本控制点同起始点、同精度、同方法施测,并统一平差。像片平高控制点的高程采用测图水准、GPS 高程拟合或光电测距高程导线等方法测定。

8. 同名地物点判定

在实地,根据相关地物判定影像点对应的同名地物点,确认无误(实地辨认判绘误差小于等于图上 0.1 mm)后,设立临时性标志,并在像片上刺点,刺孔直径和刺点误差均不得大于 0.1 mm。用直径 8 mm 的红色圆圈进行正面整饰,按顺序统一编号,用分数形式注记点号和高程,平高点编号前冠以"P",高程点编号前冠以"G",在像片反面的 2 cm×2 cm 正方形铅笔方框内绘制点位略图,进行点位说明。

9. 解析空中三角测量

解析空中三角测量的任务是为像片纠正和测图提供定向点和细部点,并提供作业时所需要的仪器安置元素(内方位元素和外方位元素)数据。

内业加密控制点相对于邻近野外控制点的平面点位中误差不超过表 3-15 中的规定。

采用全数字摄影测量工作站进行空中三角测量时,其内定向测标应严格对准框标,框标坐标量测误差不得超过±0.01 mm。

相对定向标准点的残余上下视差限差不超过±0.005 mm,检查点残余上下视差限差不超过±0.008 mm。模型连接平面位置较差 $\Delta L \leqslant 0.06 \times m_t \times 10^{-3}$(m),高程较差 $\Delta Z \leqslant 0.04 \times m_t \times f_k \times 10^{-3}/b$(m)。式中,$m_t$ 为像片比例尺分母;f_k 为航摄仪焦距,mm;b 为像片基线长度,mm。

绝对定向基本定向点残差、多余控制点不符值及区域网间公共点较差不超过表 3-16 中的规定。

表 3-16　绝对定向限差　　单位:m

比例尺	基本定向点残差		多余控制点不符值		区域网间公共点较差	
	平面	高程	平面	高程	平面	高程
1∶1 000	0.26	0.38	0.44	0.60	0.70	1.0
1∶500	0.14	0.38	0.22	0.60	0.36	1.0
中误差倍数	0.75 倍		1.25 倍		2.0 倍	

加密点中误差以全区或单个区域为单位按式(3-1)进行估算。

$$\left.\begin{aligned} m_q &= \pm\sqrt{\frac{[\Delta\Delta]}{n}} \\ m_g &= \pm\sqrt{\frac{[dd]}{2n}} \end{aligned}\right\} \tag{3-1}$$

式中,m_q 为控制点中误差,m;m_g 为公共点中误差,m;Δ 为多余野外控制点不符值,m;d 为相邻航线或相邻区域网之间公共点较差,m;n 为评定精度点数。

10. 数字正射影像图制作

数字正射影像图制作,应利用满足精度要求的数字高程模型(DEM)和已知高程点,采用数字微分纠正的方法,对航空遥感数据或航片影像进行处理,生成符合要求的数字正射影像图。其技术标准,应符合表 3-17 和表 3-18 有关规定。

表 3-17　正射纠正各项限差

项　目	限差(图上 mm)
连接误差(以模型比例尺计)	≤0.005,最大 0.01
带与带接边差	0.3(0.6)
幅与幅接边差	1.0(1.4)

注:表中括号中的数字为个别情况下的接边差限差。

表 3-18 地籍图平面位置精度指标

项 目	图上中误差/mm	图上允许误差/mm	备注
相邻界址点间距	≤±0.3	≤±0.6	
界址点与邻近地物点关系距离	≤±0.3	≤±0.6	
宗地内部与界址边不相邻地物点	≤±0.5	≤±1.0	
邻近地物点间距	≤±0.4	≤±0.8	
勘丈数据装绘界址点间距	—	≤±0.3	
勘丈数据装绘界址点与邻近地物点关系距离	—	≤±0.3	
内图廓边长误差	—	≤±0.2	
内图廓对角线误差	—	≤±0.3	
图廓点、控制点、坐标网点展点误差	—	≤±0.1	
其他解析坐标点展点误差	—	≤±0.2	

11. 数字地籍图制作

利用全数字摄影测量工作站测制满足地籍管理要求的数字线划图，将外业实测界址点、界址线等数据与数字线划图套合，经适当调整，按地籍图图式图例要求整饰后，生成数字地籍图。

12. 数字地籍正射影像图制作

数字地籍正射影像图的内容包括：主要单位名称、行政界线、行政区名、界址点、界址线、主要道路名称、河流名称注记等。

将解析法实测的界址点坐标数据，与分幅数字正射影像图套合，经适当调整，按地籍图图式图例整饰，成数字地籍正射影像图。数字地籍正射影像图的整饰内容和方法，与数字地籍图相同。

思考题

1. 地籍测绘的组织工作包括哪些方面？
2. 地籍测绘工作内容有哪些？
3. 地籍测绘工作实施分为哪几个阶段？
4. 地籍测绘工作的保障措施有哪些？
5. 地籍调查的内容有哪些？
6. 简述地籍调查的实施程序。
7. 简述导线控制网的基本技术要求。
8. 简述导线控制网施测时应注意的事项。
9. 简述 GPS 测量的外业实施步骤。
10. 什么是数字地籍测绘？与传统地籍测绘工作比较有哪些优点？
11. 数字地籍测绘的工作模式有哪几种？
12. 请列举出常用的数字地籍测绘系统。
13. 航空摄影测量法成地籍图的技术路线与方法是什么？
14. 原图数字化处理中包括哪些作业步骤？

第四章　地籍测量数据处理

在完成了地籍控制网的外业测量工作并经过观测数据的初步处理后，就可以对这些数据进行平差计算，求出全网各待定元素的平差值，并进行精度评定。本章将阐述地籍控制网的平差计算问题。

§4-1　导线测量数据处理

导线测量外业工作结束后获得了大量的外业观测资料，如水平方向观测值、垂直角观测值、边长观测值等，这些外业资料是控制测量的原始记录，通过对这些资料的处理计算可得到最终的导线测量成果。导线测量数据的处理过程包括外业观测成果资料的检查、控制网图的绘制、观测数据的抄录、控制网的平差计算等。以下分别讨论这些问题。

一、外业观测成果资料的检查

外业资料是控制测量的原始记录，如果存在错误，直接影响和损害成果的质量，而计算时又难以发现。所以在平差计算前对外业观测成果及资料应进行认真全面的检查，检查的主要项目和内容如下。

(一) 观测手簿

观测手簿包括水平方向(角度)、垂直角手簿以及边长手簿。检查这些原始数据是否清楚，运算是否准确和合乎要求，各项限差是否满足有关的限差规定，度盘位置是否正确，仪器高、觇标高的量取是否合乎要求，测站点和观测点的气温、气压是否正确记载，各项整饰注记是否齐全等。

(二) 观测记簿

要全面核对记簿和手簿有关内容是否有差错，成果的取舍和重测是否合理，分组观测是否合乎要求，测站平差是否正确。把检查后确认为无误的水平方向值填入水平方向值归算表中。

(三) 归心投影用纸

原始投影点线是否清楚、正确，示误三角形、检查角及投影偏差是否合限，应改正的方向有无错漏，归心元素量取是否正确，注记和整饰是否齐全等。把经检查确认无误的归心元素填入归心改正计算表格的相应位置。

(四) 仪器检验资料及其他

仪器检验项目、方法及次数是否符合规定，计算是否正确，检验结果是否满足限差的要求，点之记注记是否完整和有无遗漏等。

如果检查中发现重大问题，要认真研究，及时处理，确保外业成果无误和可靠。

二、绘制控制网略图和已知数据表

导线控制网的计算首先应有一张控制网略图。控制网略图比例尺根据需要和方便确定，图上应绘出直角坐标网线。根据已知坐标先用红色展绘出已知点，已知边用红线表示，已知方向角用带箭头的红线表示。从已知点开始沿导线根据转折角和边长展绘导线点和边。各控制点应注明点名(或编号)、等级等。

已知数据表包括已知点平面坐标 x，y 和高程 H，根据相邻已知点坐标反算的坐标方位角和边长。同时还应在旁边抄写中央子午线经度 L_0，测区平均纬度 B_m，由 B_m 算出的平均曲率半径 R 和卯酉圈曲率半径 N，由高程异常图查得的测区高程异常值 ξ。另外，还要注明所采用的坐标系统。

已知数据是计算的依据，如抄录有误，将影响以后全部计算。因此，这项工作最好由两名人员独立编制，经仔细校对后方可使用。

控制网略图和已知数据表例图见图 4-1。

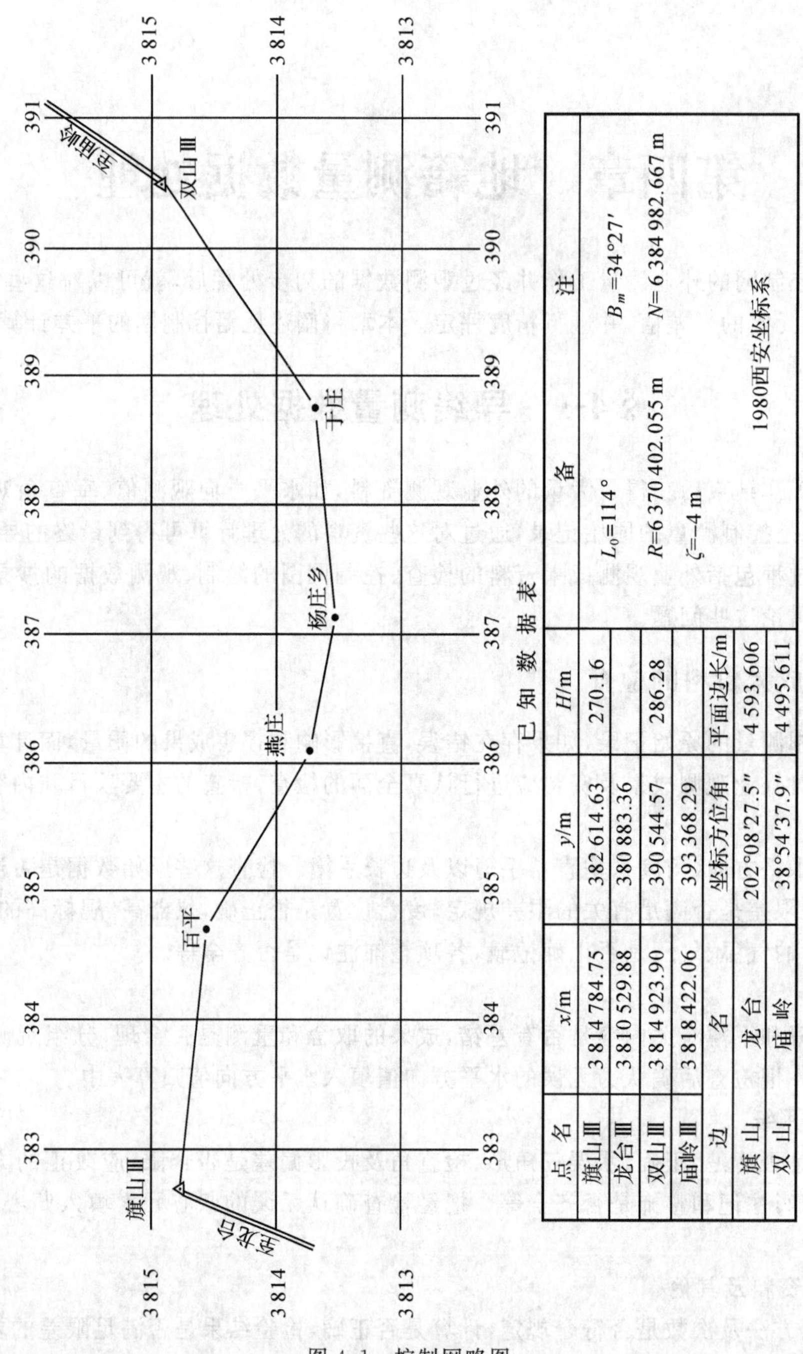

点 名		x/m	y/m	H/m	备 注
旗山Ⅲ		3 814 784.75	382 614.63	270.16	L_0=114°　B_m=34°27′
龙台Ⅲ		3 810 529.88	380 883.36		R=6 370 402.055 m　N=6 384 982.667 m
双山Ⅲ		3 814 923.90	390 544.57	286.28	ξ=−4 m
庙岭Ⅲ		3 818 422.06	393 368.29		1980西安坐标系
边	名		坐标方位角	平面边长/m	
旗 山	龙 台		202°08′27.5″	4 593.606	
双 山	庙 岭		38°54′37.9″	4 495.611	

图 4-1　控制网略图

三、绘制控制网观测图并抄录观测数据

控制网观测图是一抄有观测数据的控制网略图。该图最短边不宜短于 4 cm，以便有空间抄写观测数据。图上要抄写的数据包括：已知坐标和高程，垂直角观测数据，边长观测数据，以及水平角观测数据。为阅读方便，应注有图例和说明。

控制网观测图既有网体结构又有已知数据和各项观测数据。有了它，使计算中的数据组织、检查、思考和分析变得方便和高效。不论是手工计算还是计算机程序计算，都是利用控制网观测图抄取或组织数据，因而图上的数据必须经过认真检查，确保正确无误。

在图 4-2 中，每条边上都抄有往测和返测的观测数据。注意“目标高”这一项不是指在本点的目标的高度，而是在本点上设站观测垂直角时，所照准的点的目标高。例如，百平—燕庄这一条边上的 1.607 m 这一数据，即是在百平点上设站观测燕庄时，燕庄点上立的目标的高度。

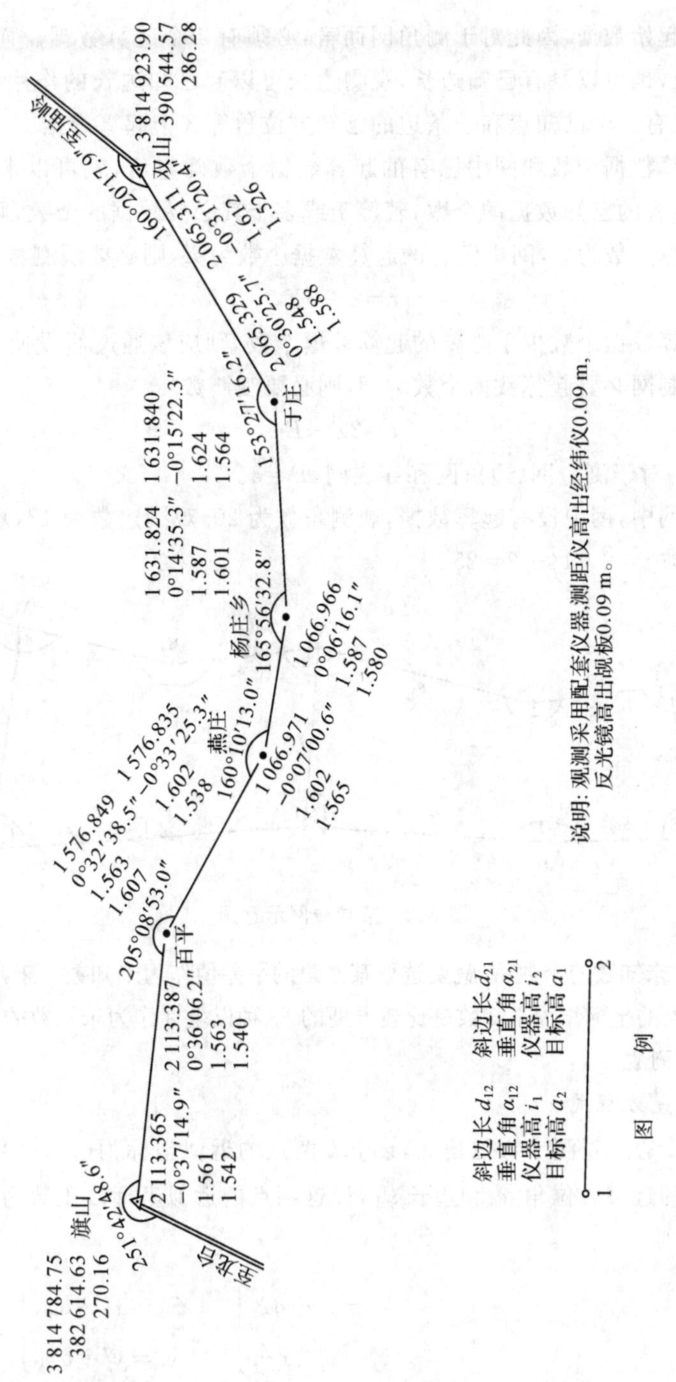

图 4-2　导线观测略图

四、导线网的坐标平差

导线网平差的目的，就是根据最小二乘法，消除网中的各种几何矛盾，求出观测值的平差值，进而求出各待定元素的最或然值，同时评定精度。

导线网的平差首先要确定所平差的网中位置参数的个数，参数的选择及误差方程的列立等；当所选未知数不独立时，还要列出未知数满足的条件方程，然后才能组成法方程并求解。以下分别讨论这些问题。

（一）独立未知参数的个数和参数的选取

在间接平差中，待定独立参数的个数必须等于必要观测的个数 t。要正确地确定 t 的个数，必须弄清网中必需的起算数据的个数及已有的起算数据个数。在平面控制网中，为了确定该网的坐标系统和各点的坐标，必须要有一个已知点和一个已知方位角，还必须至少有一条边长。不过，这条边长可以是已知边长，也可以是观测边长。如果这条边长是已知边长，那么起算数据是 4 个。测角网中必须要有一条已知边长作为推算其他边长的起始数据，因此对于测角网而言，必须有 4 个起算数据。而对于测边网、边角网与导线网，可以有已知边长，也可以没有已知边长，观测边长可以起已知边长的作用。但观测边长列入在观测值中，故这些网可以只有一个已知点和一条边的已知方位角等 3 个起算数据。

控制网必须有的起算数据个数和网中已有的起算数据个数确定后，就可以来计算必要观测数 t。不管是何种网，对于网中已有的已知数据的个数，若等于或多于其必要数据的个数，则每确定一个未知点，需要两个必要观测值。设总点数为 Z，网中已有的起算数据个数为 E，则必要观测数

$$t=2Z-E \tag{4-1}$$

如果网中已有的起算数据个数少于必要的起算数据个数，则应该通过假设使起算数据个数达到必要的起算数据个数。设控制网必要起算数据个数为 B，则必要观测数

$$t=2Z-B \tag{4-2}$$

显然，对于测角网，$B=4$；对于测边网、边角网和导线网，$B=3$。

如在图 4-3 的导线网中，网中没有起算数据，观测角数为 20，观测边数为 17，总点数 $Z=14$，必要起算数据 $B=3$，故必要观测数 $t=2\times14-3=25$。

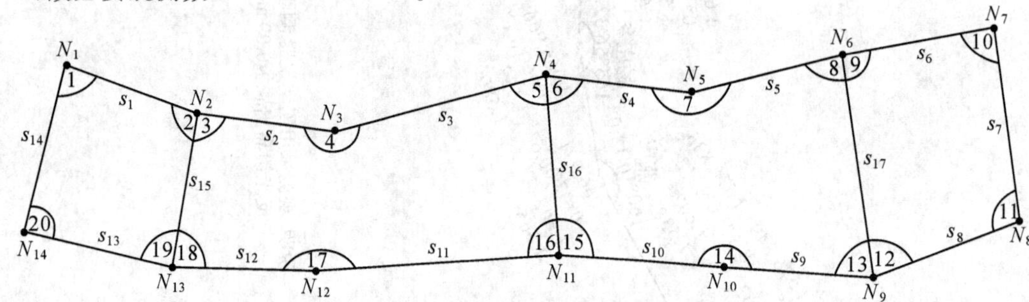

图 4-3　某导线网示意图

确定了控制网中独立未知数的个数后，就要选取某些量的平差值作为未知数。未知数可以选择边长、角度、坐标等平差值，但以选取点的坐标作为未知数是比较方便的，这种以坐标作为未知数的平差称为坐标平差。

（二）误差方程式的列立

1. *方位角观测值误差方程式*

如图 4-4 所示，在 jk 边上观测了方位角 α_i，设 j、k 两点的近似坐标为 (x_j^0,y_j^0)，(x_k^0,y_k^0)，根据这些近似坐标可计算出两点间的近似方位角 α_{jk}^0 和边长 s_{jk}^0，设这两点的近似坐标改正数为 $(\delta x_j,\delta y_j)$、$(\delta x_k,\delta y_k)$。

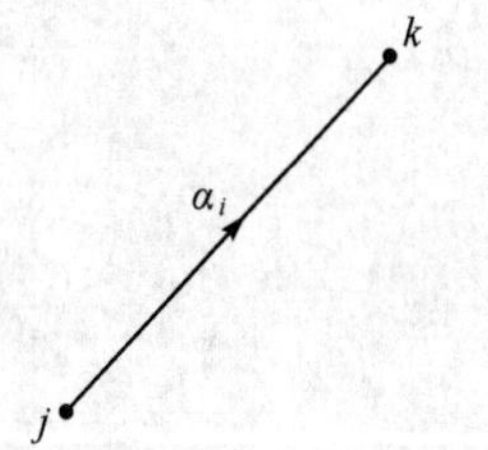

图 4-4　方位角观测

则

$$\left.\begin{aligned}\hat{x}_j=x_j^0+\delta x_j\\ \hat{y}_j=y_j^0+\delta y_j\end{aligned}\right\},\quad \left.\begin{aligned}\hat{x}_k=x_k^0+\delta x_k\\ \hat{y}_k=y_k^0+\delta y_k\end{aligned}\right\} \tag{4-3}$$

并设由近似坐标改正数引起的近似方位角改正数为 $\delta\alpha_{jk}$，则有

$$\hat{\alpha}_{jk}=\alpha_{jk}^0+\delta\alpha_{jk} \tag{4-4}$$

由于

$$\hat{\alpha}_{jk}=\arctan\frac{(y_k^0+\hat{y}_k)-(y_j^0+\hat{y}_j)}{(x_k^0+\hat{x}_k)-(x_j^0+\hat{x}_j)} \tag{4-5}$$

式(4-5)按泰勒级数展开并取一次项，得

$$\hat{\alpha}_{jk}=\arctan\frac{y_k^0-y_j^0}{x_k^0-x_j^0}+\left(\frac{\partial\hat{\alpha}_{jk}}{\partial\hat{x}_j}\right)_0\delta x_j+\left(\frac{\partial\hat{\alpha}_{jk}}{\partial\hat{y}_j}\right)_0\delta y_j+\left(\frac{\partial\hat{\alpha}_{jk}}{\partial\hat{x}_k}\right)_0\delta x_k+\left(\frac{\partial\hat{\alpha}_{jk}}{\partial\hat{y}_k}\right)_0\delta y_k \tag{4-6}$$

式(4-6)右边第一项为 α_{jk}^0，其他项系数为

$$\left(\frac{\partial\hat{\alpha}_{jk}}{\partial\hat{x}_j}\right)_0=\frac{(y_k^0-y_j^0)/(x_k^0-x_j^0)^2}{1+(y_k^0-y_j^0)^2/(x_k^0-x_j^0)^2}=\frac{y_k^0-y_j^0}{(x_k^0-x_j^0)^2+(y_k^0-y_j^0)^2}=\frac{\Delta y_{jk}^0}{(s_{jk}^0)^2}$$

同理，可得

$$\left(\frac{\partial\hat{\alpha}_{jk}}{\partial\hat{y}_j}\right)_0=-\frac{\Delta x_{jk}^0}{(s_{jk}^0)^2},\quad \left(\frac{\partial\hat{\alpha}_{jk}}{\partial\hat{x}_k}\right)_0=-\frac{\Delta y_{jk}^0}{(s_{jk}^0)^2},\quad \left(\frac{\partial\hat{\alpha}_{jk}}{\partial\hat{y}_k}\right)_0=\frac{\Delta x_{jk}^0}{(s_{jk}^0)^2}$$

对照式(4-4)和式(4-6)，并顾及全式单位，得

$$\delta\alpha_{jk}=\frac{\rho\Delta y_{jk}^0}{(s_{jk}^0)^2}\delta x_j-\frac{\rho\Delta x_{jk}^0}{(s_{jk}^0)^2}\delta y_j-\frac{\rho\Delta y_{jk}^0}{(s_{jk}^0)^2}\delta x_k+\frac{\rho\Delta x_{jk}^0}{(s_{jk}^0)^2}\delta y_k \tag{4-7}$$

式(4-7)就是坐标改正数与坐标方位角改正数间的一般关系式，称为坐标方位角改正数方程。当 j 点为已知点时，$\delta x_j=\delta y_j=0$，式(4-7)前两项为零；当 k 为已知点时，式(4-7)后两项为零；当 j、k 两点都为已知点时，该方向无改正数，即该方位角为已知值。

设方位角观测值 α_i 的改正数为 v_{α_i}，则观测值方程式可以列出为

$$\alpha_i+v_{\alpha_i}=\hat{\alpha}_{jk}=\alpha_{jk}^0+\delta\alpha_{jk} \tag{4-8}$$

由此得误差方程式为

$$\left.\begin{aligned}v_{\alpha_i}&=\frac{\rho\Delta y_{jk}^0}{(s_{jk}^0)^2}\delta x_j-\frac{\rho\Delta x_{jk}^0}{(s_{jk}^0)^2}\delta y_j-\frac{\rho\Delta y_{jk}^0}{(s_{jk}^0)^2}\delta x_k+\frac{\rho\Delta x_{jk}^0}{(s_{jk}^0)^2}\delta y_k-l_{\alpha_i}\\ l_{\alpha_i}&=\alpha_i-\alpha_{jk}^0\end{aligned}\right\} \tag{4-9}$$

式(4-4)、式(4-6)和式(4-7)也是下面列出角度误差方程要用到的基本公式。为了后面的应用，还须指出式(4-7)的一个特点：对 α_{jk} 的反方位角 α_{kj}，改正数 $\delta\alpha_{kj}=\delta\alpha_{jk}$，这个结果只要把式(4-7)改写为 $\delta\alpha_{kj}$ 的表达式并顾及 $\Delta x_{jk}^0=-\Delta x_{kj}^0$ 就可得到。故实际计算时，每条边只计算一个方位角改正数方程即可。

2. *角度观测值误差方程*

如图 4-5 所示，j、h、k 为待定点，在 j 点观测了角 L_i，现在要列出 L_i 的误差方程。

设 L_i 的改正数为 v_{L_i}，则观测值方程式易知为

$$L_i+v_{L_i}=\hat{\alpha}_{jk}-\hat{\alpha}_{jh} \tag{4-10}$$

化为误差方程式

$$\left.\begin{aligned}v_{L_i}&=\delta\alpha_{jk}-\delta\alpha_{jh}-l_i\\ l_i&=L_i-(\alpha_{jk}^0-\alpha_{jh}^0)\end{aligned}\right\} \tag{4-11}$$

图 4-5　角度观测

式中，$\delta\alpha_{jk}$ 和 $\delta\alpha_{jh}$ 以式(4-7)代入并合并同类项，得

$$\begin{aligned}v_{L_i}=&\frac{\rho\Delta y_{jk}^0}{(s_{jk}^0)^2}\delta x_j-\frac{\rho\Delta x_{jk}^0}{(s_{jk}^0)^2}\delta y_j-\frac{\rho\Delta y_{jk}^0}{(s_{jk}^0)^2}\delta x_k+\frac{\rho\Delta x_{jk}^0}{(s_{jk}^0)^2}\delta y_k-\\ &\left[\frac{\rho\Delta y_{jh}^0}{(s_{jh}^0)^2}\delta x_j-\frac{\rho\Delta x_{jh}^0}{(s_{jh}^0)^2}\delta y_j-\frac{\rho\Delta y_{jh}^0}{(s_{jh}^0)^2}\delta x_h+\frac{\rho\Delta x_{jh}^0}{(s_{jh}^0)^2}\delta y_h\right]-l_i\\ =&\rho\left[\frac{\Delta y_{jk}^0}{(s_{jk}^0)^2}-\frac{\Delta y_{jh}^0}{(s_{jh}^0)^2}\right]\delta x_j-\rho\left[\frac{\Delta x_{jk}^0}{(s_{jk}^0)^2}-\frac{\Delta x_{jh}^0}{(s_{jh}^0)^2}\right]\delta y_j-\\ &\frac{\rho\Delta y_{jk}^0}{(s_{jk}^0)^2}\delta x_k+\frac{\rho\Delta x_{jk}^0}{(s_{jk}^0)^2}\delta y_k+\frac{\rho\Delta y_{jh}^0}{(s_{jh}^0)^2}\delta x_h-\frac{\rho\Delta x_{jh}^0}{(s_{jh}^0)^2}\delta y_h-l_i\end{aligned} \tag{4-12}$$

3. *边长观测值误差方程*

测边网中，观测值是边长，首先要把边长的平差值表示为待定点坐标的函数。如图 4-6 所示，j、k 为待定点，观测了 jk 边长为 s_i。设所取 j、k 点近似值和改正数与坐标平差值的关系式同式(4-3)，由图可写出 s_i 的观测值方程为

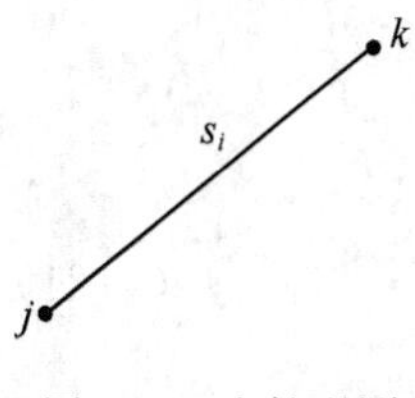

图 4-6　边长观测

$$\begin{aligned}s_i+v_{s_i}&=\sqrt{(\hat{x}_k-\hat{x}_j)^2+(\hat{y}_k-\hat{y}_j)^2}\\ &=\sqrt{(x_k^0+\delta x_k-x_j^0-\delta x_j)^2+(y_k^0+\delta y_k-y_j^0-\delta y_j)^2}\end{aligned} \tag{4-13}$$

按泰勒级数展开，得

$$s_i+v_{s_i}=s_{jk}^0+\frac{\Delta x_{jk}^0}{s_{jk}^0}(\delta x_k-\delta x_j)+\frac{\Delta y_{jk}^0}{s_{jk}^0}(\delta y_k-\delta y_j)$$

式中，$s_{jk}^0=\sqrt{(x_k^0-x_j^0)^2+(y_k^0-y_j^0)^2}$。写为误差方程的一般形式为

$$
\left.\begin{aligned}
v_{s_i} &= -\frac{\Delta x_{jk}^0}{s_{jk}^0}\delta x_j - \frac{\Delta y_{jk}^0}{s_{jk}^0}\delta y_j + \frac{\Delta x_{jk}^0}{s_{jk}^0}\delta x_k + \frac{\Delta y_{jk}^0}{s_{jk}^0}\delta y_k - l_i \\
l_i &= s_i - s_{jk}^0
\end{aligned}\right\} \tag{4-14}
$$

当 j 点为已知点时，式(4-14)中对应的 $\delta x_j,\delta y_j$ 项为零；当 k 点为已知点时，对应的 $\delta x_k,\delta y_k$ 项为零；当两点均为已知点，则边长为固定边，非观测值，不需列误差方程。

综上所述，在列出方位角、边和角观测值的误差方程式时，应按以下步骤进行：

(1) 选择一条推算路线，利用观测值，计算出全网各未知点的近似坐标(x^0,y^0)。

(2) 由未知点近似坐标和已知点坐标计算各待定边的近似方位角 α^0 和近似边长 s^0 及 Δx^0 和 Δy^0。

(3) 按式(4-9)、式(4-12)、式(4-14)等分别列出方位角、水平角和边长观测值的误差方程式。

需要特别注意的是，全网只能有一套近似坐标数据，近似方位角、近似边长等必须由近似坐标计算出来，不能从另外的途径获得。同时，近似数据和最后平差结果不能相差太大，如果相差较大时，应把平差后的坐标当做近似坐标重新进行平差，以获得可靠的结果。

(三) 法方程的组成与解算

对任何形式的平面控制网，列出其误差方程，并对观测值定权后，即可组成法方程并求解，即

$$\boldsymbol{N}\hat{\boldsymbol{x}} - \boldsymbol{W} = 0 \tag{4-15}$$

$$\hat{\boldsymbol{x}} = \boldsymbol{N}^{-1}\boldsymbol{W} \tag{4-16}$$

式中，$\boldsymbol{N}$ 为法方程的系数阵，$\boldsymbol{W}$ 为常数项。

(四) 精度评定

1. 未知点坐标的协因数阵

平面控制网以未知点坐标 x,y 为参数的参数平差的优点之一，就是法方程系数阵的逆矩阵即为未知点坐标的协因素阵，即

$$\boldsymbol{Q}_{xx} = \boldsymbol{N}^{-1} \tag{4-17}$$

式中，$\boldsymbol{N}$ 为法方程系数矩阵。设网中未知点总数为 n，未知数的编序为 $x_1,y_1,x_2,y_2,\cdots,x_n,y_n$，则 $\boldsymbol{Q}_{xx}$ 的形式为

$$
\boldsymbol{Q}_{xx} = \begin{bmatrix}
q_{x_1x_1} & q_{x_1y_1} & \cdots & q_{x_1x_n} & q_{x_1y_n} \\
q_{y_1x_1} & q_{y_1y_1} & \cdots & q_{y_1x_n} & q_{y_1y_n} \\
\vdots & \vdots & & \vdots & \vdots \\
q_{x_nx_1} & q_{x_ny_1} & \cdots & q_{x_nx_n} & q_{x_ny_n} \\
q_{y_nx_1} & q_{y_ny_1} & \cdots & q_{y_nx_n} & q_{y_ny_n}
\end{bmatrix} \tag{4-18}
$$

当然，由于 $\boldsymbol{N}$ 是对称矩阵，$\boldsymbol{Q}_{xx}$ 也是对称矩阵。

从上面的协因数阵中，可取出某点纵横坐标的协因数阵，例如，第 i 点坐标 x_i,y_i 的协因数阵为

$$
Q_i = \begin{bmatrix}
q_{x_ix_i} & q_{x_iy_i} \\
q_{y_ix_i} & q_{y_iy_i}
\end{bmatrix} \tag{4-19}
$$

2. 点位中误差和点在任意方向 φ 上的位差

第 i 号未知点纵横坐标的中误差分别为

$$
\left.\begin{aligned}
m_{x_i} &= \mu\sqrt{q_{x_ix_i}} \\
m_{y_i} &= \mu\sqrt{q_{y_iy_i}}
\end{aligned}\right\} \tag{4-20}
$$

可以看出根号内即为未知数协因数阵主对角线上的元素。

点位中误差 m_i 为

$$m_i = \sqrt{m_{x_i}^2 + m_{y_i}^2} \tag{4-21}$$

点位在方位角为 φ 的方向上的位差为

$$m_{i\varphi} = \mu\sqrt{q_{x_ix_i}\cos^2\varphi + 2q_{x_iy_i}\cos\varphi\sin\varphi + q_{y_iy_i}\sin^2\varphi} \tag{4-22}$$

3. 点位误差椭圆

误差椭圆的长半轴 E 和短半轴 F 分别为

$$\left.\begin{aligned} E&=\mu\sqrt{\frac{q_{x_ix_i}+q_{y_iy_i}+K}{2}} \\ F&=\mu\sqrt{\frac{q_{x_ix_i}+q_{y_iy_i}-K}{2}} \end{aligned}\right\} \tag{4-23}$$

式中

$$K=\sqrt{(q_{x_ix_i}-q_{y_iy_i})^2+4q_{x_iy_i}^2} \tag{4-24}$$

误差椭圆长半轴 E 的方向 φ_E 为

$$\varphi_E=\begin{cases} \dfrac{1}{2}(90^\circ-\arctan\dfrac{q_{x_ix_i}-q_{y_iy_i}}{2q_{x_iy_i}}) & q_{x_iy_i}>0 \\ \dfrac{1}{2}(270^\circ-\arctan\dfrac{q_{x_ix_i}-q_{y_iy_i}}{2q_{x_iy_i}}) & q_{x_iy_i}<0 \end{cases} \tag{4-25}$$

短半轴 F 的方向与 E 的方向相差 90°。

4. 相对点位误差和相对点位误差椭圆

上面讨论的点位误差椭圆实际上是未知点相对于已知点的误差椭圆。实际工作中，常常要讨论任意两未知点间的相对点位误差及相对点位误差椭圆。设两未知点分别为 j，k，它们的纵横坐标差为

$$\Delta x_{jk}=x_k-x_j$$
$$\Delta y_{jk}=y_k-y_j$$

写成矩阵形式为

$$\Delta\boldsymbol{X}_{jk}=\boldsymbol{K}\boldsymbol{X}_{jk}$$

式中

$$\Delta\boldsymbol{X}_{jk}=\begin{bmatrix}\Delta x_{jk}\\ \Delta y_{jk}\end{bmatrix},\quad \boldsymbol{K}=\begin{bmatrix}-1 & 0 & 1 & 0\\ 0 & -1 & 0 & 1\end{bmatrix},\quad \boldsymbol{X}_{jk}=\begin{bmatrix}x_j\\ y_j\\ x_k\\ y_k\end{bmatrix}$$

应用协因数传播律

$$\boldsymbol{Q}_{\Delta X}=\boldsymbol{K}\boldsymbol{Q}_{jk}\boldsymbol{K}^{\mathrm{T}} \tag{4-26}$$

式中，$\boldsymbol{Q}_{jk}$ 为 j、k 两点的坐标协因数阵，取自 $\boldsymbol{Q}_{xx}$

$$\boldsymbol{Q}_{jk}=\begin{bmatrix} q_{x_jx_j} & q_{x_jy_j} & q_{x_jx_k} & q_{x_jy_k}\\ q_{y_jx_j} & q_{y_jy_j} & q_{y_jx_k} & q_{y_jy_k}\\ q_{x_kx_j} & q_{x_ky_j} & q_{x_kx_k} & q_{x_ky_k}\\ q_{y_kx_j} & q_{y_ky_j} & q_{y_kx_k} & q_{y_ky_k} \end{bmatrix} \tag{4-27}$$

$\boldsymbol{Q}_{\Delta X}$ 为 j、k 两点的坐标差协因数阵

$$\boldsymbol{Q}_{\Delta X}=\begin{bmatrix} q_{\Delta x\Delta x} & q_{\Delta x\Delta y}\\ q_{\Delta y\Delta x} & q_{\Delta y\Delta y}\end{bmatrix} \tag{4-28}$$

式中

$$q_{\Delta x\Delta x}=q_{x_jx_j}-2q_{x_jx_k}+q_{x_kx_k}$$
$$q_{\Delta x\Delta y}=q_{\Delta y\Delta x}=q_{x_jy_j}-q_{x_jy_k}-q_{x_ky_j}+q_{x_ky_k}$$
$$q_{\Delta y\Delta y}=q_{y_jy_j}-2q_{y_jy_k}+q_{y_ky_k}$$

这样，两未知点间的相对点位误差为

$$\left.\begin{aligned} m_{\Delta x}&=\mu\sqrt{q_{\Delta x\Delta x}} \\ m_{\Delta y}&=\mu\sqrt{q_{\Delta y\Delta y}} \\ m_{\Delta}&=\sqrt{m_{\Delta x}^2+m_{\Delta y}^2} \end{aligned}\right\} \tag{4-29}$$

相对点位误差椭圆元素为

$$\left.\begin{aligned} E&=\mu\sqrt{\frac{q_{\Delta x\Delta x}+q_{\Delta y\Delta y}+K}{2}} \\ F&=\mu\sqrt{\frac{q_{\Delta x\Delta x}+q_{\Delta y\Delta y}-K}{2}} \end{aligned}\right\} \tag{4-30}$$

式中

$$K=\sqrt{(q_{\Delta x\Delta x}-q_{\Delta y\Delta y})^2+4q_{\Delta x\Delta y}^2} \tag{4-31}$$

误差椭圆长半轴 E 的方向为

$$\varphi_E=\begin{cases} \dfrac{1}{2}\left(90^\circ-\arctan\dfrac{q_{\Delta x\Delta x}-q_{\Delta y\Delta y}}{2q_{\Delta x\Delta y}}\right) & q_{\Delta x\Delta y}>0 \\ \dfrac{1}{2}\left(270^\circ-\arctan\dfrac{q_{\Delta x\Delta x}-q_{\Delta y\Delta y}}{2q_{\Delta x\Delta y}}\right) & q_{\Delta x\Delta y}<0 \end{cases} \tag{4-32}$$

短半轴 F 的方向与 E 的方向相差 90°。

5. *边长误差和边长相对中误差*

实践中经常要知道两点间边长的误差和边长相对中误差。

设两未知点 j、k 间的边长为 s_{jk}。由 $s_{jk}=\sqrt{(x_k-x_j)^2+(y_k-y_j)^2}$ 经全微分可得

$$\delta s_{jk}=-\cos\alpha_{jk}\delta x_j-\sin\alpha_{jk}\delta y_j+\cos\alpha_{jk}\delta x_k+\sin\alpha_{jk}\delta y_k \tag{4-33}$$

此式即为 s_{jk} 的权函数式，式中 α_{jk} 为 jk 边的坐标方位角。令

$$\boldsymbol{F}_{s_{jk}}=\begin{bmatrix}-\cos\alpha_{jk}\\-\sin\alpha_{jk}\\\cos\alpha_{jk}\\\sin\alpha_{jk}\end{bmatrix} \tag{4-34}$$

则有

$$\boldsymbol{q}_{s_{jk}}=\boldsymbol{F}_{s_{jk}}^{\mathrm{T}}\boldsymbol{Q}_{jk}\boldsymbol{F}_{s_{jk}} \tag{4-35}$$

而边长 s_{jk} 的中误差为

$$m_{s_{jk}}=\mu\sqrt{q_{s_{jk}}} \tag{4-36}$$

边长相对中误差为

$$r_{m_s}=\frac{m_{s_{jk}}}{s_{jk}} \tag{4-37}$$

6. *方位角误差*

方位角 α_{jk} 的权函数式为

$$\delta\alpha_{jk}=a_{jk}\delta x_j+b_{jk}\delta y_j-a_{jk}\delta x_k-b_{jk}\delta y_k \tag{4-38}$$

令

$$\boldsymbol{F}_{\alpha_{jk}}=\begin{bmatrix}a_{jk}\\b_{jk}\\-a_{jk}\\-b_{jk}\end{bmatrix} \tag{4-39}$$

则有

$$q_{\alpha_{jk}}=\boldsymbol{F}_{\alpha_{jk}}^{\mathrm{T}}\boldsymbol{Q}_{jk}\boldsymbol{F}_{\alpha_{jk}} \tag{4-40}$$

这样，方位角 α_{jk} 的中误差为

$$m_{\alpha_{jk}}=\mu\sqrt{q_{\alpha_{jk}}} \tag{4-41}$$

§4-2 GPS 测量数据处理

一、概述

GPS 接收机采集记录的是 GPS 接收机天线至卫星的伪距、载波相位和卫星星历等数据。如果采样间隔为 20 s，则每 20 s 记录一组观测值，一台接收机连续观测 1 h 将有 180 组观测值。观测值中有对 4 颗以上卫星的观测数据以及地面气象观测数据等。GPS 数据处理要从原始的观测值出发得到最终的测量定位成果，其数据处理过程大致分为 GPS 测量数据的基线解算、GPS 基线向量网平差以及 GPS 网平差或与地面网联合平差等几个阶段。数据处理的基本流程如图 4-7 所示。

图 4-7 GPS 数据处理基本流程图

图 4-7 中第一步数据采集的是 GPS 接收机野外观测记录的原始观测数据，野外观测记录的同时用随机软件解算出测站点的位置和运动速度，提供导航服务。数据传输至基线解算一般是用随机软件(后处理软件)将接收机记录的数据传输到计算机，在计算机上进行预处理和基线解算。GPS 网平差包括 GPS 基线向量网平差、GPS 网与地面网联合平差等内容。

二、 数据传输与预处理

(一) 数据传输

大多数的 GPS 接收机(如 ASHTECH、TRIMBLE 等型号)，采集的数据记录在接收机的内存模块上。数据传输是用专用电缆将接收机与计算机连接，并在后处理软件的菜单中选择传输数据选项后，便将观测数据传输至计算机。数据传输的同时进行数据分流，生成相应的数据文件：载波相位和伪距观测值文件、星历参数文件、电离层参数和 UTC 参数文件、测站信息文件。

观测值文件是容量最大的文件。观测值记录中有对应的卫星号，卫星高度角和方位角，C/A 码伪距，L_1、L_2 的相位观测值，观测值对应的历元时间，积分多普勒记数，信噪比等。

星历参数文件包含所有被测卫星的轨道位置信息，根据这些信息可以计算出任一时刻卫星的位置。

电离层参数和 UTC 参数文件中，电离层参数用于改正观测值的电离层影响，UTC 参数用于将 GPS 时间修正为 UTC 时间。

测站信息文件包含测站名、测站号、测站的概略坐标、接收机号、天线号、天线高、观测的起止时间、记录的数据量、初步定位成果等。

经数据分流后的数据文件中，除测站信息文件外，其余均为二进制数据文件。为下一步预处理的方便，必须将它们解译成直接识别的文件，将数据文件标准化。

(二) 预处理

GPS 数据预处理的目的是：对数据进行平滑滤波检验，剔除粗差；统一数据文件格式并将各类数据文件加工成标准化文件(如 GPS 卫星轨道方程的标准化，卫星时钟钟差标准化，观测文件标准化等)，找出整周跳变点并修复观测值；对观测值进行各种模型修正。

1. GPS 卫星轨道方程的标准化

数据处理中要多次进行卫星位置的计算，而 GPS 广播星历每小时有一组独立的星历参数，使得计算工作十分复杂，需要将卫星轨道方程标准化，以便计算简便，节省内存空间。GPS 卫星轨道方程标准化一般采用以时间为变量的多项式进行拟合处理。

将已知的多组不同历元的星历参数所对应的卫星位置 $P_i(t)$ 表达为时间 t 的多项式形式为

$$P_i(t)=a_{i0}+a_{i1}t+a_{i2}t^2+\cdots+a_{in}t^n \tag{4-42}$$

利用拟合法求解多项式系数。解出的系数 a_{in} 记入标准化星历文件，用它们来计算任一时刻的卫星位置。多项式的阶数 n 一般取 8～10 就足以保证米级轨道拟合精度。

拟合计算时，时间 t 的单位需规格化，规格化时间 T 为

$$T_i=[2t_i-(t_1-t_m)]/(t_m-t_1) \tag{4-43}$$

式中，T_i 为对应于 t_i 的规格化时间；t_1 和 t_m 分别为观测时段开始和结束的时间。很显然，对应于 t_1 和 t_m，T_1 和 T_m 分别为 -1 和 $+1$。对任意时刻 t_i，$|T_i|\leqslant 1$。

需指出的是，拟合时引进了规格化的时间，则在实际轨道计算时也应使用规格化的时间。

2. 卫星钟差的标准化

来自广播星历的卫星钟差（即卫星钟钟面时间与 GPS 系统标准时间之差 Δt_S）是多个数值，需要通过多项式拟合求得唯一的、平滑的钟差改正多项式。用于确定真正的信号发射并计算该时刻的卫星轨道位置，同时也用于将各卫星的时间基准统一起来以估算它们之间的相对钟差。当多项式拟合的精度优于 ±0.2 ns 时，可精确探测整周跳变，估算整周未知数。

钟差的多项式形式为

$$\Delta t_s=a_0+a_1(t-t_0)+a_2(t-t_0)^2 \tag{4-44}$$

式中，a_0、a_1、a_2 为卫星钟参数，t_0 为卫星钟参数的参考历元。

由多个参考历元的卫星钟差，利用最小二乘原理求定多项式系数 a_i，再由式(4-44)计算任一时刻的钟差。因为 GPS 时间定义区间为一个星期，即 604 800 s，故当 $t-t_0>302\ 400$（t_0 属于下一 GPS 周）时，t 应减去 604 800；$t-t_0<-302\ 400$（t_0 属于上一 GPS 周）时 t 应加上 604 800。

3. 观测值文件的标准化

不同的接收机提供的数据记录有不同的格式。例如观测时刻这个记录，可能采用接收机参考历元，也可能是经过改正归算至 GPS 标准时间。在进行平差（基线向量的解算）之前，观测值文件必须规格化、标准化。具体项目包括：

(1) 记录格式标准化。各种接收机输出的数据文件应在记录类型、记录长度和存取方式方面采用同一记录格式。

(2) 记录项目标准化。每一种记录应包含相同的数据项。如果某些数据项缺项，则应以特定数据如“0”或空格填上。

(3) 采样密度标准化。各接收机的数据记录采样间隔可能不同，如有的接收机每 15 s 记录一次，有的则 20 s 记录一次。标准化后应将数据采样间隔统一成一个标准长度。标准长度应大于或等于外业采样间隔的最长的标准值。采样密度标准化后，数据量将成倍地减少，所以这种标准化过程也称为数据压缩。数据压缩应在周跳修复后进行。数据压缩常用多项式拟合法。压缩后的数据应等价于被压缩区间内的全部数据，且保持各压缩数据的误差独立。

(4) 数据单位的标准化。数据文件中，同一数据项的量纲和单位应是统一的。例如，载波相位观测值统一以周为单位。

三、GPS 基线向量的解算

GPS 基线向量的解算是以两测站间的基线向量 $\boldsymbol{r}=(\Delta X,\Delta Y,\Delta Z)$ 为未知数，以卫地距离为观测值，建立误差方程及法方程进行求解。首先建立卫地距离 ρ 与基线向量 $\boldsymbol{r}$ 的关系式，然后基于 ρ 与 $\boldsymbol{r}$ 的关系，导出目前应用较广泛的双差模型的误差方程式，其余单差、三差模型误差方程可仿此导出。

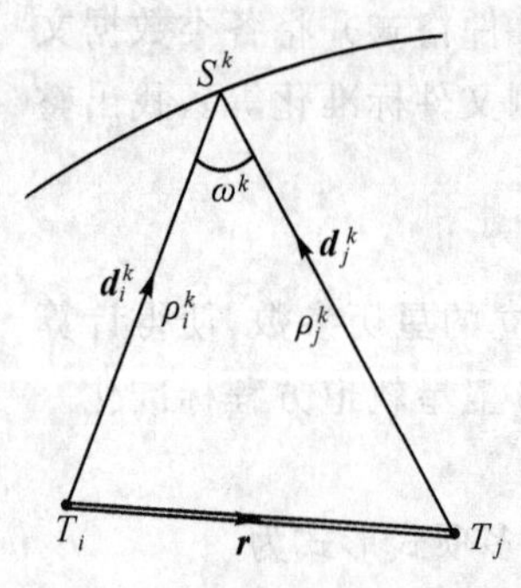

图 4-8　卫地距离 ρ 与基线向量 $\boldsymbol{r}$ 的关系

(一) 卫地距离 $\boldsymbol{\rho}$ 与基线向量 $\boldsymbol{r}$ 的关系

如图 4-8 所示，T_i、T_j 为两测站，在同一时刻 t 对卫星 S^k 的伪距观测值为 ρ_i^k，ρ_j^k，并设 T_i、T_j 到瞬时卫星 S^k 的单位矢量为 $\boldsymbol{n}_i^k$、$\boldsymbol{n}_j^k$，则两测站到 S^k 的矢量为

$$\left.\begin{aligned}\boldsymbol{d}_i^k&=\rho_i^k\boldsymbol{n}_i^k\\ \boldsymbol{d}_j^k&=\rho_j^k\boldsymbol{n}_j^k\end{aligned}\right\} \tag{4-45}$$

参照图 4-8，有如下关系式

$$\boldsymbol{r}-\boldsymbol{d}_i^k+\boldsymbol{d}_j^k=0 \tag{4-46}$$

又设

$$\left.\begin{aligned}\Delta\rho^k&=\rho_i^k-\rho_j^k\\ \Delta\boldsymbol{n}^k&=\boldsymbol{n}_i^k-\boldsymbol{n}_j^k\end{aligned}\right\} \tag{4-47}$$

则依式(4-45),有

$$\boldsymbol{r}=\boldsymbol{d}_i^k-\boldsymbol{d}_j^k=(\Delta\rho^k+\rho_j^k)\boldsymbol{n}_i^k-\rho_j^k\boldsymbol{n}_j^k=\Delta\rho^k\boldsymbol{n}_i^k+\rho_j^k\Delta\boldsymbol{n}^k \tag{4-48}$$

式(4-48)两边与 $\boldsymbol{n}_m^k=\frac{1}{2}(\boldsymbol{n}_i^k+\boldsymbol{n}_j^k)$ 取点积,并顾及

$$\left.\begin{aligned}&\boldsymbol{n}_m^k\Delta\boldsymbol{n}^k=0\\ &\boldsymbol{n}_i^k\boldsymbol{n}_j^k=\boldsymbol{n}_j^k\boldsymbol{n}_i^k=\cos\omega^k\\ &\boldsymbol{n}_m^k\boldsymbol{n}_i^k=\frac{1}{2}(1+\cos\omega^k)=\cos^2\frac{\omega^k}{2}\end{aligned}\right\} \tag{4-49}$$

有

$$\boldsymbol{n}_m^k\boldsymbol{r}=-\cos^2\frac{\omega}{2}\Delta\rho^k \tag{4-50}$$

由式(4-50),有

$$\Delta\rho^k=-\sec^2\frac{\omega^k}{2}\boldsymbol{n}_m^k\boldsymbol{r} \tag{4-51}$$

式(4-51)即为卫地距离 ρ_i^k、ρ_j^k($\Delta\rho^k=\rho_i^k-\rho_j^k$)与基线向量 $\boldsymbol{r}$ 的关系式。

(二) 双差模型的观测误差方程

若两测站 T_1、T_2 在同一时刻 t 对卫星 S^k 和 S^j 进行观测,双差模型方程为

$$\phi_{T_1,T_2}^{j,k}(t)=\frac{f}{c}[\rho_{T_2}^k(t)-\rho_{T_2}^j(t)-\rho_{T_1}^k(t)+\rho_{T_1}^j(t)]+\Delta\rho_{ion}+\Delta\rho_{trop}-\Delta N \tag{4-52}$$

式中,c 为常数,一般取 $c=2.997\,924\,58\times10^8$ m/s;f 为卫星信号频率;$\Delta\rho_{ion}$ 及 $\Delta\rho_{trop}$ 为电离层和对流层引起的附加时延对卫地距离影响值;ΔN 为整周模糊度近似值。

顾及式(4-51),则

$$\left.\begin{aligned}\Delta\rho^k&=\rho_{T_2}^k(t)-\rho_{T_1}^k(t)=-\sec^2\frac{\omega^k}{2}\boldsymbol{n}_m^k\boldsymbol{r}\\ \Delta\rho^j&=\rho_{T_2}^j(t)-\rho_{T_1}^j(t)=-\sec^2\frac{\omega^j}{2}\boldsymbol{n}_m^j\boldsymbol{r}\end{aligned}\right\} \tag{4-53}$$

代入式(4-52),有

$$\phi_{T_1,T_2}^{j,k}(t)=\frac{f}{c}\left(\sec^2\frac{\omega^j}{2}\boldsymbol{n}_m^j-\sec^2\frac{\omega^k}{2}\boldsymbol{n}_m^k\right)\boldsymbol{r}+\Delta\rho_{ion}+\Delta\rho_{trop}-\Delta N \tag{4-54}$$

把式(4-54)展成纯量形式。由于

$$\left.\begin{aligned}&\boldsymbol{n}_1^k=\frac{1}{\rho_{T_1}^k}[\Delta X_{T_1}^k\quad\Delta Y_{T_1}^k\quad\Delta Z_{T_1}^k]^{\mathrm{T}}\\ &\boldsymbol{n}_1^j=\frac{1}{\rho_{T_1}^j}[\Delta X_{T_1}^j\quad\Delta Y_{T_1}^j\quad\Delta Z_{T_1}^j]^{\mathrm{T}}\\ &\boldsymbol{n}_2^k=\frac{1}{\rho_{T_2}^k}[\Delta X_{T_2}^k\quad\Delta Y_{T_2}^k\quad\Delta Z_{T_2}^k]^{\mathrm{T}}\\ &\boldsymbol{n}_2^j=\frac{1}{\rho_{T_2}^j}[\Delta X_{T_2}^j\quad\Delta Y_{T_2}^j\quad\Delta Z_{T_2}^j]^{\mathrm{T}}\\ &\boldsymbol{r}=[\Delta X_{12}\quad\Delta Y_{12}\quad\Delta Z_{12}]^{\mathrm{T}}\end{aligned}\right\} \tag{4-55}$$

式中,$\Delta X_{T_1}^k=X^k-X_{T_1}$,其中 X^k 表示 t 时刻卫星 S^k 的瞬时位置 X 坐标,X_{T_1} 表示测站 T_1 的 X 坐标,余同。

一般地,当基线长度小于 40 km 时,$\left|\sec^2\frac{\omega}{2}-1\right|<1\times10^{-6}$,故可取 $\sec^2\frac{\omega^k}{2}=\sec^2\frac{\omega^j}{2}=1$,并设基线向量 $\boldsymbol{r}$ 的近似值及改正数分别为(ΔX_{12}^0,ΔY_{12}^0,ΔZ_{12}^0)和($\delta\Delta X_{12}$,$\delta\Delta Y_{12}$,$\delta\Delta Z_{12}$),初始整周模糊度 ΔN 近似值及改

正数为 ΔN^0 及 δN，则可得双差模型的线性化误差方程为

$$V_{12}^{kj}=(a_{12}^{kj})^2\delta X_{12}+(b_{12}^{kj})^2\delta Y_{12}+(c_{12}^{kj})^2\delta Z_{12}+\delta N_{12}-l_{12} \tag{4-56}$$

式中

$$a_{12}^{kj}=\frac{f}{2c}(\frac{\Delta X_{T_1}^k}{\rho_{T_1}^k}+\frac{\Delta X_{T_2}^k}{\rho_{T_2}^k}-\frac{\Delta X_{T_1}^j}{\rho_{T_1}^j}-\frac{\Delta X_{T_2}^j}{\rho_{T_2}^j})$$

$$b_{12}^{kj}=\frac{f}{2c}(\frac{\Delta Y_{T_1}^k}{\rho_{T_1}^k}+\frac{\Delta Y_{T_2}^k}{\rho_{T_2}^k}-\frac{\Delta Y_{T_1}^j}{\rho_{T_1}^j}-\frac{\Delta Y_{T_2}^j}{\rho_{T_2}^j})$$

$$c_{12}^{kj}=\frac{f}{2c}(\frac{\Delta Z_{T_1}^k}{\rho_{T_1}^k}+\frac{\Delta Z_{T_2}^k}{\rho_{T_2}^k}-\frac{\Delta Z_{T_1}^j}{\rho_{T_1}^j}-\frac{\Delta Z_{T_2}^j}{\rho_{T_2}^j})$$

$$l_{12}=-a_{12}^{kj}\Delta X_{12}^0-b_{12}^{kj}\Delta Y_{12}^0-c_{12}^{kj}\Delta Z_{12}^0+\Delta N^0-\Delta\rho_{ion}-\Delta\rho_{trop}+\phi_{T_1,T_2}^{j,k}(t)$$

（三）基线向量法方程组成及解算

设在任一时刻 t 在测站 T_1、T_2 上同步观测了 k 个卫星，则可列出形同式(4-56)的误差方程共$(k-1)$个。若引入$(k-1)$个初始整周模糊度，顾及基线向量的三个未知数$(\Delta X_{12},\Delta Y_{12},\Delta Z_{12})$，则在 t 时刻共有$(k-1)+3$ 个未知数。若设观测时刻数为 n，则可列出误差方程数为 $m=n(k-1)$个。考虑到观测时的独立性，可设各双差观测值等权且相互独立，即观测值权阵 $\boldsymbol{P}=\boldsymbol{E}$，则对基线向量 $\boldsymbol{r}$ 在 k 个卫星、n 个观测时段条件下有如下形式的误差方程

$$\left.\begin{array}{l}\boldsymbol{V}=\boldsymbol{B}\hat{\boldsymbol{x}}-\boldsymbol{l}\\ \boldsymbol{V}=[v_1\quad\cdots\quad v_m]^{\mathrm{T}}\\ \hat{\boldsymbol{x}}=[\delta X\quad\delta Y\quad\delta Z\quad\delta N_1\quad\delta N_2\quad\cdots\quad\delta N_{k-1}]^{\mathrm{T}}\\ \boldsymbol{l}=[l_1\quad l_2\quad\cdots\quad l_m]^{\mathrm{T}}\end{array}\right\} \tag{4-57}$$

组成法方程

$$\boldsymbol{N}\hat{\boldsymbol{x}}-\boldsymbol{W}=0 \tag{4-58}$$

则未知数

$$\hat{\boldsymbol{x}}=\boldsymbol{N}^{-1}\boldsymbol{W}=(\boldsymbol{B}^{\mathrm{T}}\boldsymbol{B})^{-1}(\boldsymbol{B}^{\mathrm{T}}\boldsymbol{l}) \tag{4-59}$$

未知数协因数阵

$$\boldsymbol{Q}_{\hat{x}}=\boldsymbol{N}^{-1} \tag{4-60}$$

综合而言，基线解算的过程实际上主要是一个平差的过程，平差所采用的观测值主要是双差观测值。基线解算分三个阶段：

(1) 进行初始平差，解算出整周未知数参数的和基线向量的实数解(浮动解)。

(2) 将整周未知数固定成整数。

(3) 将确定了的整周未知数作为已知值，仅将待定的测站坐标作为未知参数，再次进行平差解算，解求出基线向量的最终解——整数解(固定解)。

一般地，GPS 基线向量解算主要采用商用软件进行。对局部 GPS 网，常采用单基线平差模型，即不论同步观测值有多少，每次仅取其中两台机的同步观测值进行相应基线向量解算并求其方差阵。对 N 个同步观测值而言，基线向量数为$\frac{1}{2}N(N-1)$，但仅$(N-1)$条是独立的，其余非独立的基线向量可由$(N-1)$条独立基线向量推算而得。因此，只要选出$(N-1)$条独立基线进行平差计算即可。这种单基线平差模型计算较简单，但忽略了各 GPS 基线向量间的相关性，一般适用于局部 GPS 网。

（四）基线解算阶段的质量控制

基线解算阶段的质量控制指标主要有 Ratio 值、参考方差因子、观测值的 RMS、数据剔除率、RDOP 值、同步环闭合差、异步环闭合差和重复基线的互差等。

1. Ratio 值

Ratio 值为在采用搜索算法确定整周未知数参数的整数值时，产生次最小的单位权方差与最小的单位权方差的比值。

它反映了所确定出的整周未知数参数的可靠性，这一指标取决于多种因素，既与观测值的质量有关，也与观测条件的好坏有关。一般均要求 $Ratio \geqslant 3$。

2. 单位权方差因子 $\hat{\sigma}_0$

$$\hat{\sigma}_0 = \sqrt{\frac{\boldsymbol{V}^{\mathrm{T}}\boldsymbol{PV}}{f}} \tag{4-61}$$

反映观测值的质量，又称为参考方差因子。越小越好。

3. 均方根误差 RMS

$$RMS = \sqrt{\frac{\boldsymbol{V}^{\mathrm{T}}\boldsymbol{V}}{n}} \tag{4-62}$$

RMS 表明了观测值的质量，观测值质量越好，越小；反之，观测值质量越差，则越大，它不受观测条件（观测期间卫星分布图形）的好坏影响。

4. 数据删除率

在基线解算时，如果观测值的改正数大于某一个阈值时，则认为该观测值含有粗差，则需要将其删除。被删除观测值的数量与观测值的总数的比值，就是数据删除率。

数据删除率从某一方面反映出了 GPS 原始观测值的质量。数据删除率越高，说明观测值的质量越差。

5. 双差观测值残差

在一些基线解算的随机商用软件中，常用图或表的形式给出在一个测段中每颗非基星与基星之间双差观测值的残差。若每颗卫星的残差图形都始终稳定在纵坐标为零周附近，随时间变动而形成一条较平直的细带，则比较理想。若某颗非基星的残差线起伏较大，则表明该非基星的单差可能有问题，可考虑删去该星；若所有的残差线都不好，很可能是基星的问题，可改用另一颗卫星作为基星。

一般而言，若基线中误差很小，模糊度整数性又好，残差往往也不错，反之亦然。因此，当前两项要求未能满足时，常可结合残差图来分析是哪颗卫星出了问题，始于何时，以便调整取用的卫星及时间区段，从而获得较好的基线向量成果。残差图表也可用来判断未被剔除的小于 1 周的周跳的所在位置。

6. 相对定位精度因子 RDOP

所谓 RDOP 值指的是在基线解算时待定参数的协因数阵的迹 $\mathrm{tr}(\boldsymbol{Q})$ 的平方根，即

$$RDOP = (\mathrm{tr}(\boldsymbol{Q}))^{1/2} \tag{4-63}$$

RDOP 值的大小与基线位置和卫星在空间中的几何分布及运行轨迹（即观测条件）有关，当基线位置确定后，RDOP 值就只与观测条件有关了，而观测条件又是时间的函数，因此，实际上对于某条基线向量来讲，其 RDOP 值的大小与观测时间段有关。表明了 GPS 卫星的状态对相对定位的影响，即取决于观测条件的好坏，它不受观测值质量好坏的影响。

7. 同步环闭合差

同步环闭合差是由同步观测基线所组成的闭合环的闭合差。

由于同步观测基线间具有一定的内在联系，从而使得同步环闭合差在理论上应总是为 0 的，如果同步环闭合差超限，则说明组成同步环的基线中至少存在一条基线向量是错误的，但反过来，如果同步环闭合差没有超限，还不能说明组成同步环的所有基线在质量上均合格。规范规定同步环各分量闭合差及总的同步环闭合差限值如下

$$\left.\begin{aligned} W_X &= \sum_{i=1}^{n} \Delta X_i \leqslant \frac{\sqrt{n}}{5}\sigma \\ W_Y &= \sum_{i=1}^{n} \Delta Y_i \leqslant \frac{\sqrt{n}}{5}\sigma \\ W_Z &= \sum_{i=1}^{n} \Delta Z_i \leqslant \frac{\sqrt{n}}{5}\sigma \\ W &= \sqrt{W_X^2 + W_Y^2 + W_Z^2} \leqslant \frac{\sqrt{3n}}{5}\sigma \end{aligned}\right\} \tag{4-64}$$

式中，σ 为相应级别的规定中误差，n 为组成独立环的边数。

8. 异步环闭合差

由独立基线所组成的闭合环称为异步闭合环，简称异步环的闭合差为异步环闭合差。

当异步环闭合差满足限差要求时，则表明组成异步环的基线向量的质量是合格的；当异步环闭合差不满足限差要求时，则表明组成异步环的基线向量中至少有一条基线向量的质量不合格，要确定出哪些基线向量的质量不合格，可以通过多个相邻的异步环或重复基线来判断。规范规定异步环各分量闭合差及总的异步环闭合差限值如下

$$\left.\begin{aligned} W_X &= \sum_{i=1}^{n} \Delta X_i \leqslant 3\sqrt{n}\sigma \\ W_Y &= \sum_{i=1}^{n} \Delta Y_i \leqslant 3\sqrt{n}\sigma \\ W_Z &= \sum_{i=1}^{n} \Delta Z_i \leqslant 3\sqrt{n}\sigma \\ W &= \sqrt{W_X^2 + W_Y^2 + W_Z^2} \leqslant 3\sqrt{3n}\sigma \end{aligned}\right\} \tag{4-65}$$

式中，σ 为相应级别的规定中误差，n 为组成独立环的边数。

9. 重复基线较(互)差

不同观测时段，对同一条基线的观测结果，就是重复基线。这些观测结果之间的差异，就是重复基线较(互)差。当重复基线较(互)差满足限差要求时，则表明这些基线向量的质量是合格的；否则，则表明这些基线向量中至少有一条基线向量的质量不合格，要确定出哪些基线向量的质量不合格，可以通过多重条件进行。规范规定重复基线较(互)差限值为

$$W_{互} \leqslant 2\sqrt{2}\sigma \tag{4-66}$$

(五) 影响基线解算结果质量的主要因素及应对方法

(1) 基线解算时所设定的起点坐标不准确时，应设定较准确的起点坐标，采用同一点或同一点的衍生点起算。

(2) 少数卫星的观测时间太短，导致这些卫星的整周未知数无法准确确定时，应剔除观测时间太短的卫星。

(3) 在整个观测时段里，有个别时间段或个别卫星周跳太多，致使周跳无法完全修复时，应剔除周跳多的卫星，截去周跳多的时间段。

(4) 在观测时段内，多路径效应比较严重，观测值的改正数普遍较大时，应剔除受多路径影响严重的观测值。

(5) 对流层折射或电离层折射影响太大时，应采用模型改正、采用 Iono-Free 观测值。

(六) 基线解算时常需修改的参数

(1) 参与数据处理的特定时间段的观测值。

(2) 截止高度角。

(3) 观测值类型。

(4) 星历类型。

(5) Ratio 值限值。

(6) 观测值编辑因子。

(7) 电离层折射改正。

(8) 对流层折射改正。

(七) GPS 基线解算的过程

每一个厂商所生产的接收机都会配备相应的数据处理软件，它们在使用方法上都会有各自不同的特点。但是，无论是哪种软件，它们在使用步骤上却是大体相同的。GPS 基线解算的过程如下。

(1) 原始观测数据的读入。在进行基线解算时，首先需要读取原始的 GPS 观测值数据。一般说来，各接收机厂商随接收机一起提供的数据处理软件都可以直接处理从接收机中传输出来的 GPS 原始观测

值数据，而由第三方所开发的数据处理软件则不一定能对各接收机的原始观测数据进行处理，要处理这些数据，首先需要进行格式转换。目前，最常用的格式是 RINEX 格式，对于按此种格式存储的数据，大部分的数据处理软件都能直接处理。

(2) 外业输入数据的检查与修改。在读入了 GPS 观测值数据后，就需要对观测数据进行必要的检查，检查的项目包括：测站名、点号、测站坐标、天线高等。对这些项目进行检查的目的是为了避免外业操作时的误操作。

(3) 设定基线解算的控制参数。基线解算的控制参数用以确定数据处理软件采用何种处理方法来进行基线解算，设定基线解算的控制参数是基线解算时的一个非常重要的环节，通过控制参数的设定，可以实现基线的精化处理。

(4) 基线解算。基线解算的过程一般是自动进行的，无需过多的人工干预。

(5) 基线质量的检验。基线解算完毕后，基线结果并不能马上用于后续的处理，还必须对基线的质量进行检验，只有质量合格的基线才能用于后续的处理，如果不合格，则需要对基线进行重新解算或重新测量。基线的质量检验需要通过 Ratio、RDOP、RMS、同步环闭合差、异步环闭合差和重复基线较差来进行。

(八) 基线解的输出结果

(1) 解的类型，如三差解、双差解、固定解、浮动解等。

(2) 不同系统下的输入、输出坐标。

(3) 接收机的相关信息，如序列号等。

(4) 坐标分量估值的标准偏差。

(5) 所有坐标参数，包括整周未知数参数等的相关矩阵或方差—协方差阵。

(6) 卫星几何形状的信息，如 RDOP 值等。

(7) 信号跟踪记录，如数据记录时间、卫星、通道、信号质量等。

(8) 数据删除率、采样率、数据剔除准则。

(9) 星历内容综述、健康标志信息。

(10) 进行的数据预处理措施，如对流层模型。

(11) 观测值改正数，残差 Residual。

(12) 结果统计检验结果。

(13) 整周未知数的确定结果。

(14) 解的质量综述。

四、GPS 地籍控制网平差

GPS 观测网由一个一个的同步环组成。实际上，对于一个 N 点的同步环，只有$(N-1)$条基线是独立的。而对于一个由 N_i 个同步环构成的 GPS 观测网，由各同步环中选取$(N-1)$个独立基线构成 GPS 环形网，如图 4-9 所示。每一环是由非同步边构成的。各非同步闭合环闭合差应为零。故 GPS 网平差的目的之一就是消除各观测值(基线向量)之间的不符值；同时 GPS 基线向量解算结果是 WGS-84 系下的，在地籍控制测量中一些地区因投影长度变形大也采用地方坐标系，因此在 GPS 网平差时也要实现由 WGS-84 系向地方坐标系的坐标转换。

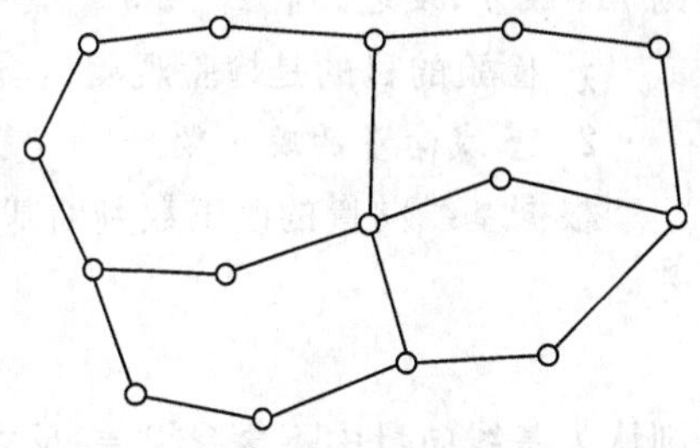

图 4-9 GPS 环形网

GPS 网平差时的观测值是基线向量及其方差阵，平差时的未知数是 WGS-84 系下点的坐标或地方坐标系下点的坐标。GPS 网的平差模型一般采用间接平差方法。参加 GPS 网平差的基线向量应是独立的，它是从基线向量观测值中挑选出来的，一般遵循如下原则：

(1) 所选取的基线向量不构成同步环。

(2) 所选取的基线向量能够与其他非同步环观测的 GPS 基线向量构成非同步闭合环。

(3) 在满足(1)、(2)条件下，应选取距离较短的 GPS 基线向量。

(一) GPS 网平差的类型

1. 按进行平差的空间不同分类

(1) 三维平差

三维平差是指平差在三维空间坐标系中进行，观测值为三维空间中的观测值，解算出的结果为点的三维空间坐标。GPS 网的三维平差，一般在三维空间直角坐标系或三维空间大地坐标系下进行。

(2) 二维平差

二维平差是指平差在二维平面坐标系下进行，观测值为二维观测值，解算出的结果为点的二维平面坐标。二维平差一般适合于小范围 GPS 网的平差。

2. 按观测值和已知条件的不同分类

(1) 无约束平差

GPS 网的无约束平差指的是在平差时不引入会造成 GPS 网产生由非观测量所引起的变形的外部起算数据。常见的 GPS 网的无约束平差，一般是在平差时没有起算数据或没有多余的起算数据。

(2) 约束平差

GPS 网的约束平差指的是平差时所采用的观测值完全是 GPS 观测值(即 GPS 基线向量)，而且，在平差时引入了使得 GPS 网产生由非观测量所引起的变形的外部起算数据。

(3) 联合平差

GPS 网的联合平差指的是平差时所采用的观测值除了 GPS 观测值以外，还采用了地面常规观测值，这些地面常规观测值包括边长、方向、角度等观测值等。

(二) GPS 地籍控制网的坐标转换

经过外业测量及基线解算所获得的 WGS-84 系中 GPS 基线向量，是 WGS-84 坐标系中的三维坐标差，需将 GPS 网成果纳入到国家大地坐标系或地方独立坐标系，这就需要进行两类不同坐标系之间的坐标转换；与此同时还要进行同一类坐标系中表述形式虽有不同却又互为等价即点位坐标间的变换，如空间直角坐标、大地坐标、高斯平面直角坐标间的换算。

(三) GPS 网平差过程中的质量检验指标

1. 单位权方差的检验——χ^2 检验

平差后单位权方差的估值 $\hat{\sigma}_0^2$ 应与平差前先验的单位权方差 σ_0^2 一致，判断它们是否一致可以采用 χ^2 检验。

原假设 H_0：$\hat{\sigma}_0^2=\sigma_0^2$，备选假设 H_1：$\hat{\sigma}_0^2\neq\sigma_0^2$，其中

$$\hat{\sigma}_0^2=\frac{\boldsymbol{V}^{\mathrm{T}}\boldsymbol{P}\boldsymbol{V}}{3n-3p+3} \tag{4-67}$$

若

$$\frac{\boldsymbol{V}^{\mathrm{T}}\boldsymbol{P}\boldsymbol{V}}{\chi_{\alpha/2}^2}<\sigma_0^2<\frac{\boldsymbol{V}^{\mathrm{T}}\boldsymbol{P}\boldsymbol{V}}{\chi_{1-\alpha/2}^2} \tag{4-68}$$

则 H_0 成立；反之，则 H_1 成立。其中 α 为显著性水平。

χ^2 检验的目的是检验观测值质量、模型质量和起算点数据的相容性。

2. 基线向量的改正数

根据基线向量的改正数判断基线向量是否含有粗差，具体判定依据是

若

$$|v_i|<\hat{\sigma}_0\cdot\sqrt{q_i}\cdot t_{1-\alpha/2} \tag{4-69}$$

则认为基线向量中不含有粗差；反之，则含有粗差。

3. 相邻点的中误差和相对中误差

可根据规范规定相应等级的控制网限差判断是否超限。

若在进行质量评定时，发现有质量问题，需要根据具体情况进行处理。如果发现构成 GPS 网的基线中含有粗差，则需要删除含有粗差的基线、重新对含有粗差的基线进行解算或重测含有粗差的基线等方法加以解决；如果发现个别起算数据有质量问题，则应该放弃有质量问题的起算数据。

4. GPS 网平差流程

GPS 三维平差的主要流程如图 4-10 所示。GPS 网三维平差中，首先应进行三维无约束平差，平差后通过观测值改正数检验，发现基线向量中是否存在粗差，并剔除含有粗差的基线向量，再重新进行平差，直至确定网中没有粗差后，再对单位权方差因子进行 χ^2 检验，判断平差的基线向量随机模型是否存在误差，并对随机模型进行改正，以提供较为合适的平差随机模型。在对 GPS 网进行约束平差后，还应对平差中加入的转换参数进行显著性检验，对于不显著的参数应剔除，以免破坏平差方程的性态。

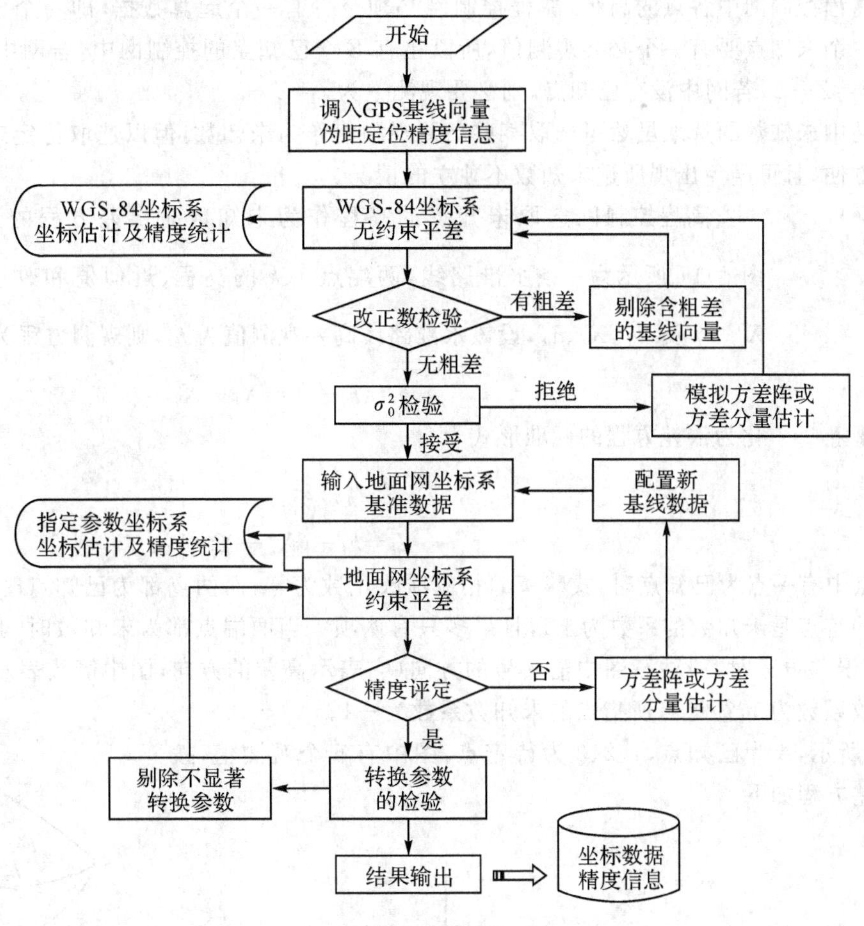

图 4-10　GPS 网平差流程

§4-3　高程控制网数据处理

在地籍测绘中，首级高程控制网一般由水准测量来建立，图根高程控制测量可采用三角高程测量。下面以高程控制网中水准测量为例，阐述其数据处理的方法。

一、高程控制网观测向量权阵的确定

水准网中观测值是水准路线的高差，其中误差可按式(4-70)和式(4-71)计算，即

$$\text{平地：} m_h = \sqrt{s} m_{\text{km}} \tag{4-70}$$

$$\text{山地：} m_h = \sqrt{n} m_{\text{站}} \tag{4-71}$$

式中，s 为水准路线的长度，n 为水准路线的测站数。因此，按定权公式得观测值 L_i 的权为

$$p_{h_i} = \frac{\sigma_0^2}{(\sqrt{s_i} m_{\text{km}})^2} \text{或} \ p_{h_i} = \frac{\sigma_0^2}{(\sqrt{n_i} m_{\text{站}})^2} \tag{4-72}$$

若取 $\sigma_0 = m_{\text{km}}$ 或 $\sigma_0 = m_{\text{站}}$，则式(4-72)可化简为

$$p_{h_i} = 1/s_i \ \text{或} \ p_{h_i} = 1/n_i \tag{4-73}$$

由此得高差观测值的权阵为

$$\boldsymbol{P}=\operatorname{diag}\left(1/s_1, 1/s_2, \cdots, 1/s_n\right) \tag{4-74}$$

或

$$\boldsymbol{P}=\operatorname{diag}\left(1/n_1, 1/n_2, \cdots, 1/n_n\right) \tag{4-75}$$

二、误差方程和法方程

为了确定高程控制网中各点的高程，高程控制网必须至少有一个起算数据，即一个已知高程的控制点。而每确定一个未知点要有一个必要观测值，所以在有 E 个已知点的控制网中，若网中总点数为 Z，则必要观测数为 $t=Z-E$；若网中没有已知点，则必要观测数为 $t=Z-1$。

高程控制网中未知数的选取虽然可选取某些高差观测值作为未知数，但以选取待定未知点的高程作为未知数最为方便，且可避免出现所选未知数不独立的情况。

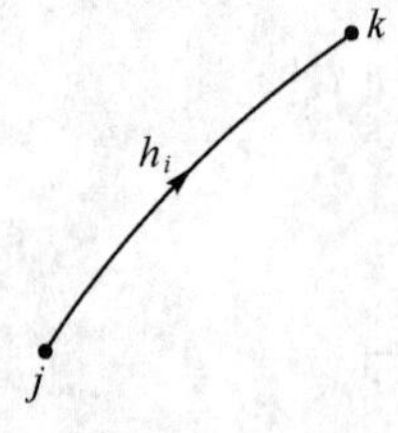

图 4-11　水准路线

高程控制网选取未知点的高程作为未知数时误差方程的形式只有一种。图 4-11 所示为一条水准路线，两端点 j、k 的高程、近似值和改正数分别为 $\hat{X}_j$、X_j^0、$\hat{x}_j$ 及 $\hat{X}_k$、X_k^0、$\hat{x}_k$，设该水准路线高差观测值为 h_i，则观测方程为

$$\hat{h}_i=h_i+v_i=\hat{X}_k-\hat{X}_j$$

化为误差方程的标准形式为

$$\left.\begin{aligned} v_i&=\hat{x}_k-\hat{x}_j-l_i \\ l_i&=h_i-\left(X_k^0-X_j^0\right) \end{aligned}\right\} \tag{4-76}$$

当 j、k 两点中有一点为已知点时，式(4-76)相应项改正数为零；而两点都为已知点时，不必列误差方程。误差方程的特点是未知数的系数为 ± 1，且最多只有两项。当两端点都为未知数时，其系数一为 $+1$，一为 -1。在列误差方程时，应注意图中箭头号的方向（它表示高差的方向，图中箭头表示 $h_i=h_{jk}$），箭头所指点的未知数系数为 1，箭尾点所指点的未知数系数为 -1。

如图 4-12 所示，A 为已知点，1、2、3 为待定点，图中有 6 个观测值，按图列出 6 个误差方程如下

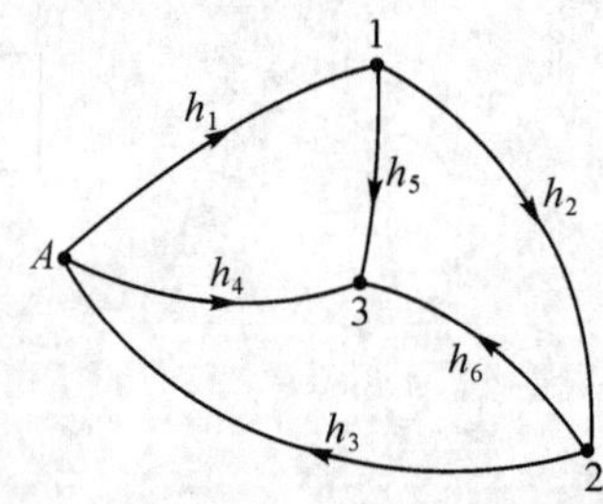

图 4-12　某水准网示意图

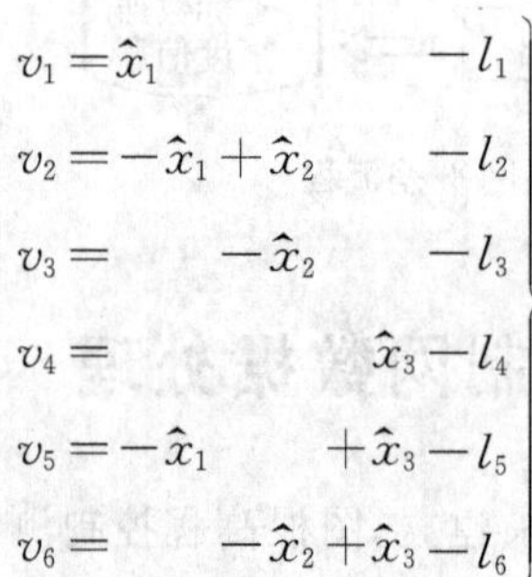

$$\left.\begin{aligned} v_1&=\hat{x}_1 && -l_1 \\ v_2&=-\hat{x}_1+\hat{x}_2 && -l_2 \\ v_3&=\quad -\hat{x}_2 && -l_3 \\ v_4&=\quad \hat{x}_3 && -l_4 \\ v_5&=-\hat{x}_1 \quad +\hat{x}_3 && -l_5 \\ v_6&=\quad -\hat{x}_2+\hat{x}_3 && -l_6 \end{aligned}\right\}$$

式中

$$\left.\begin{aligned} l_1&=h_1-\left(X_1^0-X_A\right) \\ l_2&=h_2-\left(X_2^0-X_1^0\right) \\ l_3&=h_3-\left(X_A-X_2^0\right) \\ l_4&=h_4-\left(X_3^0-X_A\right) \\ l_5&=h_5-\left(X_3^0-X_1^0\right) \\ l_6&=h_6-\left(X_3^0-X_2^0\right) \end{aligned}\right\} \tag{4-77}$$

按“一、高程控制网观测向量权阵的确定”中所述方法给观测值定权后得权阵 $\boldsymbol{P}$，组成法方程，其系数阵 $\boldsymbol{N}$ 和常数项 $\boldsymbol{W}$ 为

$$
\left.\begin{aligned}
\boldsymbol{N}&=\begin{bmatrix} p_1+p_2+p_5 & -p_2 & -p_5 \\ -p_2 & p_2+p_3+p_6 & -p_6 \\ -p_5 & -p_6 & p_4+p_5+p_6 \end{bmatrix} \\
\boldsymbol{W}&=\begin{bmatrix} p_1l_1-p_2l_2-p_5l_5 \\ p_2l_2-p_3l_3-p_6l_6 \\ p_4l_4+p_5l_5+p_6l_6 \end{bmatrix}
\end{aligned}\right\} \tag{4-78}
$$

上述法方程的系数阵有如下特点：其主对角线上元素按顺序为结点各路线权的和，如点 1 为 h_1、h_2、h_5 的权之和；非对角元素则取对应路线的负权，例如 N_{12} 为点 1 到点 2 的水准路线的负权，即 $-p_2$；而常数项为结点有关各路线权与误差方程常数项的代数和。其中各项正负号按如下规则确定：若某路线的箭头指向该点，则该项符号为正；反之为负。如点 1 有关路线，h_1 路线的箭头指向点 1，故 p_1l_1 的符号为＋；而 h_2 和 h_5 两条路线箭头方向相反，故 p_2l_2 和 p_5l_5 的符号为负。以上法则适用于任一高程控制网。

组成法方程后，解法方程，得

$$
\hat{\boldsymbol{x}}=\boldsymbol{N}^{-1}\boldsymbol{W} \tag{4-79}
$$

$$
\boldsymbol{Q}_{xx}=\boldsymbol{N}^{-1}=\begin{bmatrix} q_{11} & q_{12} & \cdots & q_{1t} \\ q_{21} & a_{22} & \cdots & q_{2t} \\ \vdots & \vdots & & \vdots \\ q_{t1} & q_{t2} & \cdots & q_{tt} \end{bmatrix} \tag{4-80}
$$

三、精度评定

1. 单位权中误差

把 $\hat{\boldsymbol{x}}$ 代入误差方程求得 $\boldsymbol{V}$，计算单位权中误差

$$
\mu=\sqrt{\frac{\boldsymbol{V}^{\mathrm{T}}\boldsymbol{P}\boldsymbol{V}}{n-t}} \tag{4-81}
$$

2. 未知点高程精度

$$
m_{H_i}=\mu\sqrt{q_{ii}} \tag{4-82}
$$

§4-4　导线网平差算例

一、控制网略图和已知坐标及观测值

1. 控制网略图

控制网略图见图 4-13。

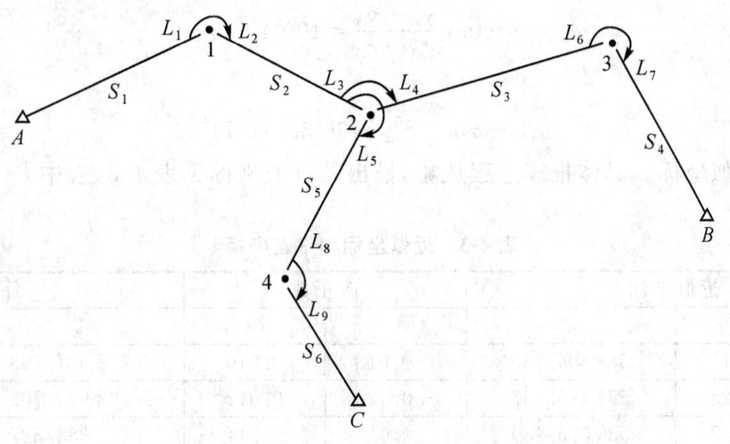

图 4-13　控制网略图

2. 已知坐标

已知坐标见表 4-1。

表 4-1　已知坐标

点　名	X 坐标	Y 坐标
A	3 703 042.901	582 124.745
B	3 702 174.471	586 734.702
C	3 701 055.001	584 365.107

3. 观测值

测有 9 个方向观测值，先验测角中误差为 2.5″；6 个边长观测值，先验测边中误差为 5 mm＋$5\times10^{-6}S$。观测值见表 4-2。

表 4-2　方向和边长观测值

编号	测站	照准点	方向观测值 /(°	′	″)	编号	边名	边长观测值 /m
L_1	1	A	0	00	00.0	S_1	A—1	1 390.691
L_2		2	232	50	01.4	S_2	1—2	1 257.086
L_3	2	1	0	00	00.0	S_3	2—3	1 635.781
L_4		3	135	17	53.5	S_4	3—B	1 378.431
L_5		4	269	16	16.9	S_5	2—4	1 239.814
L_6	3	2	0	00	00.0	S_6	4—C	949.928
L_7		B	256	23	26.6			
L_8	4	2	0	00	00.0			
L_9		C	121	12	40.3			

二、近似坐标计算

本例为无定向附合导线网，其坐标计算过程如下：

(1) 以 A 点的假定坐标为(0,0)，A—1 边的假定方位角为 $\alpha'_{A1}=0°00'00.0''$，开始向 B 点推算，推得 B 点的假定坐标为

$$x'_B=3\ 901.042$$

$$y'_B=2\ 605.276$$

(2) 由假定坐标 x'_B、y'_B 算得

$$\alpha'_{AB}=\arctan\frac{y'_B}{x'_B}=33°44'11.64''$$

由已知坐标算得

$$\alpha_{AB}=\arctan\frac{y_B-y_A}{x_B-x_A}=100°40'06.35''$$

(3) 取

$$\alpha^0_{A1}=\alpha_{AB}-\alpha'_{AB}=66°55'54.71''$$

重新推算网中各点近似坐标。具体推算过程从略，推出的近似坐标见表 4-3，表中 δx，δy 是解完法方程后才抄上去的。

表 4-3　近似坐标和平差坐标

点号	近似坐标 x^0	近似坐标 y^0	改正数 δx	改正数 δy	平差坐标 $\hat{x}$	平差坐标 $\hat{y}$
1	3 703 587.811	583 404.235	−0.018	0.010	3 703 587.793	583 404.245
2	3 702 963.728	584 495.467	−0.026	0.012	3 702 963.702	584 495.479
3	3 703 385.342	586 075.980	−0.015	0.014	3 703 385.327	586 075.994
4	3 701 879.749	583 893.695	−0.033	0.012	3 701 879.716	583 893.707

三、组成误差方程

(1) 用 x^0,y^0 计算 $\Delta x^0,\Delta y^0,a^0,S^0$，计算结果见表 4-4。

表 4-4　$\Delta x^0,\Delta y^0,a^0,S^0$ 计算结果

编号	边名	Δx^0 /m	Δy^0 /m	a^0 /(° ′ ″)	S^0 /m
1	A—1	+544.910	+1 279.490	66　55　54.49	1 390.691
2	1—2	−624.083	+1 091.232	119　45　55.89	1 257.086
3	2—3	+421.614	+1 580.513	75　03　49.39	1 635.781
4	3—B	−1 210.871	+658.722	151　27　12.58	1 378.450
5	2—4	−1 083.979	−601.772	209　02　12.79	1 239.814
6	4—C	−824.748	+471.412	150　14　54.44	949.968

(2) 计算各边的 $\delta a,\delta S$，其表达式为

$$\delta a_{jk}=a\delta x_j+b\delta y_j-a\delta x_k-b\delta y_k$$

$$\delta S_{jk}=a_S\delta x_j+b_S\delta y_j-a_S\delta x_k-b_S\delta y_k$$

式中，$a=\frac{2\,062.65\Delta y_{jk}^0}{(S_{jk}^0)^2}$，$b=\frac{2\,062.65\Delta x_{jk}^0}{(S_{jk}^0)^2}$，$a_S=-\frac{\Delta x_{jk}^0}{S_{jk}^0}=-\cos a_{jk}^0$，$b=-\frac{\Delta y_{jk}^0}{S_{jk}^0}=-\sin a_{jk}^0$。

计算出的 $\delta a,\delta S$ 的 a,b 系数见表 4-5。

表 4-5　$\delta a,\delta S$ 表达式的 a,b 系数

边名	δa 的 a、b 系数		δS 的 a、b 系数	
	a	b	a_S	b_S
A—1	+1.364 6	−0.581 2	−0.391 8	−0.920 0
1—2	+1.424 3	+0.814 6	+0.496 5	−0.868 1
2—3	+1.218 4	−0.325 0	−0.257 7	−0.966 2
3—B	+0.715 1	+1.314 4	+0.878 4	−0.477 9
2—4	−0.807 5	+1.454 6	+0.874 3	+0.485 4
4—C	+1.077 5	+1.885 1	+0.868 2	−0.496 2

列出的 $\delta a,\delta S$ 的表达式如下

$$\delta a_{A,1}=-1.364\,6\delta x_1+0.581\,2\delta y_1$$

$$\delta a_{1,2}=1.424\,3\delta x_1+0.814\,6\delta y_1-1.424\,3\delta x_2-0.814\,6\delta y_2$$

$$\delta a_{2,3}=1.218\,4\delta x_2-0.325\,0\delta y_2-1.218\,4\delta x_3+0.325\,0\delta y_3$$

$$\delta a_{3,B}=0.715\,1\delta x_3+1.314\,4\delta y_3$$

$$\delta a_{2,4}=-0.807\,5\delta x_2+1.454\,6\delta y_2+0.807\,5\delta x_4-1.454\,6\delta y_4$$

$$\delta a_{4,C}=1.077\,5\delta x_4+1.885\,1\delta y_4$$

$$\delta S_{A,1}=0.391\,8\delta x_1+0.920\,0\delta y_1$$

$$\delta S_{1,2}=0.496\,5\delta x_1-0.868\,1\delta y_1-0.496\,5\delta x_2+0.868\,1\delta y_2$$

$$\delta S_{2,3}=-0.257\,7\delta x_2-0.966\,2\delta y_2+0.257\,7\delta x_3+0.966\,2\delta y_3$$

$$\delta S_{3,B}=0.878\,4\delta x_3-0.477\,9\delta y_3$$

$$\delta S_{2,4}=0.874\,3\delta x_2+0.485\,4\delta y_2-0.874\,3\delta x_4-0.485\,4\delta y_4$$

$$\delta S_{4,C}=0.868\,2\delta x_4-0.496\,2\delta y_4$$

(3) 方向误差方程常数项计算，见表 4-6。

表 4-6　方向误差方程常数项计算

测站	照准点	a^0 /(° ′ ″)	L /(° ′ ″)	a^0-L /(° ′ ″)	$l=a^0-L-z^0$
1	A	246 55 54.49	0	246 55 54.49	0
	2	109 45 55.89	232 50 01.4	54.49	0
			$z^0=$	246 55 54.49	$[l]=0$
2	1	299 45 55.89	0	299 45 55.89	0
	3	70 03 49.39	135 17 53.5	55.89	0
	4	209 02 12.79	209 16 16.9	55.89	0
			$z^0=$	299 45 55.89	$[l]=0$
3	2	255 03 49.39	0	255 03 49.39	1.705
	B	151 27 12.58	256 23 26.6	45.98	−1.705
			$z^0=$	255 03 47.685	$[l]=0$
4	2	29 02 12.79	0	29 02 12.79	−0.675
	C	150 14 54.44	121 12 40.3	14.14	0.675
			$z^0=$	29 02 13.465	$[l]=0$

(4) 填误差方程系数表。

——方向误差方程部分。以测站为单位先填出各方向的约化误差方程 v'_{jk}，即

$$v'_{jk}=a\delta x_j+b\delta y_j-a\delta x_k-b\delta y_k+l_{jk}$$

——边长误差方程部分。

$$v_{S_i}=a_S\delta x_j+b_S\delta y_j-a_S\delta x_k-b_S\delta y_k+l_{S_i}$$

边长误差方程常数项计算公式为

$$l_{S_i}=S^0_{jk}-S_i$$

式中，S^0_{jk} 为由取定的 j、k 两点的近似坐标 x^0_j、y^0_j、x^0_k、y^0_k 反算的边长，S_i 为 j、k 两点的边长观测值。l_{S_i} 应以厘米为单位。

——各误差方程的权。各方向误差方程 $p=1$ 和方程 $p=-1/n_j$，边长误差方程的权为

$$p_{S_i}=\frac{m^2_{方}}{m^2_{S_i}}=\frac{m^2_{角}/2}{m^2_{S_i}}=\frac{2.5^2/2}{(0.5+5\cdot S_i/10\,000)^2}$$

其量纲为$('')^2/\mathrm{cm}^2$。

填好的误差方程系数见表 4-7 和表 4-8。

表 4-7　方向误差方程系数和常数项

编号	权	a_1	b_1	a_2	b_2	a_3	b_3	a_4	b_4	l_{jk}/(″)	v'_{jk}/(″)
		δx_1	δy_1	δx_2	δy_2	δx_3	δy_3	δx_4	δy_4		
L_1	1	−1.364 6	0.581 2							0	0.992
L_2	1	1.424 3	0.814 6	−1.424 3	−0.814 6					0	−0.993
L_3	1	1.424 3	0.814 6	−1.424 3	−0.814 6					0	1.316
L_4	1			1.218 4	−0.325 0	−1.2184	0.325 0			0	−1.003
L_5	1			−0.807 5	1.454 6			0.807 5	−1.454 6	0	−0.314
L_6	1			1.218 4	−0.325 0	−1.218 4	0.325 0			1.705	0.664
L_7	1					0.715 1	1.314 4			−1.705	−0.663
L_8	1			−0.807 5	1.454 6			0.807 5	−1.454 6	−0.675	−0.332
L_9	1							1.077 5	1.885 1	0.675	0.332

注：误差方程系数的单位为(″)/cm。

表 4-8 边长误差方程系数和常数项

编号	权	a_1	b_1	a_2	b_2	a_3	b_3	a_4	b_4	l_s/cm	v_S/cm
		δx_1	δy_1	δx_2	δy_2	δx_3	δy_3	δx_4	δy_4		
s_1	2.187 1	0.391 8	0.920 0							0	0.21
s_2	2.453 7	0.496 5	−0.868 1	−0.496 5	0.868 1					0	0.59
s_3	1.799 2			−0.257 7	−0.966 2	0.257 7	0.966 2			0	0.51
s_4	2.209 7				0.878 4	−0.477 9				1.9	−0.09
s_5	2.491 6			0.874 3	0.485 4			−0.874 3	−0.485 4	0	0.60
s_6	3.287 6							0.868 2	−0.496 2	4.0	0.52

注:系数无单位。

四、组成法方程

利用误差方程系数表组成法方程,见表 4-9。法方程系数阵为对称矩阵,表中按习惯只填写了上三角。

表 4-9 法方程表 单位:cm

	$1/\delta x_1$	$2/\delta y_1$	$3/\delta x_2$	$4/\delta y_2$	$5/\delta x_3$	$6/\delta y_3$	$7/\delta x_4$	$8/\delta y_4$	W
1	6.182 1	0.829 8	−4.138 5	−1.388 1	0.578 4	−0.154 3	−0.388 3	0.690 5	0
2		4.169 9	0.006 3	−2.693 3	0.330 8	−0.088 2	−0.219 2	0.394 9	0
3			8.534 4	−0.061 3	−3.193 4	−0.545 0	−2.174 9	0.974 3	2.622 4
4				8.410 3	0.390 1	−1.658 6	−0.164 0	−4.979 2	−1.536 0
5					4.683 4	0.212 9	0.327 9	−0.590 7	0.391 3
6						2.744 2	−0.087 5	0.157 6	−3.693 4
7							4.853 9	−0.691 1	11.599 4
8								8.384 0	−4.270 9
l									67.303 9

五、解算法方程

用求逆法解算法方程,即

$$\delta \boldsymbol{X}=-\boldsymbol{N}^{-1}\boldsymbol{B}^{\mathrm{T}}\boldsymbol{P}\boldsymbol{l}=-\boldsymbol{N}^{-1}\boldsymbol{U}$$

用计算机求得的法方程系数阵的逆矩阵 $\boldsymbol{Q}$ 见表 4-10。此阵也即未知数的协方差因数阵。该表的最下两行为法方程常数项的负值和未知数的解。

表 4-10 法方程系数阵的逆矩阵 Q_{xx}

	δx_1	δy_1	δx_2	δy_2	δx_3	δy_3	δx_4	δy_4
δx_1	0.353 1	−0.022 0	0.255 6	0.074 8	0.111 7	0.110 6	0.139 0	0.003 9
δy_1	−0.022 0	0.379 1	−0.024 9	0.211 3	−0.053 3	0.132 6	0.032 8	0.108 8
δx_2	0.255 6	−0.024 9	0.367 7	0.046 7	0.199 0	0.105 4	0.172 6	−0.008 6
δy_2	0.074 8	0.211 3	0.046 7	0.362 9	−0.014 2	0.232 1	0.081 6	0.195 4
δx_3	0.111 7	−0.053 3	−0.199 0	−0.014 2	0.333 7	0.012 5	0.071 5	−0.009 1
δy_3	0.110 6	0.132 6	0.105 4	0.232 1	0.012 5	0.531 9	0.094 0	0.108 9
δx_4	0.139 0	0.032 8	0.172 6	0.081 6	0.071 5	0.094 0	0.301 6	0.043 5
δy_4	0.003 9	0.108 8	−0.008 6	0.195 4	−0.009 1	0.108 9	0.043 5	0.231 8
$-U$	0	0	−2.622 4	1.536 0	−0.391 3	3.693 4	−11.599 4	4.270 9
δx	−1.785 8	0.984 3	−2.619 8	1.185 6	−1.496 4	1.414 0	−3.320 8	1.213 0

六、平差值计算

（一）平差坐标计算

平差坐标见表 4-3。

（二）观测值改正数计算

观测值改正数计算见表 4-7。

七、精度评定

（一）验后单位权中误差计算

$$[pvv]=[pll]+U\delta x=67.30-58.20=9.10$$

$$\mu=\pm\sqrt{\frac{[pvv]}{n-t}}=\pm\sqrt{\frac{9.10}{15-(8+4)}}=\pm 1.74$$

顺便算出验后测角中误差为 $m_\beta=\sqrt{2}\mu=\pm 2.46''$。

（二）未知点点位误差和点位误差椭圆

这里以 2 号点的点位误差和误差椭圆为例进行介绍。

由 $\boldsymbol{Q}_{xx}$ 阵（表 4-10）中抽取 2 号点的坐标协因数阵为

$$\boldsymbol{Q}_{p_2}=\begin{bmatrix} q_{x_2x_2} & q_{x_2y_2} \\ q_{y_2x_2} & q_{y_2y_2} \end{bmatrix}=\begin{bmatrix} 0.3677 & 0.0467 \\ 0.0467 & 0.3629 \end{bmatrix}$$

x 方向的中误差为

$$m_{x_2}=\mu\sqrt{q_{x_2x_2}}=\pm 1.74\sqrt{0.3677}=\pm 1.06\ (\mathrm{cm})$$

y 方向的中误差为

$$m_{y_2}=\mu\sqrt{q_{y_2y_2}}=\pm 1.74\sqrt{0.3629}=\pm 1.05\ (\mathrm{cm})$$

点位中误差为

$$m_{p_2}=\pm\sqrt{m_{x_2}^2+m_{y_2}^2}=\pm\sqrt{1.06^2+1.05^2}=\pm 1.49\ (\mathrm{cm})$$

误差椭圆计算中

$$K=\sqrt{(q_{x_2x_2}-q_{y_2y_2})^2+4q_{x_2y_2}^2}=\sqrt{(0.3677-0.3629)^2+4\times 0.0467^2}=0.0935$$

误差椭圆的长半轴

$$E=\mu\sqrt{(q_{x_2x_2}+q_{y_2y_2}+K)/2}=1.74\sqrt{(0.3677+0.3629+0.0935)/2}=1.12\ (\mathrm{cm})$$

误差椭圆的短半轴

$$F=\mu\sqrt{(q_{x_2x_2}+q_{y_2y_2}-K)/2}=1.74\sqrt{(0.3677+0.3629-0.0935)/2}=0.98\ (\mathrm{cm})$$

误差椭圆长半轴 E 的方向，因 $q_{x_2y_2}>0$，采用式(4-25)第一表达式计算，有

$$\varphi_E=\frac{1}{2}\left(90^\circ-\arctan\frac{q_{x_2x_2}-q_{y_2y_2}}{2q_{x_2y_2}}\right)=43^\circ 32'$$

短半轴 F 的方向 $\varphi_F=133^\circ 32'$。

（三）计算任意两未知点间的边长和方位角中误差

这里只计算 1、4 两点间的边长和方位角中误差。由 $\boldsymbol{Q}_{xx}$ 中抽取 $\boldsymbol{Q}_{p_1p_4}$，即

$$\boldsymbol{Q}_{p_1p_4}=\begin{bmatrix} 0.3531 & -0.0220 & 0.1390 & 0.0039 \\ -0.0220 & 0.3791 & 0.0328 & 0.1088 \\ 0.1390 & 0.0328 & 0.3016 & 0.0435 \\ 0.0039 & 0.1088 & 0.0435 & 0.2318 \end{bmatrix}$$

边长 S_{14} 的函数式为

$$S_{14}=\sqrt{(x_4-x_1)^2+(y_4-y_1)^2}$$

经微分获得其权函数式为

$$\delta S_{14}=-\cos a_{14}\delta x_1-\sin a_{14}\delta y_1+\cos a_{14}\delta x_4+\sin a_{14}\delta y_4$$

由 1、4 两点的坐标计算得

$$\Delta x_{14}=-1\,708.077$$
$$\Delta y_{14}=489.450$$
$$S_{14}=1\,776.820$$

$$\boldsymbol{F}_{s_{14}}=\begin{bmatrix}-\cos a_{14}\\-\sin a_{14}\\\cos a_{14}\\\sin a_{14}\end{bmatrix}=\begin{bmatrix}-\Delta x_{14}/S_{14}\\-\Delta y_{14}/S_{14}\\\Delta x_{14}/S_{14}\\\Delta y_{14}/S_{14}\end{bmatrix}=\begin{bmatrix}0.961\,3\\-0.275\,5\\-0.961\,3\\0.275\,5\end{bmatrix}$$

$$q_{s_{14}}=\boldsymbol{F}_{s_{14}}^{\mathrm{T}}\boldsymbol{Q}_{p_1p_4}\boldsymbol{F}_{s_{14}}=0.386\,0$$

由此得 1、4 两点的边长中误差为

$$m_{s_{14}}=\mu\sqrt{q_{s_{14}}}=\pm1.74\sqrt{0.386\,0}=\pm1.1\ (\mathrm{cm})$$

边长相对中误差为

$$\frac{m_{s_{14}}}{S_{14}}=\frac{0.011}{1\,777}=\frac{1}{160\,000}$$

方位角 α_{14} 的函数式为

$$\alpha_{14}=\arctan\frac{y_4-y_1}{x_4-x_1}$$

经微分获得权函数式为

$$\delta a_{14}=a_{14}\delta x_1+b_{14}\delta y_1-a_{14}\delta x_4-b_{14}\delta y_4$$

$$a_{14}=\frac{2\,062.65\Delta y_{14}}{S_{14}^2}=0.319\,8$$

$$b_{14}=-\frac{2\,062.65\Delta x_{14}}{S_{14}^2}=1.116\,0$$

$$F_{a_{14}}=\begin{bmatrix}a_{14}\\b_{14}\\-a_{14}\\-b_{14}\end{bmatrix}=\begin{bmatrix}0.319\,8\\1.116\,0\\-0.319\,8\\-1.116\,0\end{bmatrix}$$

$$q_{a_{14}}=\boldsymbol{F}_{a_{14}}^{\mathrm{T}}\boldsymbol{Q}_{p_1p_4}\boldsymbol{F}_{a_{14}}=5.175\,1$$

由此得 1、4 两点间的方位角中误差

$$m_{a_{14}}=\mu\sqrt{q_{a_{14}}}=\pm1.74\sqrt{5.175\,1}=\pm4.0''$$

§4-5 GPS 网平差算例

图4-14所示为某地籍测区GPS控制网，该网由三台接收机采用边连式进行观测，$A12$、$A23$、$A3B$、$B34$ 为同步环，每一个环取两条独立基线向量构成网。故在图 4-14 中有三个异步环 $A12$、$A23B$、$B34$。计算时以 A 点作为基准点，采用 A 点单点定位的坐标为起算数据，其值为 $X_A=-2\,334\,318.022$ m，$Y_A=5\,316\,721.765$ m，$Z_A=2\,631\,053.244$ m。各独立基线向量的观测数据列于表 4-11。

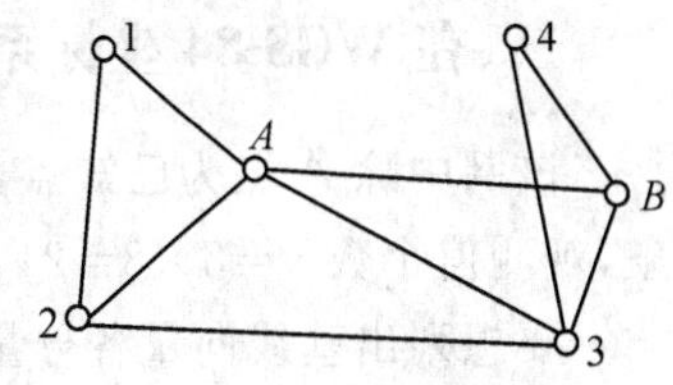

图 4-14　GPS 控制网图

表 4-11 基线向量观测数据

边号	ΔX/m	ΔY/m	ΔZ/m	S/m
A—1	55.573	−149.511	349.240	383.941
1—2	314.297	298.089	−271.529	511.241
2—A	−369.885	−148.560	−77.725	406.111
A—B	−2 974.074	−399.822	−1 780.152	3 489.114
B—3	556.232	182.360	124.680	598.493
3—2	2 787.727	366.046	1 733.186	3 302.930
3—4	−733.525	−420.957	7.810	845.769
4—B	177.308	238.603	−132.487	325.457

一、GPS观测成果的检查

这里观测成果检查时对三个异步多边形闭合差的检查，按照表 4-11 中所列观测数据计算出各环的闭合差结果见表 4-12，其限差按式(4-64)计算，其中 σ 按各环的平均长度由 GPS 接收机的标称精度算出，三台接收机标称精度同为

$$\sigma=5\ \text{mm}+1\times10^{-6}D$$

式中，D 为测量距离，km。计算结果也列于表 4-12 对应各栏中。由于该网中基线边长较短，标称精度中第二项影响很小，故可认为各基线是等权的。由于基线长为

$$S^2=\Delta X^2+\Delta Y^2+\Delta Z^2$$

表 4-12 异步环闭合差

异步环号	W_X /mm	$W_{X允}$ /mm	W_Y /mm	$W_{Y允}$ /mm	W_Z /mm	$W_{Z允}$ /mm	平均边长 /km
A12	−15	26	18	26	−14	26	0.43
A23B	0	29	24	29	−11	29	2.60
B34	15	26	6	26	−3	26	0.88

两边求微分，得

$$S\mathrm{d}S=\Delta X\mathrm{d}\Delta X+\Delta Y\mathrm{d}\Delta Y+\Delta Z\mathrm{d}\Delta Z \tag{4-83}$$

若忽略各分量之间的相关性，并令 $m_{\Delta X}=m_{\Delta Y}=m_{\Delta Z}=m_\Delta$，则按误差传播定律，由式(4-83)得

$$S^2m_S^2=(\Delta X^2+\Delta Y^2+\Delta Z^2)m_\Delta^2=s^2m_\Delta^2$$

即 $m_S=m_\Delta$。因此，基线长和各坐标分量观测值有相同的权，取基线长观测值的权为 1，则以上三个环闭合差的权按环中边数分别为 1/3、1/4、1/3，视 W_X、W_Y、W_Z 为互相独立的真误差，则单位权中误差按下式计算为

$$\sigma_0=\sqrt{\frac{\sum_{i=1}^{n}(W_{X_i}^2P_{W_{X_i}}+W_{Y_i}^2P_{W_{Y_i}}+W_{Z_i}^2P_{W_{Z_i}})}{3N}}=\sqrt{\frac{512}{9}}=\pm7.5\ (\text{mm})$$

式中，N 为环数。

二、在 WGS-84 坐标系下的三维平差

该网中除 A 点为已知点，其余 5 个点为待定点，故未知数个数 $t=3\times5=15$，观测的独立基线共有 8 条，观测值个数 $n=3\times8=24$，多余观测数 $r=n-t=9$，故该网中产生 9 个闭合差，如表 4-11 所示。

要想列出基线向量各分量的误差方程式，选取各未知点的近似值为

$$X_1^0=-2\ 334\ 262.4,\quad Y_1^0=5\ 316\ 572.2,\quad Z_1^0=2\ 631\ 402.4$$

$$X_2^0=-2\,333\,948.1,\quad Y_2^0=5\,316\,870.2,\quad Z_2^0=2\,631\,130.9$$

$$X_3^0=-2\,336\,735.8,\quad Y_3^0=5\,316\,504.3,\quad Z_3^0=2\,629\,397.8$$

$$X_4^0=-2\,337\,469.4,\quad Y_4^0=5\,316\,083.3,\quad Z_4^0=2\,629\,405.6$$

$$X_5^0=-2\,337\,292.1,\quad Y_5^0=5\,316\,321.9,\quad Z_5^0=2\,629\,273.1$$

由于同一基线向量中各分量组成的误差方程的系数相同，现以 ΔX 分量为例，列出全部 ΔX 分量的误差方程式为

$$\boldsymbol{V}_{\Delta X}=\boldsymbol{B}\delta\hat{\boldsymbol{X}}-\boldsymbol{l}_X \tag{4-84}$$

式中

$$\boldsymbol{V}_{\Delta X}=[V_{\Delta X_{A1}}\quad V_{\Delta X_{12}}\quad V_{\Delta X_{2A}}\quad V_{\Delta X_{AB}}\quad V_{\Delta X_{B3}}\quad V_{\Delta X_{32}}\quad V_{\Delta X_{34}}\quad V_{\Delta X_{4B}}]^{\mathrm{T}}$$

$$\delta\hat{\boldsymbol{X}}=[\delta X_1\quad \delta X_2\quad \delta X_3\quad \delta X_4\quad \delta X_5]^{\mathrm{T}}$$

$$\boldsymbol{B}=\begin{bmatrix} 1 & 0 & 0 & 0 & 0\\ -1 & 1 & 0 & 0 & 0\\ 0 & -1 & 0 & 0 & 0\\ 0 & 0 & 0 & 0 & 1\\ 0 & 0 & 1 & 0 & -1\\ 0 & 1 & -1 & 0 & 0\\ 0 & 0 & -1 & 1 & 0\\ 0 & 0 & 0 & -1 & 1 \end{bmatrix}$$

$$\boldsymbol{l}_X=\begin{bmatrix} -4.9\\ -0.3\\ 3.7\\ 0.4\\ -6.8\\ 2.7\\ 7.5\\ 0.8 \end{bmatrix}(\mathrm{cm})$$

同法可列出全部 ΔY、ΔZ 分量的误差方程式

$$\boldsymbol{V}_{\Delta Y}=\boldsymbol{B}\delta\hat{\boldsymbol{Y}}-\boldsymbol{l}_Y \tag{4-85}$$

$$\boldsymbol{V}_{\Delta Z}=\boldsymbol{B}\delta\hat{\boldsymbol{Z}}-\boldsymbol{l}_Z \tag{4-86}$$

式(4-85)和式(4-86)中系数阵 B 和式(4-83)中 $\boldsymbol{B}$ 是相同的，仅 $\boldsymbol{l}_Y$、$\boldsymbol{l}_Z$ 不同，容易算出其值为

$$\boldsymbol{l}_Y=[5.4\quad -1.1\quad -2.5\quad 4.3\quad -4.0\quad 4.6\quad 4.3\quad 0.3]^{\mathrm{T}}$$

$$\boldsymbol{l}_Z=[8.4\quad -2.9\quad -6.9\quad -0.8\quad -2.0\quad 8.6\quad 1.0\quad 1.3]^{\mathrm{T}}$$

在局部 GPS 网中，一般忽略基线向量间的相关性，这时观测值的权阵是一个分块对角阵，每一个对角阵块是各基线向量的权阵，它由基线向量解算时获得，为了简化计算过程，这里忽略基线向量各分量之间的相关性，这时观测值的权阵可看做单位阵(实际计算时应取基线向量解算时获得的权阵)。由于这一简化，使得由以上三个误差方程联合组成的法方程脱开成为三个独立的法方程

$$\boldsymbol{B}^{\mathrm{T}}\boldsymbol{B}\delta\hat{\boldsymbol{X}}-\boldsymbol{B}^{\mathrm{T}}\boldsymbol{l}_X=0 \tag{8-87}$$

$$\boldsymbol{B}^{\mathrm{T}}\boldsymbol{B}\delta\hat{\boldsymbol{Y}}-\boldsymbol{B}^{\mathrm{T}}\boldsymbol{l}_Y=0 \tag{8-88}$$

$$\boldsymbol{B}^{\mathrm{T}}\boldsymbol{B}\delta\hat{\boldsymbol{Z}}-\boldsymbol{B}^{\mathrm{T}}\boldsymbol{l}_Z=0 \tag{8-89}$$

因而可单独解算其中的每一个法方程而得解 $\delta\hat{\boldsymbol{X}}$、$\delta\hat{\boldsymbol{Y}}$、$\delta\hat{\boldsymbol{Z}}$。式(4-87)至式(4-89)中系数阵及其逆阵为

$$
\boldsymbol{N}=\boldsymbol{B}^{\mathrm{T}}\boldsymbol{B}=\begin{bmatrix} 2 & -1 & 0 & 0 & 0 \\ -1 & 3 & -1 & 0 & 0 \\ 0 & -1 & 3 & -1 & -1 \\ 0 & 0 & -1 & 2 & -1 \\ 0 & 0 & -1 & -1 & 3 \end{bmatrix}
$$

$$
\boldsymbol{Q}=\boldsymbol{N}^{-1}=\begin{bmatrix} 0.633 & & & & \\ 0.267 & 0.533 & & & \\ 0.167 & 0.333 & 0.833 & & \\ 0.133 & 0.267 & 0.667 & 1.133 & \\ 0.100 & 0.200 & 0.500 & 0.600 & 0.700 \end{bmatrix}
$$

常数项计算结果为

$$
\boldsymbol{W}_X=\boldsymbol{B}^{\mathrm{T}}\boldsymbol{l}_X=[-4.6 \quad -1.3 \quad -17.0 \quad 6.7 \quad 8.0]^{\mathrm{T}}
$$

$$
\boldsymbol{W}_Y=\boldsymbol{B}^{\mathrm{T}}\boldsymbol{l}_Y=[6.5 \quad 6.0 \quad -12.9 \quad 4.0 \quad 8.6]^{\mathrm{T}}
$$

$$
\boldsymbol{W}_Z=\boldsymbol{B}^{\mathrm{T}}\boldsymbol{l}_Z=[11.3 \quad 12.6 \quad -11.6 \quad -0.3 \quad 2.5]^{\mathrm{T}}
$$

可得

$$
\delta\hat{\boldsymbol{X}}=[-4.40 \quad -4.20 \quad -6.90 \quad 0.10 \quad 0.4]^{\mathrm{T}}(\mathrm{cm})
$$

$$
\delta\hat{\boldsymbol{Y}}=[4.96 \quad 3.42 \quad -0.70 \quad 3.56 \quad 3.82]^{\mathrm{T}}(\mathrm{cm})
$$

$$
\delta\hat{\boldsymbol{Z}}=[8.79 \quad 6.29 \quad -2.53 \quad -1.71 \quad -0.58]^{\mathrm{T}}(\mathrm{cm})
$$

最后得各未知点坐标平差值，见表 4-13。

表 4-13　未知点坐标平差值

点号	X	Y	Z
1	−2 334 262.444	5 316 572.250	2 631 402.488
2	−2 333 948.142	5 316 870.334	2 631 130.963
3	−2 336 735.869	5 316 504.293	2 629 397.775
4	−2 337 469.401	5 316 083.336	2 629 405.583
5(B)	−2 337 292.104	5 316 321.938	2 629 273.094

单位权中误差按下式计算

$$
\hat{\sigma}_0=\sqrt{\frac{\boldsymbol{V}_{\Delta X}^{\mathrm{T}}\boldsymbol{V}_{\Delta X}+\boldsymbol{V}_{\Delta Y}^{\mathrm{T}}\boldsymbol{V}_{\Delta Y}+\boldsymbol{V}_{\Delta Z}^{\mathrm{T}}\boldsymbol{V}_{\Delta Z}}{n-t}} \tag{4-90}
$$

式中，$\boldsymbol{V}_{\Delta X}^{\mathrm{T}}\boldsymbol{V}_{\Delta X}=\boldsymbol{l}_X^{\mathrm{T}}\boldsymbol{l}_X-\boldsymbol{W}_X^{\mathrm{T}}\delta\hat{\boldsymbol{X}}$（对于 $\boldsymbol{V}_{\Delta Y}^{\mathrm{T}}\boldsymbol{V}_{\Delta Y}$、$\boldsymbol{V}_{\Delta Z}^{\mathrm{T}}\boldsymbol{V}_{\Delta Z}$ 有类似算式），结果为

$$
\hat{\sigma}_0=\sqrt{\frac{9.24+1.97+0.88}{24-15}}=\pm 1.2\ (\mathrm{cm})
$$

三、坐标转换

平差完成后，把求得的在 WGS-84 坐标系下的坐标变换为 E_1 椭球下的大地坐标，然后再转换为以平均经度为中央子午线经度的高斯平面上的坐标（因本例范围较小，取 A 点经度为中央子午线的经度），再转换为选取的地方坐标系下的坐标。

为此，首先选取 E_1 椭球的长半轴。把 A 点的 WGS-84 空间直角坐标按坐标转换的方法转换为 E_0 椭球上的大地坐标，获取 A 点的大地高 $H_{A大}$，由此得 E_1 椭球的长半轴

$$
a=6\ 378\ 503\ \mathrm{m}
$$

由于 E_0 椭球上的空间直角坐标即为 E_1 椭球上的空间直角坐标，再按坐标转换的方法把已知点和表 4-13 中的未知点平差后的空间直角坐标转换为 E_1 椭球上的大地坐标，然后再利用高斯投影正算公式

转换为高斯平面上的坐标，转换结果见表 4-14。表中高斯平面上的坐标是以 A 点的子午线作为中央子午线的高斯平面上的坐标。

表 4-14　坐标转换结果

点号	$B/(°\ \ '\ \ '')$	$L/(°\ \ '\ \ '')$	X/m	Y/m	H/m
A	24　31　15.472 98	113　42　14.322 71	2 713 147.430	0.000	28.624
1	24　31　27.947 26	113　42　14.650 15	2 713 531.264	9.218	28.700
2	24　31　17.941 54	113　42　00.170 47	2 713 223.393	−398.398	49.374
3	24　30　16.093 67	113　43　36.059 41	2 711 320.517	2 301.275	45.410
4	24　30　17.539 90	113　44　05.927 21	2 711 365.181	3 142.185	−33.391
5(B)	24　30　11.639 63	113　43　56.751 66	2 711 183.574	2 883.886	45.476

把以上求得的高斯平面上的坐标再换算为地方坐标系下的坐标，只是一个平移和旋转变换的问题，因较易理解，这里不再列出其计算过程了。二维平差的过程与前述类似，这里也不再赘述。

思考题

1. 导线测量数据处理前应检查哪些内容？
2. 导线测量的平差步骤包括哪些？
3. GPS 数据处理的流程分为几个阶段？
4. 简述 GPS 基线处理的步骤。
5. GPS 网平差的质量检验指标有哪些？

第五章　地籍数据库建设

§5-1　数据库基础知识

一、数据库的概念

数据库是近20多年来发展最迅速的一种计算机数据管理技术。数据库的应用领域相当广泛，从一般事务处理，到各种专门化数据的存储与管理，都可以建立不同类型的数据库。地理信息系统中的数据库就是一种专门化的数据库。建立数据库不仅是为了保存数据，扩展人的记忆，更是为了帮助人们去管理和控制与这些数据相关联的事物。

目前，数据库还没有统一公认的定义，不同的定义是从不同的角度看待数据库而产生的。有两种比较普遍的定义：一种从应用的角度定义数据库为被存储起来的数据集合，这些数据被特定的组织（如公司、银行、大学、政府机关等）所利用；另一种定义是根据数据库的特点将数据库表述为存储在一起的相关数据的集合，它以最优的方式为一个或多个应用服务，数据的存储独立于使用它的程序，对数据库插入新的数据、检索和修改原有数据均能按一种公用的和可控制的方法进行，数据被结构化，为今后的应用研究提供基础。简言之，数据库就是为一定目的服务，以特定的结构存储的相关联的数据集合。

为了直观地理解数据库，可以把数据库与图书馆作如表5-1所示的比较。

表5-1　数据库与图书馆的比较

数据库	图书馆
数据	图书
数据模型	书卡编目
数据的物理组织	图书存放规则、书架
数据库管理系统	图书管理员
外存	书库
用户	读者
数据存取	图书借阅

数据库是数据管理的高级阶段，是从文件系统发展而来的。数据库与传统的文件系统有许多明显的差别，其中主要的有两点：一是数据独立于应用程序而集中管理，实现了数据共享，减少了数据冗余，提高了数据的效益；二是在数据间建立了联系，从而使数据库能反映出现实世界中信息的联系，这也是数据库与文件系统的根本区别。

地理信息系统的数据库（以下称为地理数据库）是某区域内关于一定地理要素特征的数据集合。地理数据库与一般数据库相比具有以下特点：

(1) 数据量特别大。地理是一个复杂的综合体，要用数据描述各种地理要素，尤其是要素的空间位置，其数据量往往大得惊人，即使是一个很小区域的数据库也是如此。

(2) 不仅有地理要素的属性数据（与一般数据库中的数据性质相似），还有大量的空间数据，即描述地理要素空间分布位置的数据，并且这两种数据之间具有不可分割的联系。

(3) 数据应用的面相当广，如地理研究、环境保护、土地利用与规划、资源开发、生态环境、市政管理、道路建设等。

上述特点，尤其是第二点，决定了在建立地理数据库时，一方面应该遵循和应用通用数据库的原理和方法；另一方面又必须采取一些特殊的技术和方法来解决其他数据库所没有的管理空间数据的问题。由于地理数据库具有明显空间特征,所以有人把地理数据库称为空间数据库。

二、数据库的主要特征

数据库方法与文件管理方法相比,具有更强的数据管理能力。数据库具有以下主要特征。

(一)数据集中控制

在文件管理方法中,文件是分散的,每个用户或每种处理都有各自的文件,不同的用户或处理的文件一般是没有联系的,因而不能为多用户共享,也不能按照统一的方法来控制、维护和管理。数据库很好地克服了这一缺点,数据库集中控制和管理有关数据,以保证不同用户和应用可以共享数据。数据集中并不是把若干文件"拼凑"在一起,而是要把数据"集成"。因此,数据库的内容、结构必须合理,才能满足众多用户的要求。

(二)数据冗余度小

冗余是指数据的重复存储。在文件方式中,数据冗余大。冗余数据的存在有两个缺点:一是增加了存储空间,二是容易出现数据不一致。设计数据库的主要任务之一是识别冗余数据,并确定是否能够消除。在目前情况下,即使数据库方法也不能完全消除冗余数据。有时,为了提高数据处理效率,也应该有一定程度的数据冗余。但是,在数据库中应该严格控制数据的冗余度。在有冗余的情况下,数据更新、修改时,必须保证数据库内容的一致性。

(三)数据独立

数据独立是数据库的关键性要求。数据独立是指数据库中的数据与应用程序相互独立,即应用程序不因数据性质的改变而改变,数据的性质也不因应用程序的改变而改变。数据独立分为两级:物理级和逻辑级。物理独立是指数据的物理结构变化不影响数据的逻辑结构;逻辑独立意味着数据库的逻辑结构的改变不影响应用程序。但是,逻辑结构的改变必然影响到数据的物理结构。目前,数据逻辑独立还没有能够完全实现。

(四)数据模型复杂

数据模型能够表示现实世界中各种各样的数据组织以及数据间的联系。复杂的数据模型是实现数据集中控制、减少数据冗余的前提和保证。采用数据模型是数据库方法与文件管理方法的一个本质差别。

数据库常用的数据模型有四种:层次模型、网络模型、关系模型和面向对象模型。因此,根据使用的模型,可以把数据库分成:层次型数据库、网络型数据库、关系型数据库和面向对象数据库。

(五)数据保护

数据保护对数据库来说是至关重要的,一旦数据库中的数据遭到破坏,就会影响数据的功能,甚至使整个数据库失去作用,对数据保护包含有四个方面的内容:

(1)安全性控制。要防止数据丢失、错误更新和越权使用。数据库的用户通常只能使用和更新某些数据,只有数据库管理员才能对整个数据库进行操作。

(2)完整性控制。即保证数据正确、有效和相容。

(3)并发控制。就是既要能做到同一时间周期内允许对数据的多路存取,又要能防止用户之间的不正常的交互作用。

(4)故障的发现和恢复。数据库管理系统提供了一套措施,警惕和发现故障,并在发生故障时,尽快自动恢复数据库的内容和运行。

三、数据库的系统结构

数据库是一个复杂的系统。数据库的基本结构可以分成三个层次:物理级、概念级和用户级。

(一)物理级

数据库最内的一层。它是物理设备上实际存储的数据集合(物理数据库)。它是由物理模式(也称内部模型)描述的。

(二)概念级

数据库的逻辑表示,包括每个数据的逻辑定义以及数据间的逻辑联系。它是由概念模式定义的,这一级也被称为概念模型。

(三) 用户级

用户所使用的数据库,是一个或几个特定用户所使用的数据集合(外部模型),具有概念型的逻辑子集。它用外部模式定义。

数据库不同层级之间的联系是通过映射进行转换的。映射是实现数据独立的保证。当数据库结构(物理结构)发生变化时,只要改变相应的映射就可以保证应用的不变。

数据库不同层次之间的关系及它们在数据库系统中的地位如图 5-1 所示。

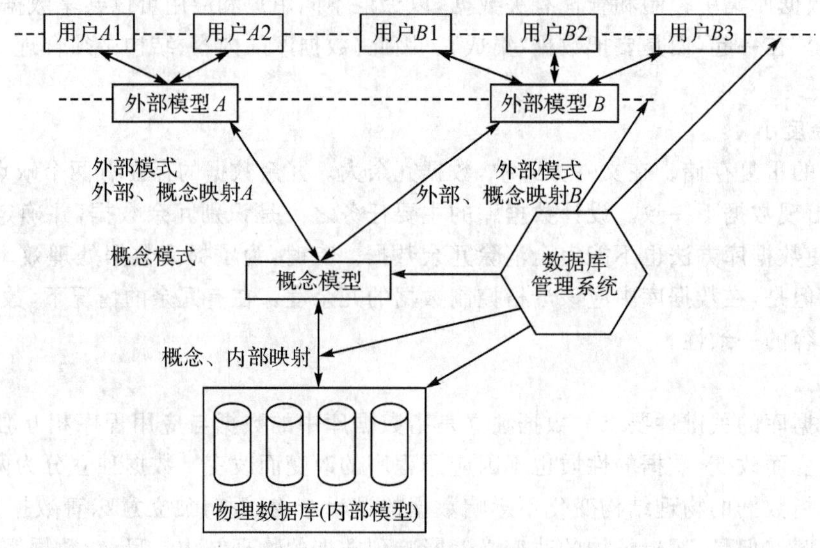

图 5-1 数据库的系统结构

四、数据模型

在数据库系统中,现实世界中的事物及联系是用数据模型描述的,数据库中各种操作功能的实现是基于不同的数据模型,因而数据库的核心问题是模型问题。

数据模型是数据库中对数据的逻辑组织形式的描述。

实体是指现实世界中客观存在的,并可相互区别的事物,实体可以指个体,也可以指总体,即个体的集合。

数据模型大体可以分为两种类型:一种是独立于计算机之外的,如实体——联系模型、语义数据模型等,它们不涉及信息在计算机中如何表示,常称概念模型;另一种模型是直接面向计算机的,它们以"记录"为单位构造数据模型,如数据库中常用的层次模型、网状模型和关系模型等。

数据模型是数据特征的抽象,它不是描述个别数据,而是描述数据的共性。严格地说,一个数据库的数据模型应能描述数据的以下特征:

(1) 静态特性。包括实体和实体具有的特性、实体间的联系等,通过构造基本数据结构类型实现。

(2) 动态特性。即反映现实世界中的实体及实体的发展变化,通过对数据库的检索、插入、删除和修改等操作实现。

(3) 数据间的相互制约与依存关系。通过一组完整性规则实现。

由此可见,一个数据模型实际上是在计算机系统中描述现实世界的信息结构及其变化的一种抽象方法。数据模型不同,描述和实现的方法也不相同,相应的支持软件——数据库管理系统也就不同。

数据模型反映了现实世界中实体之间的各种联系。实体间的联系有两类:一类是实体内部属性间的联系,另一类是实体与实体之间的联系。

数据模型是描述数据内容和数据之间联系的工具,它是衡量数据库能力强弱的主要标志之一。数据库设计的核心问题之一就是设计一个好的数据模型。目前在数据库领域常用的数据模型有传统的层次模型、网状模型、关系模型,以及面向目标或称面向对象模型。

(一) 层次模型

层次模型是一种基于层次关系的集合，它实际上是一种有根定向的有序树，如图 5-2 所示。层次模型的基本结构是树结构——根、枝、叶结构，数据存放的基本单位是片断(层)，片断是内在有逻辑联系的一组数据，总的来说，层次模型按照树形结构以片断为单位存放数据。层次模型比较容易实现，但是查找比较麻烦，数据的冗余度也比较大。

(二) 网状模型

网状模型是指一个连通的基于层次关系的集合，如图 5-3 所示。复杂的网总可以分解成若干个基本结构，即分解成系。系有系主(只有一个)和系属(可以有多个)，系主和系属之间有关系，而且关系是双向的。

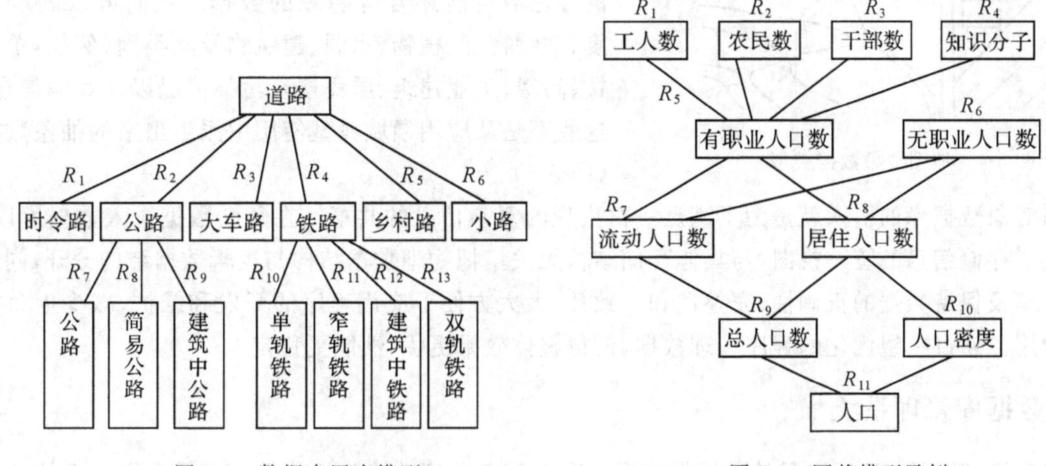

图 5-2 数据库层次模型　　　　图 5-3 网状模型示例

网状模型存放的基本单位是记录，也就是按记录存放，查询时，从系(系主和系属)查起。网状模型查找时间较省，数据和冗余度比层次模型小，但比关系模型要大。

(三) 关系模型

关系模型是由许多二维关系表组成的集合。例如表 5-2 就是一张关系表，R 是关系名，A_i 是属性名，关系和属性($R, A_1, A_2, \cdots, A_n$)组成了数据表的模式；V_{ij} 叫做分量，表中的一列是一个属性，相当于一个数据项(或数据元素)，一行叫做一个元组，相当于一条记录。

关系模型中所有数据都按表格存放，有关系的数据放在一张表上，表与表之间有连接。

表 5-2 关系表 R

A_1	A_2	…	A_j	…	A_n
V_{11}	V_{12}	…	V_{1j}	…	V_{1n}
⋮ V_{i1} ⋮	⋮ V_{i2} ⋮	⋮	⋮ V_{ij} ⋮	⋮	⋮ V_{in} ⋮
V_{m1}	V_{m2}	…	V_{mj}	…	V_{mn}

关系模型的特点是每一个分量必须是不可分割的数(数据元素)，也就是不允许表中还有表。另外表和表之间的联系要用关系表示，而不是用其他表示。

关系模型查找很方便，数据冗余度小，但关系连接时效率较低。

关系表的操作可以分为以下四种：

(1) 通用的集合操作，如并、交、差运算等。

(2) 去除关系表的某些部分的操作，包括选择和投影，前者去除某些元组，后者则用于除去某些属性。

(3) 两个关系表的合并，包括“笛卡儿积”以及各种方式的连接运算。

(4) 更名操作，即对关系表属性名称的修改，它不改变元组，但是改变了关系表的模式。

(四) 面向对象数据模型

网络和层次以及关系模型都适合那些结构简单以及访问有规律的数据。这些模型的最佳应用领域有个人记录管理、清单控制、终端用户销售、商业记录等，所有这些应用领域都只有相当简单的数据结构、联系以及数据使用模式。但是，当试图把这三种模型应用于更高级的领域时，数据不能用类似于记录这样简单的结构表示了，访问和操作方法也不再简单。这些应用领域需要更复杂的抽象数据类型，如图形、声音、图标、包、清单、队列以及地图，这些数据类型都各自定义了独特的操作方法。例如，一个地图对象可以定义为经度、纬度、地点的时间维；以等高线来定义地形；用图标表示主要的嵌入对象，而它们本身也可能是对象。除了这些定义之外，在地图的各区域可能还含有隐藏的数据。我们可以表示人口密度、动物密度、植物、水源、建筑物及其类别(例如，单个住宅楼、高楼、工业建筑、居民楼)、污染情况以及其他信息，所有这些都是从应用领域典型使用中派生出来的抽象数据类型(图 5-4)。

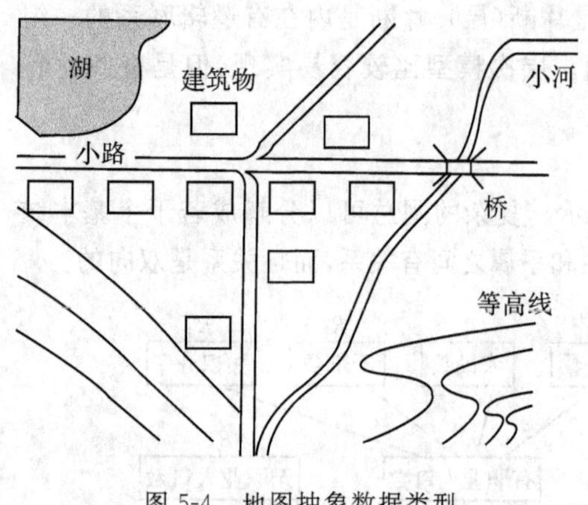

图 5-4　地图抽象数据类型

面向对象数据库的引入就是为了满足一再出现的复杂信息的共享。在复杂数据进入数据库以后，数据库提供了存储信息的统一视图，与具体存储结构无关。把物理数据结构与逻辑数据结构分开，同时控制数据的共享及保持数据的正确性、完整性和一致性，大大方便了应用程序的开发和维护，减少生命周期内的各种费用。通过一组优化的程序管理数据，使得整体效果更优，性能更稳定。

五、数据库管理系统

数据库管理系统(DBMS)是处理数据库数据存取和各种管理控制的软件。它是数据库系统的中心枢纽，与各部分有密切的联系，应用程序对数据库的操作全部通过数据库管理系统进行。数据库管理系统的功能因不同的系统而有所差异，但一般都具有以下主要功能：

(1) 数据库定义功能。提供定义概念模型、外部模型和内部模型的能力，以及把各种源模式翻译成目标模式，并存储在系统中的能力。定义数据库是建立数据库的第一项工作，它勾画出数据库的框架。

(2) 数据库管理功能。包括整个数据库的运行控制、数据存取、更新管理、数据完整性及有效性控制，以及数据共享时的并发控制等。

(3) 数据库维护功能。主要有数据库重定义、数据重新组织、性能监督和分析、数据库整理和发生故障时恢复运行等。

(4) 数据库通信功能。包括与操作系统的接口处理、与各种语言的接口，以及与远程操作的接口处理等。

为了实现上述各项功能，每一项工作都有相应的程序，所以数据库管理系统实际上是许多系统程序组成的一个整体。它大体上可分成三大部分：

(1) 语言处理程序。包括完成数据库定义、操作等功能的程序，主要有数据描述语言(DDL)的编译程序、数据操作语言(DML)的处理程序、终端命令解译程序和主语言的预编译程序等。

(2) 系统运行控制程序。主要包括系统控制程序、数据存取程序、数据更新程序、并发控制程序、保密控制程序、数据完整性控制程序等。

(3) 建立和维护程序。包括数据装入程序、性能监督程序、工作日志顺序、重新组织程序、转储程序和系统恢复程序等。

§5-2　空间数据库管理系统

以上讨论的数据库模型和数据库管理系统是通用的数据库模型和数据库管理系统。由于空间数据的特殊性，通用的数据库模型和数据库管理系统并不是完全适应于空间数据的组织与管理。本节简要介绍空间数据管理的几种模式以及它们的实现方法。

一、空间数据的特征

空间数据具有下述几个基本特征。

(一) 空间特征

每个空间对象都具有空间坐标,即空间对象隐含了空间分布特征。这意味着在空间数据组织方面,要考虑它的空间分布特征。除了通用性数据库管理系统或文件系统关键字的索引和辅关键字索引以外,一般需要建立空间索引。

(二) 非结构化特征

在当前通用的关系数据库管理系统中,数据记录一般是结构化的,即它满足关系数据模型的第一范式要求,每一条记录是定长的,数据项表达的只能是原子数据,不允许嵌套记录。而空间数据则不能满足这种结构化要求。若用一条记录表达一个空间对象,它的数据项可能是变长的,例如,一条弧段的坐标,其长度是不可限定的,它可能是两对坐标,也可能是 10 万对坐标。再如一个对象可能包含另外的一个或多个对象,例如,一个多边形,它可能含有多条弧段。若一条记录表示一条弧段,在这种情况下,一条多边形的记录就可能嵌套多条弧段的记录,所以它不满足关系数据模型的范式要求,这也就是为什么空间图形数据难以直接采用通用的关系数据管理系统的主要原因。

(三) 空间关系特征

空间数据除了前面所述的空间坐标隐含了空间分布关系外。空间数据中记录的拓扑信息表达了多种空间关系。这种拓扑数据结构一方面方便了空间数据的查询和空间分析,另一方面也给空间数据的一致性和完整性维护增加了复杂性。特别是有些几何对象,没有直接记录空间坐标的信息,如拓扑的面状目标,仅记录组成它的弧段的标识,因而进行查找、显示和分析操作时都要操纵和检索多个数据文件方能得以实现。

(四) 分类编码特征

一般而言,每一个空间对象都有一个分类编码,而这种分类编码往往属于国家标准,或行业标准,或地区标准,每一种地物的类型在某个 GIS 中的属性项个数是相同的。因而在许多情况下,一种地物类型对应于一个属性数据表文件。当然,如果几种地物类型的属性项相同,也可以多种地物类型共用一个属性数据表文件。

(五) 海量数据特征

空间数据量是巨大的,通常称为海量数据。之所以称为海量数据,是指它的数据量比一般的通用数据库要大得多。一个城市地理信息系统的数据量可能达几十个 GB,如果考虑影像数据的存储,可能达几百个 GB。这样的数据量在城市管理的其他数据库中是很少见的。正因为空间数据量大,所以需要在二维空间上划分块或者图幅,在垂直方向上划分层来进行组织。

二、空间数据的组织

(一) 工作区

通常将一幅图或几幅图的范围当作一个工作单元或称工作区(Workspace)。在这个工作区范围内,包含了所有图层的空间数据。工作区通常是以范围定义的。一般情况下,一幅图定义为一个工作区,如果需要,也可以将几幅图定义为一个工作区。一个工作区下面可以包含多个工作层和逻辑层,如图 5-5 所示。

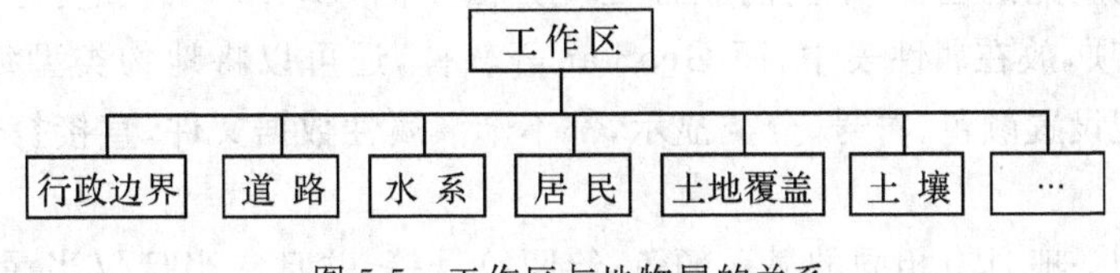

图 5-5 工作区与地物层的关系

(二) 工作层

工作层被定义为空间数据处理的一个工作单元,它在平面上可能与工作区范围一致,但是在垂直方向,不同的软件系统定义有所区别。ArcInfo 把 Coverage 作为一个工作层。一般一个 Coverage 作为一个逻辑层或者称一个覆盖层。所以在 ArcInfo 中没有逻辑层的概念,仅有 Coverage 与 Workspace 的概念。而且,一个 Coverage 是一个工作目录,Coverage 的目录下面包含有控制信息文件、标识点文件、弧段文件、多边形文件等。但是 MGE 和 GeoStar 等软件与之不同,在 MGE 中,一个工作层就是一个 DGN 文件,也称一个 Catalog;在 GeoStar 中,一个工作层就是一个 GDA 文件。一个工作层可以是某一层地物,例如道路网,甚至是某一类地物,也可以是多层地物,甚至可以包含一个工作区的所有各层地物。MGE 和 GeoStar 等软件的工作层对所包含的地物层的内容不像 ArcInfo 的 Coverage 有严格的限定,后者限定在一个 Coverage 内不允许同时有点状地物和面状地物,因为在 ArcInfo 中,Label Point 既表示点状地物又表示面状地物的标识点,而且一个 Coverage 仅含有一个 PAT 和 AAT 的属性表。这样在设计 Coverage 时,需要精心设计。MGE 和 GeoStar 等软件没有这方面的限制,定义工作层纯粹为了提高作业效率或工作方便。许多情况下,一个工作层就是一个工作区,此时逻辑层的概念比较重要。

(三) 逻辑层

如果一个工作层包含的内容很多,例如所有地物类,这时为了显示、制图和查询方便,需要定义逻辑层。

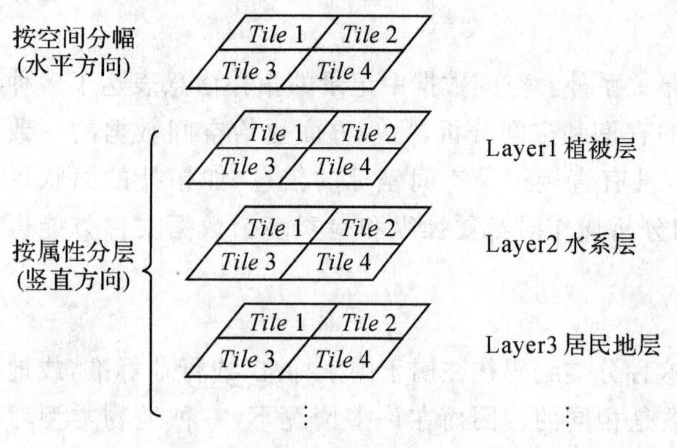

图 5-6　空间数据分幅、分层示意图

分层的概念是将空间数据按属性内容进行划分,不同内容的数据属于不同的层(图 5-6)。分层将不同性质的数据分开存储管理,有助于更有效地组织和管理空间数据。不同层次数据的组合,则为我们提供了不同类型的空间信息。

逻辑层在一般 GIS 软件中可以任意定义,根据用户需要,一个逻辑层可以包含任意多个地物类,而且允许交叉,例如河流可以被包含在水系层中,也可以被包含在交通的逻辑层中。在这里空间数据的物理存储关系没有改变,仅是建立了一个对照表,每个逻辑层包含了指向地物类的指针。

在空间数据的分层处理中,我们需要注意以下几个问题:

(1) 按要素类型分层,性质相同或相近的要素应放在同一层。主要分层依据是国家相关信息分类标准,如行政区、水系、道路、土壤、植被、地貌、地质等。

(2) 分层时应考虑数据与功能的关系,如哪些数据经常在一起使用,哪些功能是起主导作用的功能等。

(3) 分层一般宜细不宜粗,层与层之间的关联尽量少一些。

(4) 分层时应顾及数据量的大小,各层数据的数据量最好比较均衡。

(5) 尽量减少冗余数据。

(四) 地物类

将类型相同的地物组合在一起,形成地物类。地物类型一般也是逻辑上的,即一个工作层或者 Coverage通常包含多个地物类。

至于地物类型编码所处的位置,不同的软件处理方法不同,ArcInfo 一般将地物类型的编码(或者称 UserID)作为一个属性项,放在属性表中,而 GeoStar 等软件,还可以将地物类型编码放在图形数据文件中,这样,根据地物类型设置颜色、符号、分类显示,都不牵涉属性数据文件,直接打开图形数据文件即可进行有关地物类的操作。

相同地物类的地物一般具有相同的显示颜色、绘图符号等,并且它当且仅当属于一种几何类型,或是点状地物,或是线状地物,或是面状地物。

有些软件将点状地物、线状地物、面状地物分不同的数据文件,如 ArcInfo、MapGIS。而有些软件将工作区中的所有地物(无论点、线、面),均由一个文件存储如 MGE 和 GeoStar 等。

三、属性数据的组织

属性数据虽然一般均由关系数据库管理系统管理，但是它的文件组织方式也因 GIS 软件而异，下面介绍几种属性数据文件的组织方法。

第一种情况是无论一个逻辑层包含多少地物类，仅用一个或有限几个属性表。应用较广的 ArcInfo，它的属性数据文件一般建立在对应的 Coverage 目录之下，在工作区目录下，通常有一个记录属性数据文件信息包括目录路径的文件。特别是，无论一个 Coverage 包含多少地物类，仅有一个 AAT 表和一个 PAT 表。为了表达不同地物类的不同属性项，也可能按每个地物类建立一个扩展属性表，它们与 AAT 或 PAT 表的连接，根据地物编码和内部连接码进行。这样在查询一个空间地物的属性时，需要从 AAT 表或 PAT 表中得到部分信息，然后通过关系连接再查询到扩展属性。

第二种情况是一个地物类对应于一个属性表文件。例如 MGE 的属性数据管理方式，一个地物类对应于一个属性表文件，而且所有属性文件都在工程的目录下，即是说，不同工作区相同的地物类型的属性是放在一起的，这样便于属性的工程管理，在工程中查找某一属性要快速得多。值得指出的是 MGE 并不要求每个地物类都带属性表，例如陡坎等无关紧要的地物，它可不带属性。

第三种是结合前两者的优点。例如在 GeoStar 中，可以设计成一个地物类为一个属性表，也可以是多个地物类公用一个属性表。这样会带来许多方便，例如，高速公路、一级公路、乡镇公路，它们的地物类型编码可能不同，但它们的属性项可能相同，它们可以公用一个属性表，以便于查询、显示和进行最佳路径分析，GeoStar 属性数据文件的组织与 MGE 基本类似，在建立工程之前，属性数据文件位于与工作区平行的目标，在建立工程之后，位于工程的目录之下。一个属性文件包含了该工程内所有同类空间对象的属性。在这种情况下，由于属性数据文件大，建立关键字的索引是必要的。

四、文件与关系数据库混合管理系统

由于空间数据具有前述几个特征，市场上通用的关系数据管理系统难以满足要求。因而，大部分 GIS 软件采用混合管理的模式。即用文件系统管理几何图形数据，用商用关系数据库管理系统来管理属性数据，它们之间的联系通过目标标识或者内部连接码进行连接，如图 5-7 所示。

在这种管理模式中，几何图形数据与属性数据除它们的 OID 作为连接关键字段以外，几乎是两者独立地组织、管理与检索。就几何图形而言，由于 GIS 系统采用高级语言编程，可以直接操纵数据文件，所以图形用户界面与图形文件处理是一体的，中间没有裂缝。但对属性数据来说，则因系统和历史发展而异。早期系统由于属性数据必须通过关系数据库管理系统，图形处理的用户界面和属性的用户界面是分开的，它们只是通过一个内部码连接，如图 5-8 所示。导致这种连接方式的主要原因是早期的数据库管理系统不提供编程的高级语言如 FORTRAN 或 C 的接口，只能采用数据库操纵语言。这样通常要同时启动两个系统（GIS 图形系统和关系数据库管理系统），甚至两个系统来回切换，使用起来很不方便。

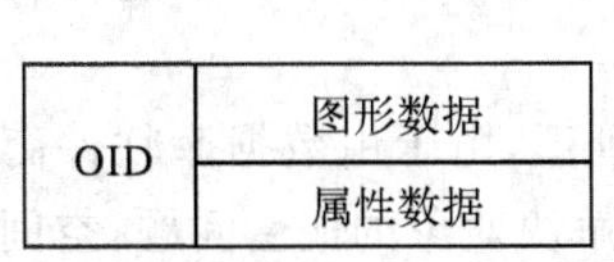

图 5-7 GIS 中图形数据与属性数据的连接

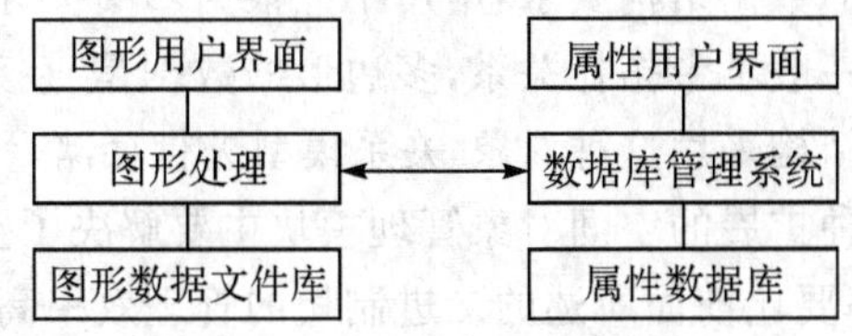

图 5-8 图形数据与属性数据的内部连接方式

最近几年，随着数据库技术的发展，越来越多的数据库管理系统提供高级编程语言如 C 和 FORTRAN 等接口，使得地理信息系统可以在高级语言的环境下，直接操纵属性数据，并通过高级语言的对话框和列表框显示属性数据，或通过对话框输入 SQL 语句，并将该语句通过高级语言与数据库的接口查询属性数据库，并在 GIS 的用户界面下显示查询结果。这种工作模式，并不需要启动一个完整的数据库管理系统，用户甚至不知道何时调用了关系数据库管理系统。图形数据和属性数据的查询与维护完全在一个界面之下。

在 ODBC(开放性数据库连接协议)推出之前,每个数据库厂商提供一套自己的与高级语言的接口程序,这样,GIS 软件商就要针对每个数据库开发一套与 GIS 的接口程序,所以往往在数据库的使用上受到限制,在推出了 ODBC 之后,GIS 软件商只要开发 GIS 与 ODBC 的接口软件,就可以将属性数据与任何一个支持 ODBC 协议的关系数据系统连接。

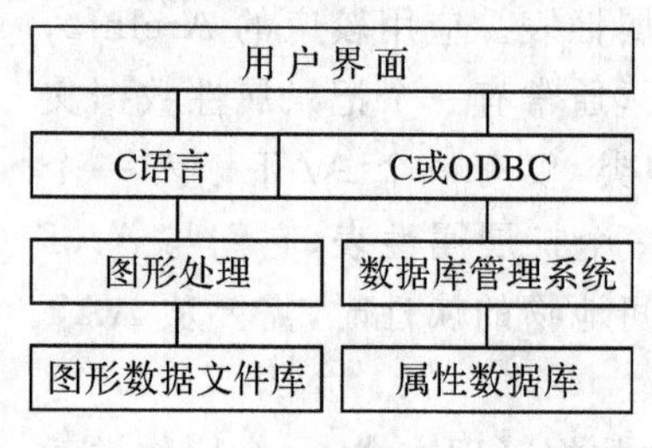

图 5-9　图形与属性结合的混合处理模式

无论是通过高级语言还是通过 ODBC 与关系数据库连接,GIS 用户都是在一个界面下处理图形和属性数据,它比前面分开的界面要方便得多。这种模式称为混合处理模式,如图 5-9 所示。

采用文件与关系数据管理系统的混合管理模式,还不能说建立了真正意义上的空间数据库管理系统,因为文件管理系统的功能较弱,特别是在数据的安全性、一致性、完整性、并发控制以及数据损坏后的恢复方面缺少基本的功能。多用户操作的并发控制比起商用数据库管理系统来要逊色得多,因而 GIS 软件商一直在寻找采用商用数据库管理系统来同时管理图形和属性数据。

五、全关系型空间数据库管理系统

全关系型空间数据库管理系统是指图形和属性数据都用现有的关系数据库管理系统管理。关系数据库管理系统的软件厂商不作任何扩展,由 GIS 软件商在此基础上进行开发,使之不仅能管理结构化的属性数据,而且能管理非结构化的图形数据。

用关系数据库管理系统来管理图形数据有两种模式,一种是基于关系模型的方式,图形数据按照关系数据模型组织。这种组织方式由于涉及一系列关系连接运算,相当费时。关系模型在处理空间目标方面的效率不高。

关系数据库管理系统管理图形数据的另一种方式是将图形数据的变长部分处理成二进制块字段。目前大部分关系数据库管理系统都提供了二进制块的字段域,以适应管理多媒体数据或可变长文本字符。GIS 利用这种功能,通常把图形的坐标数据当做一个二进制块,交由关系数据库管理系统进行存储和管理。这种存储方式,虽然省去了前面所述的大量关系连接操作,但是二进制块的读写效率要比定长的属性字段慢得多,特别是涉牵对象的嵌套,速度更慢。

六、对象-关系数据库管理系统

由于直接采用通用的关系数据库管理系统的效率不高,而非结构化的空间数据又十分重要,所以许多数据库管理系统的软件商纷纷对关系数据库管理系统进行扩展,使之能直接存储和管理非结构化的空间数据,如 Ingres、lnformix 和 Oracle 等都推出了空间数据管理的专用模块,定义了操纵点、线、面、圆、长方形等空间对象的 API 函数。这些函数,将各种空间对象的数据结构进行了预先的定义,用户使用时必须满足它的数据结构要求,用户不能根据 GIS 要求(即使是 GIS 软件商)再定义。例如,这种函数涉及的空间对象一般不带拓扑关系,多边形的数据是直接跟随边界的空间坐标,那么 GIS 用户就不能将设计的拓扑数据结构采用这种对象-关系模型进行存储。

这种扩展的空间对象管理模块主要解决了空间数据的变长记录的管理,由于由数据库软件商进行扩展,效率要比前面所述的二进制块的管理效率高得多。但是它仍然没有解决对象的嵌套问题,空间数据结构也不能由用户任意定义,使用上仍然受到一定限制。

七、面向对象空间数据库管理系统

从前面面向对象数据模型的讨论可以看出,面向对象模型最适应于空间数据的表达和管理,它不仅支持变长记录,而且支持对象的嵌套、信息的继承与聚集,面向对象的空间数据库管理系统允许用户定义对象和对象的数据结构以及它的操作。这样,我们可以将空间对象根据 GIS 的需要,定义出合适的数据结构和一组操作。这种空间数据结构可以是不带拓扑关系的面条数据结构,也可以是拓扑数据结构。当采用拓扑数据结构时,往往涉及对象的嵌套、对象的连接和对象与信息的聚集。

当前已经推出了若干个面向对象数据库管理系统，如 OS2、Object store otorn 等，也出现一些基于面向对象的数据库管理系统的地理信息系统，如 GDE 等。但由于面向对象数据库管理系统还不够成熟，价格又昂贵，目前在 GIS 领域还不太通用。相反基于对象—关系的空间数据库管理系统将可能成为 GIS 空间数据管理的主流。

§5-3 地籍数据库

地籍数据库是用来存储和管理地籍数据的。地籍数据主要是地籍调查得到的基础地籍数据、日常地籍管理产生的变更地籍数据、地籍测量的成果数据及与地籍管理密切相关的、规划与道路等方面的数据。这些数据可分为空间数据与非空间数据两类，其中的空间数据与各种背景地理信息在空间上都以统一的地理坐标为基础，非空间数据伴有大量的相关属性信息。本节将介绍地籍数据库数据结构、数据分层和数据字典的相关知识。

一、地籍数据库的空间数据结构

空间数据结构是指适合于计算机系统存储、管理和处理地学图形的逻辑结构，是地理实体的空间排列方式和相互关系的抽象描述。它是对数据的一种理解和解释，不说明数据结构的数据是毫无用处的，不仅用户无法理解，计算机程序也不能正确地处理。对同样的一组数据，按不同的数据结构去处理，得到的可能是截然不同的内容。

空间数据结构基本上可分为两大类：矢量结构和栅格结构（也可以称为矢量模型和栅格模型）（图 5-10）。两类结构都可用来描述地理实体的点、线、面三种基本类型。

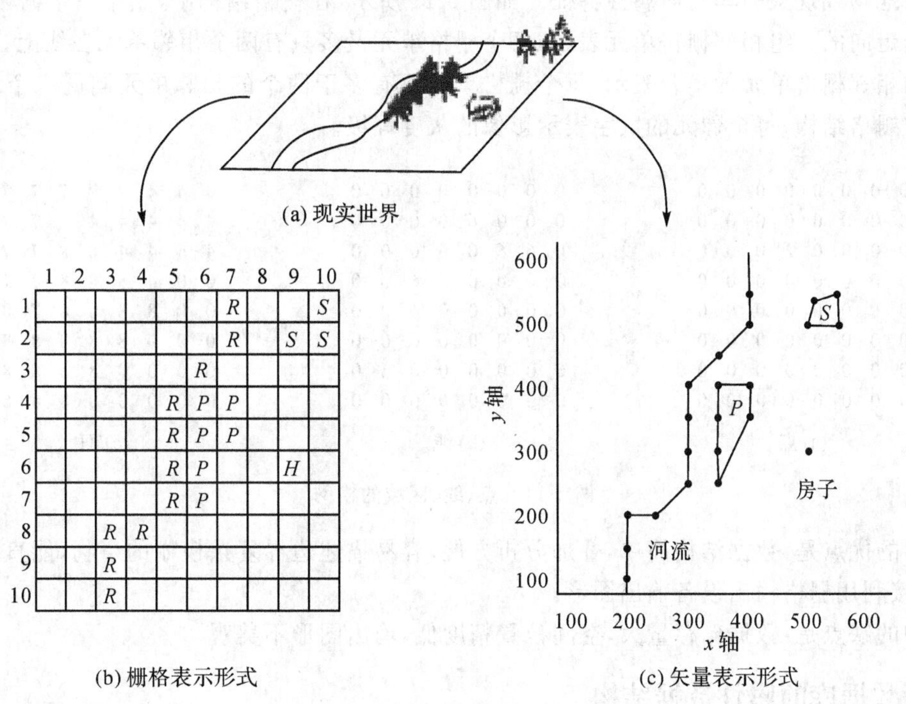

图 5-10 矢量结构和栅格结构

空间数据编码是空间数据结构的实现，即将根据地理信息系统的目的和任务所搜集的、经过审核了的地形图、专题地图和遥感影像等资料按特定的数据结构转换为适合于计算机存储和处理的数据的过程。由于地理信息系统数据量极大，一般采用压缩数据的编码方式以减少数据冗余。

在地理信息系统的空间数据结构中，栅格结构的编码方式主要有直接栅格编码、链编码、游程长度编码、块编码、四叉树编码等；矢量结构主要有坐标序列编码、树状索引编码和二元拓扑编码等编码方法。

(一) 矢量结构

矢量结构通过记录坐标的方式尽可能精确地表示点、线、多边形等地理实体,坐标空间设为连续,允许任意位置、长度和面积的精确定义,事实上,其精度仅受数字化设备的精度和数值记录字长的限制,在一般情况下,比栅格结构精度高得多。

对于点实体,矢量结构中只记录其在特定坐标系下的坐标和属性代码;对于线实体,在数字化时即进行量化,就是用一系列足够短的直线首尾相接表示一条曲线,当曲线被分割成多而短的线段后,这些小线段可以近似地看成直线段,而这条曲线也可以足够精确地由这些小直线段序列表示,矢量结构中只记录这些小线段的端点坐标,将曲线表示为一个坐标序列,坐标之间认为是以直线段相连,在一定精度范围内可以逼真地表示各种形状的线状地物;多边形在地理信息系统中是指一个任意形状、边界完全闭合的空间区域。多边形边界将整个空间划分为两个部分:包含无穷远点的部分称为外部,另一部分称为内部。把这样的闭合区域称为多边形是由于区域的边界线同前面介绍的线实体一样,可以被看做是由一系列多而短的直线段组成,每个小线段作为这个区域的一条边,因此这种区域就可以看做是由这些边组成的多边形了。

矢量结构的特点是:定位明显、属性隐含,其定位是根据坐标直接存储的,而属性则一般存于文件头或数据结构中某些特定的位置上,这种特点使得其图形运算的算法总体上比栅格数据结构复杂得多,有些甚至难以实现,当然有些地方也有便利和独到之处,在计算长度、面积、形状和图形编辑、几何变换操作中,矢量结构有很高的效率和精度,而在叠加运算、邻域搜索等操作时则比较困难。

(二) 栅格结构

栅格结构是最简单最直接的空间数据结构,是指将地球表面划分为大小均匀紧密相邻的网格阵列,每个网格作为一个像元或像素由行、列定义,并包含一个代码表示该像素的属性类型或量值,或仅仅包括指向其属性记录的指针。因此,栅格结构是以规则的阵列来表示空间地物或现象分布的数据组织,组织中的每个数据表示地物或现象的非几何属性特征。如图 5-11 所示,在栅格结构中,点用一个栅格单元表示;线状地物用沿线走向的一组相邻栅格单元表示,每个栅格单元最多只有两个相邻单元在线上;面或区域用记有区域属性的相邻栅格单元的集合表示,每个栅格单元可有多于两个的相邻单元同属一个区域。遥感影像属于典型的栅格结构,每个像元的数字表示影像的灰度等级。

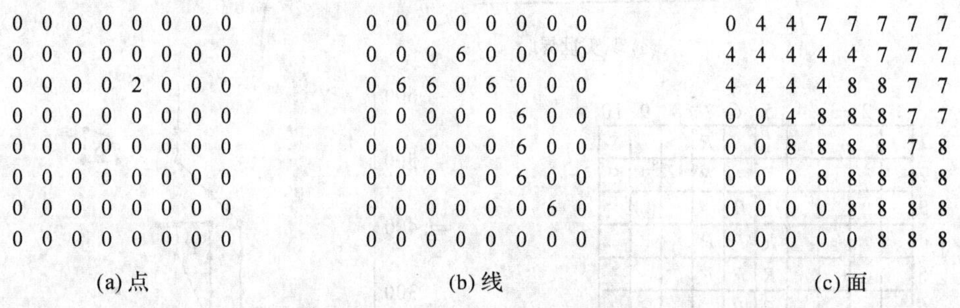

图 5-11 点、线、区域的格网

栅格结构的优点是:数据结构简单,叠加分析方便,容易描述边界复杂模糊的事物,能直接处理数字图像信息,能直接利用栅格输出设备输出图形。

栅格结构的缺点是:数据储存量大,空间位置精度低,输出图形不美观。

二、地籍数据库的属性数据结构

属性数据描述空间数据的特征和性质。地籍数据库中的属性数据主要描述宗地实体,包括宗地的数量(面积)、质量、权属和利用状况等。例如,一宗地除了需要记录它的位置坐标等空间数据外,还要存储它的属性信息,如权利人、权利人性质、权属来源等。因此这种非空间的属性数据也可称为空间实体的特征编码。很显然,属性数据是与空间实体相关的。通常可以采用公共识别符的办法建立属性数据与空间数据的有效联系,从而有效地存储和处理这些数据。

一般而言,属性数据较为规范,适应于用表格形式表示,因此可以采用关系数据库管理属性数据。关于关系数据库的相关内容这里不再赘述,可参阅相关书籍。表 5-3 和表 5-4 为属性数据的结构表。

表 5-3 属性数据关系结构表

类别码	属性 1	属性 2	属性 3	属性 4
N_1	A_{11}	A_{12}	A_{13}	A_{14}
N_2	A_{21}	A_{22}	A_{23}	A_{24}
N_3	A_{31}	A_{32}	A_{33}	A_{34}
N_4	A_{41}	A_{42}	A_{43}	A_{44}

表 5-4 属性数据文件结构表

字段名	类型	长度	小数位
标识码	字符型	5	—
面积	数字型	10	2
权利人	字符型	10	—

三、地籍数据库的逻辑结构

按照地籍数据的特点及数据库的知识，可将地籍数据库分为主体数据库和元数据库。如图 5-12 所示。

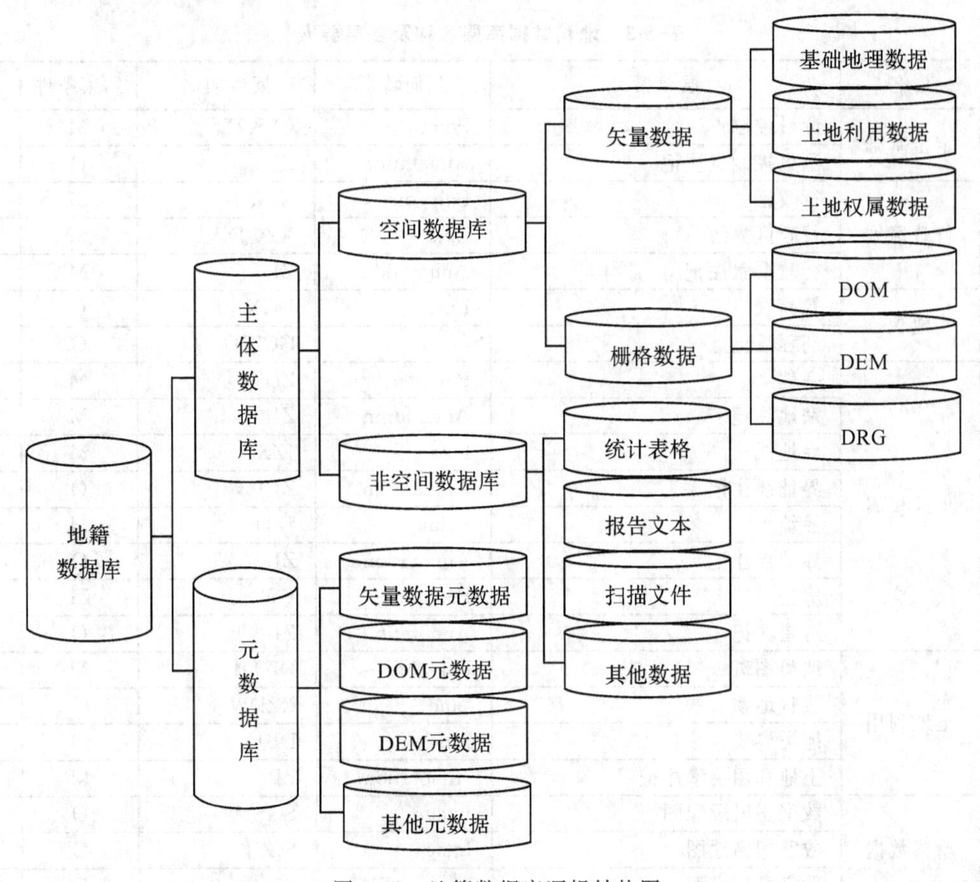

图 5-12 地籍数据库逻辑结构图

地籍数据库的内容主要包括以下方面：

（1）基础地理数据。包括测量控制点、行政区划、等高线、房屋等。

（2）土地权属数据。包括宗地、界址线、界址点等。

（3）土地利用数据。包括地类图斑、地类界线、线状地物等。

（4）栅格数据。包括 DEM、DOM、DRG 和其他栅格数据。

四、地籍数据库的数据层

大多数的 GIS 软件将数据按逻辑类型分成不同的数据层进行组织数据。分层的概念是将空间数据按属性内容进行划分，不同内容的数据属于不同的层。分层将不同性质的数据分开存储管理，有助于更有效地组织和管理空间数据。不同层次数据的组合，则为我们提供了不同类型的空间信息。详细内容可参阅§5-2中空间数据的组织。

数据层的划分一般按照数据的类型进行，它是数据分层的主要依据，同时还要考虑数据之间的关系，如考虑两类地物共享边界(道路和行政边界重合)等，数据之间的关系在数据分层时应体现出来。在进行数据分层时应考虑以下因素：

(1) 具有同样的特性，即数据有相同的属性信息。

(2) 比例尺的一致性。

(3) 该层数据会有同样的使用目的和方式。

(4) 不同部门的数据通常放入不同的层，便于维护。

(5) 数据库中需要不同级别安全处理的数据。

(6) 数据库中的各类数据的更新可能使用各种不同的数据源，在分层中，使用不同数据源更新的数据也应分层进行存储，以便更新。

(7) 即使是同一类型的数据，有时其属性特征也不相同，所以也应该分层存储。

按照《城镇地籍数据库标准》，地籍数据库将数据分为6层，见表5-5。

表5-5　地籍数据库层名称及各层要素

序号	层名	层要素	几何特征	属性表名	约束条件	说明
1	定位基础	测量控制点	Point	CLKZD	M	见本表注
		测量控制点注记	Annotation	ZJ	O	见本表注
2	行政区划	行政区	Polygon	XZQ	M	
		行政区界线	Line	XZQJX	M	
		行政要素注记	Annotation	ZJ	M	
3	地貌	等高线	Line	DGX	O	
		高程注记点	Point	GCZJD	O	
4	土地权属	宗地	Polygon	ZD	M	
		宗地注记	Annotation	ZJ	M	
		界址线	Line	JZX	M	
		界址线注记	Annotation	ZJ	O	
		界址点	Point	JZD	M	
		界址点注记	Annotation	ZJ	O	
		房屋	Polygon	FW	M	
		房屋注记	Annotation	ZJ	O	
5	土地利用	地类图斑	Polygon	DLTB	M	
		线状地物	Line	XZDW	O	
		地类界线	Line	DLJX	M	
		土地利用要素注记	Annotation	ZJ	M	
6	栅格数据	数字正射影像图	Image	SGSJ	O	
		数字栅格地图	Image	SGSJ	O	
		数字高程模型	Image /TIN	SGSJ	O	

注：约束条件取值中M表示必选，O表示可选。

五、数据字典

数据库是一个复杂的系统，它除了包含应用数据外，还涉及很多非应用数据，如模式、子模式的内容，数据项的类型和长度，记录类型，用户标识符口令等。这些非应用数据是整个数据库系统的规范化解释机制，缺少它就无法正确理解和使用数据资源。为了便于理解和使用数据库系统将这些非应用数据专门组织起来，就形成了所谓的数据字典。图5-13为某软件的数据字典界面。

数据字典也叫数据目录，它是数据库设计与管理的有力工具。在数据收集、规范和管理等方面都需要数据字典。虽然数据字典并非数据库所独有，但对于数据资源多、关系复杂和多用户共享的数据库来说，数据字典起着重要的作用。数据字典的主要内容是关于数据类型的登记表，给出数据的名称、定义、组成和属性等。数据库的活动将参照这些信息进行。由于数据字典的内容比较复杂，应对它进行严密地组织，也要用数据模型加以描述。这种描述分源形式和目标形式，包括模式表、子模式表、用户表、物理文件或区域表、内码与自然语言对照表、同义词的定义与表示等。

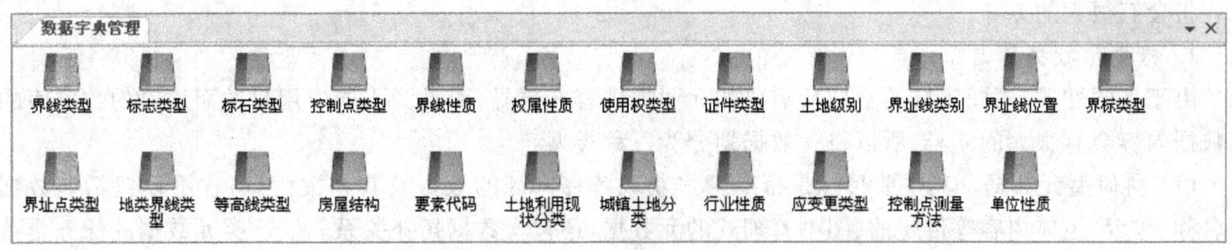

图 5-13　数据字典

由此看来，需要为数据字典设立一个询问机制，对数据字典中的信息进行查询、插入、修改、删除等操作，从而给数据字典赋予"数据库"的本质，即它是关于数据描述信息的一种特殊的数据库。由于数据字典存储的主要是关于应用数据的定义数据，这种关于数据的数据称为元数据。因此，作为特殊数据库的数据字典又称为元数据库。有关元数据的内容将在§5-4介绍。

§5-4　地籍元数据

一、元数据的概念

(一) 元数据概念

元数据一词的原意是关于数据变化的描述。到目前为止，科学界仍没有关于元数据公认的定义，但一般都认为元数据就是"关于数据的数据"。

元数据并不是一个新的概念，传统的图书馆卡片、出版图书的介绍、磁盘的标签等都是元数据。纸质地图的元数据主要表现为地图的类型、图例，包括图名、空间参照系统、图廓坐标、地图内容说明、比例尺和精度、编制出版单位和日期或更新日期等。在这种形式下，元数据是可读的，生产者和用户之间容易交流，用户可以很容易地确定地图能否满足应用需要。

当地图转换成数字形式后，数据的管理和应用均产生一些新的问题，如数据生产者需要管理和维护海量数据，提高效率，且不受工作人员变动的影响；而用户缺乏查询可用数据的方便快捷途径，缺少可用数据的技术文件信息(如数据的来源、生产日期等)；当数据格式对于应用而言不可直接使用时，不知道如何理解和转换时，元数据可以用来辅助地理空间数据，帮助数据生产者和用户解决这些问题。元数据的主要作用可以归纳为以下几方面：

(1) 帮助数据生产单位有效管理和维护空间数据，建立数据文档，并保证即使其数据主要生产人员退休或调离，也不会失去对时间情况的了解。

(2) 提供有关数据生产单位数据存储、数据分类、数据内容、数据质量、数据交换网络及数据销售等方面的信息，便于用户查询检索地理空间数据。

(3) 通过网络提供对数据进行查询检索的方法或途径，以及与数据交换和传输有关的辅助信息。

(4) 帮助用户了解数据，以便就数据是否满足其需求做出正确的判断。

(5) 提供有关信息，以便用户处理和转换有用的数据。由此可以得出，元数据的根本目的是促进数据库的高效利用，为计算机辅助软件工程(CASE)服务。

元数据的主要内容包括对数据库的描述；对数据库中各数据项、数据来源、数据所有者及数据的生产历史等的说明；对数据质量的描述，如数据精度、数据的逻辑一致性、数据完整性、分辨率、源数据的比例尺等；对数据处理信息的说明，如量纲的转换等；对数据转换方法的描述；对数据库的更新、集成方法的说明等。

就元数据的性质而言，元数据是关于数据的描述性数据信息，它应尽可能多地反映数据库自身的特征规律，以便用户对数据库进行准确、高效与充分的开发和利用。不同领域的数据库，其元数据的内容会有很大差异。

（二）元数据的常用形式和类型

元数据分类研究的目的在于充分了解和更好地使用元数据。分类的原则不同，元数据的分类体系和内容将会有很大的差异。

1．根据元数据的内容分类

由于不同性质、不同领域的数据所需要的元数据内容有差异，而且为不同应用目的而建设的数据库的元数据内容会有很大的差异，所以将元数据划分为三种类型：

（1）科研型元数据。其主要目标是帮助用户获取各种来源的数据及其相关信息，它不仅包括如数据源名称、作者、主体内容等传统的、图书管理式的元数据，还包含数据拓扑关系等。这类元数据的任务是帮助科研工作者高效获取所需数据。

（2）评估型元数据。主要服务于数据利用的评价，内容包括数据最初收集情况、收集数据所用的仪器、数据获取的方法和依据、数据处理过程和算法、数据质量控制、采样方法、数据精度、数据的可信度、数据潜在应用领域等。

（3）模型元数据。用于描述数据模型的元数据与描述数据的元数据在结构上大致相同，其内容包括模型名称、模型类型、建模过程、模型参数、边界条件、作者、引用模型描述、建模使用软件、模型输出等。

2．根据元数据描述对象分类

（1）数据层元数据。描述数据集中每个数据的元数据，内容包括日期邮戳、位置戳、量纲、注释、误差标识、缩略标识、存在问题标识、数据处理过程等。

（2）属性元数据。关于属性数据的元数据，内容包括为表达数据及其含义所建的数据字典、数据处理规则（协议），如采样说明、数据传输线路及代数编码等。

（3）实体元数据。描述整个数据集的元数据，内容包括数据集区域采样原则、数据库的有效期、数据时间跨度等。

3．根据元数据在系统中的作用分类

（1）系统级别元数据。用于实现文件系统特征或管理文件系统中数据的信息，如访问数据的时间、数据的大小、在存储级别中的当前位置、如何存储数据块以保证服务控制质量等。

（2）应用层元数据。有助于用户查找、评估、访问和管理数据等与数据用户有关的信息，如文本文件内容的摘要信息、图形快照、描述与其他数据文件相关关系的信息。它往往用于高层次的数据管理，用户通过它可以快速获取合适的数据。

4．根据元数据的作用分类

（1）说明元数据。为用户使用数据服务的元数据。它一般用自然语言表达，如源数据覆盖的空间范围、源数据图的投影方式及比例尺的大小、数据集说明文件等，这类元数据多为描述性信息，侧重于数据库的说明。

（2）控制元数据。用于计算机操作流程控制的元数据，这类元数据由一定的关键词和特定的句法来实现。其内容包括数据存储和检索文件、检索中与目标匹配方法、目标的检索和显示、分析查询结果排列显示、根据用户要求修改数据库中原有的内部顺序、数据转换方法、空间数据和属性数据的集成、根据索引项把数据绘制成图、数据模型的建设和利用等。这类元数据主要是与数据库操作有关的方法。

（三）空间数据元数据的概念

空间数据（Geospatial Data）：用于确定具有自然特征或者人工建筑特征的地理实体的地理位置、属性及其边界的信息。

类型（Type）：在元数据标准中，数据类型指该数据能接收的值的类型。

对象（Object）：对地理实体的部分或整体的数字表达。

实体类型（Entity Type）：对于具有相似地理特征的地理实体集合的定义和描述。

点（Point）：用于位置确定的零维地理对象。

结点（Node）：拓扑连接两个或多个链或环的一维对象。

标识点(Label Point):显示地图和图表时用于特征标识的参考点。

线(Line):一维对象的一般术语。

线段(Line Segment):两个点之间的直线段。

串(String):由相互连接的一系列线段组成的没有分支线段的序列,它可与自身或与其他线相切。

弧(Arc):由数学表达式确定的点集组成的弧状曲线。

链(Link):两个结点之间的拓扑关联。

链环(Chain):非相切线段或由结点区分的弧段构成的有方向无分支序列。

环(Ring):封闭状不相切链环或弧段序列。

多边形(Polygon):在二维平面中由封闭弧段包围的区域。

外多边形(Universe Polygon):数据覆盖区域内最外侧的多边形,其面积是其他所有多边形的面积之和。

内部区域(Interior Area):不包括其边界的区域。

格网(Grid):组成一规则或近似规则的棋盘状镶嵌表面的格网集合,或者组成一规则或近似规则的棋盘状镶嵌的点集合。

格网单元(Grid Cell):表示格网最小要素的二维对象。

矢量(Vector):有方向线的组合。

栅格(Raster):同一格网或数字影像的一个或多个叠加层。

像元(Pixel):二维图形要素,它是数学影像最小要素。

栅格对象(Raster Object):一个或多个影像或格网,每个影像或格网表示一个数据层,各层之间相应的格网单元或像元一致且相互套准。

图形(Graph):与预定义的限制规则一致的零维(如结点)、一维(链或链环)和二维(多边形)有拓扑相关的对象集。

数据层(Layer):集成到一起的面域分布空间数据集,它用于表示一个主体中的实体,或者有一公共属性或属性值的空间对象的联合。

层(Stratum):在有序系统中的数据层、级别或梯度序列。

纬度(Latitude):在中央经线上度量,以角度单位度量离开赤道的距离。

经度(Longitude):经线面到格林尼治中央经线面的角度距离。

经圈(Meridian):穿过地球两极的地球的大圆圈。

坐标(Coordinate):在笛卡儿坐标系中沿平行于 X 轴和 Y 轴测量的坐标值。

投影(Projection):将地球球面坐标中的空间特征(集)转化到平面坐标体系时使用的数学转化方法。

投影参数(Projection Parameters):对数据集进行投影操作时用于控制投影误差、变形实际分布的参考特征。

地图(Map):空间现象的空间表征,通常以平面图形表示。

现象(Phenomenon):事实、发生的事件、状态等。

分辨率(Resolution):由涉及或使用的测量工具或分析方法能区分开的两个独立测量或计算值的最小差值。

质量(Quality):数据符合一定使用要求的基本或独特的性质。

详述(Explicit):由一对数或三个数分别直接描述水平位置和三维位置的方法。

介质(Media):用于记录、存储或传递数据的物理设备。

二、元数据的获取与管理

(一) 元数据的获取

空间数据元数据的获取是个较复杂的过程,相对于基础数据的形成时间,它的获取可分为三个阶段:数据收集前、数据收集中和数据收集后。对于模型元数据,这三个阶段分别是模型形成前、模型形成中和模型形成后。

第一阶段的元数据是根据要建设的数据库内容而设计的元数据,内容包括:普通元数据、专指性元数据;第二阶段的元数据随数据的形成同步产生;第三阶段的元数据是在上述数据收集到以后,根据需要产生的，包括数据处理过程描述、数据利用情况、数据质量评估、浏览文件的形成、拓扑关系、影像数据的指标体及指标、数据集大小、数据存放路径等。

空间数据元数据的获取方法主要有五种：键盘输入、关联表、测量法、计算法和推理法。键盘输入一般工作量大且易出错；关联表方法是通过公共项（字段）从已存在的元数据或数据中获取有关的；测量法容易使用且出错较少，如用全球定位系统测量数据空间点的位置等；计算方法指由其他元数据或数据计算得到的元数据，如水平位置可由仪器设置及时间计算得到；推理方法指根据数据的特征获取元数据。在元数据获取的不同阶段，使用的方法也有差异。在第一阶段主要是键入方法和关联表方法；第二阶段主要是采样测量方法；第三阶段主要是计算和参考方法。

（二）元数据的管理

空间数据元数据的理论和方法涉及数据库和元数据两方面。由于元数据的内容、形式的差异，元数据的管理与数据涉及的领域有关，它是通过建立在不同数据领域基础上的元数据信息系统实现的。在元数据管理信息系统中，物理层存放数据与元数据，该层由一些软件通过一定的逻辑关系与逻辑层关联起来。在概念层中用描述语言及模型定义了许多概念，如实体名称、别名等。通过这些概念及其限制特征，经过与逻辑层关联可获取、更新物理层的元数据及数据。

三、元数据的应用

（一）帮助用户获取数据

通过元数据，用户可对空间数据库进行浏览、检索和研究等。一个完整的空间数据库除应提供空间数据和属性数据外，还应提供丰富的引导信息，以及由纯数据得到的分析、综述和索引等信息。通过这些信息，用户可以明白诸如"这些数据是什么？"、"这个数据库对我有用吗？"、"这是我需要的数据吗？"、"怎样得到这些数据？"等一系列问题。

（二）空间数据质量控制

不论是统计数据还是空间数据都存在数据精度问题，影响空间数据精度的主要因素有两个：一是源数据的精度，二是数据加工处理过程中精度质量的控制情况。空间数据质量控制的内容包括：有准确定义的数据字典，以说明数据的组成、各部分的名称、表征的内容等；保证数据逻辑、科学地集成；有足够的说明数据来源、数据加工处理流程、数据解释的信息。

（三）在数据集成中的应用

数据库层次的元数据记录了数据格式、空间坐标体系、数据的表达形式、数据类型等信息；系统层次和应用层次的元数据则记录了数据使用的软硬件环境、数据使用规范、数据标准等信息。这些信息在数据集成的一系列处理中是必需的，如数据空间匹配、属性一致化处理、数据在各平台之间的转换使用等。这些信息能够使系统有效地控制数据流。

（四）数据存储和功能实现

元数据系统用于数据库的管理，可以避免数据的重复存储，通过元数据建立的逻辑数据索引可以高效查询分布式数据库中任何物理存储的数据，减少用户查询数据库及获取数据的时间，从而降低数据库的费用。数据库的建设和管理费用是数据库整体性能的反映，通过元数据可以实现数据库设计和系统资源利用方面开支的合理分配，数据库许多功能（如数据库检索、数据转换、数据分析等）的实现依靠系统资源的开发来实现。因而这类元数据的开发和利用将大大增强数据库的功能并降低数据库的建设费用。

四、地籍元数据

根据地籍信息的特点，元数据由 6 个部分组成：标识信息、数据质量信息、参照系统信息、内容信息、分发信息以及核心元数据信息。联系信息作为可重用的实体单独列出。上述组成部分及其简要说明见表 5-6。

（一）地籍元数据的组织及元素的简要说明

地籍元数据是按子集、实体以及元素进行组织的。元素是元数据的基本单元，用于描述数据集某一具体的特征。元数据实体是描述同类特征的元数据元素和其他元数据实体的集合。元数据子集是相互关联的元数据实体和元素的集合。描述数据集的所有元数据子集构成了核心元数据的全部内容，简要说明见表 5-7。

表 5-6　元数据的组成部分及其简要说明

名称	简要说明
核心元数据信息	关于元数据的信息
标识信息	唯一标识数据集的信息
数据质量信息	数据集质量的总体评价
参照系统信息	数据集使用的空间参照系统的说明
内容信息	数据集内容的描述
分发信息	关于数据集的分发者及数据获取方式的信息
联系信息	负责单位及其联系的地址、电话、电子信箱地址、网址等信息

表 5-7　地籍元数据的简要说明

子集	实体	元素	简要说明
核心元数据信息		日期	元数据发布或最近更新的日期
	联系	（见联系信息）	元数据负责单位的联系信息
标识信息	数据集引用	名称	数据集的名称
		日期	数据集的发布或最近更新日期
		版本	数据集的版本
		语种	数据集使用的语种
		摘要	数据集内容的概要说明
		现状	数据集的现状
	地理范围	西边经度	数据集覆盖范围最西边的经度坐标
		东边经度	数据集覆盖范围最东边的经度坐标
		南边纬度	数据集覆盖范围最南边的纬度坐标
		北边纬度	数据集覆盖范围最北边的纬度坐标
	地理描述	地理标识符	说明数据集空间范围约定俗成的或众所周知的地点或区域名
	时间范围	起始时间	数据集原始数据生成或采集的起始时间
		终止时间	数据集原始数据生成或采集的终止时间
	垂向范围	最小垂向坐标值	数据集中最小高程或深度
		最大垂向坐标值	数据集中最大高程或深度
		计量单位	高程或深度值的计量单位
		表示方式	表示信息的方法
		空间分辨率	数据集空间数据密度的参数
		类别	数据集专业或专题内容的类别代码
		影像轨道标识	影像覆盖的列和行标识
	数据集联系信息	（见联系信息）	与数据集有关的单位联系信息
	静态浏览图	文件名称	静态浏览图的文件名
	数据集限制	使用限制代码	使用数据集时涉及隐私权、知识产权的保护，或任何特定的约束、限制或注意事项
		安全等级代码	数据集安全限制的等级名称
	数据集格式	名称	数据集分发者提供的数据交换格式名称
		版本	数据格式的版本号
数据质量信息		概述	数据集质量的定性和定量的概括说明
		数据志	从数据源到数据集现状的演变过程的说明
空间参照系统信息	SI_基于地理标识的空间参照系统	名称	基于地理标识的空间参照系统名称
	SC_基于坐标的空间参照系统	大地坐标参照系统名称	大地坐标参照系统名称
		坐标系统类型	坐标系统类型名称
		坐标系统名称	坐标系统名称

续表

子集	实体	元素	简要说明
空间参照系统信息		投影参数	投影坐标系统的参数说明
		垂向坐标参照系统名称	垂向坐标参照系统名称
		图层名称	矢量数据集所包含的图层名称
		要素(实体)类型名称	具有同类属性的要素(实体)类名称
		属性列表	描述要素(实体)类主要属性内容的文字表述
		栅格/影像内容描述	栅格或影像数据集的内容(属性)描述
	数字传输选项	在线连接	网络的地址
	分发者	(见联系信息)	可以获取数据的单位联系信息
	联系信息	负责单位名称	负责单位的名称
		联系人	联系人姓名
		职责	负责单位的职责
		电话	负责单位或联系人的电话号码
		传真	负责单位或联系人的传真号码
		通信地址	负责单位或联系人的通信地址
		邮政编码	邮政编码
		电子信箱地址	负责单位或联系人的电子信箱地址
		网址	网络的地址

(二)元数据实体与元素的描述方法

1. 属性的定义与描述方法

(1) 名称。元数据实体或元数据元素的唯一标记。元素名称在实体中唯一,并不一定在全部实体定义中唯一。

(2) 定义。元数据实体或元素的准确含义。

(3) 约束条件。表示元数据实体或元素的填写条件的描述符,如必须填写或根据情况决定是否填写等。虽然核心元数据是描述数据集和数据集系列的基本元数据,但是由于数据集的多样性,因此并不是所有的元数据元素总是需要填写。约束条件就是用于描述这种不同状况的。它可有以下几种取值:M(必选,必须填写)、C/条件(条件必选,当满足约束条件中所定义的条件时必须填写)或O(可选,可根据具体数据集的情况决定是否填写)。缺省为必选。注意:如果某个实体不需要填写,则该实体包含的元素(即使是必选的元素)也不必填写。

(4) 最多出现次数。指元数据实体或元数据元素的实例可能出现的最多次数。出现一次的用"1"表示,重复出现的用"N"表示,缺省为1。

(5) 约束条件与最多出现次数的表示。为简明起见,这两个属性放在一起表示。约定如下:在相应的实体或元素的名称后面,用包括约束条件和最多出现次数的括号表示。如数据格式(O,N),说明该项实体或元素是可选项,并且可重复N次;有一项缺省,则只表示另一项。如数据格式(N),说明数据格式为必选项,且可重复N次;实体和元素名称后面无括号者表示两者都缺省。

(6) 数据类型。对可能取值的范围及允许对相应的值进行操作的规定。如整型、实型、字符串、日期型、时间型、布尔型等。

(7) 值域。元素的取值范围。在数据类型的基础上,根据地籍信息的特点,对元素取值作进一步的约束。

(8) 填写说明。对元数据内容的填写说明。

2. 元数据元素描述示例

本例以空间参照系统信息为例进行介绍。

空间参照系统信息(C/空间数据集,N)

RS_参照系统

SI_基于地理标识的空间参照系统(C/采用基于地理标识的空间参照系统)

名称：　中华人民共和国行政区划代码

SC_基于坐标的空间参照系统(C/采用基于坐标的空间参照系统,N)

SC_大地坐标参照系统

大地坐标参照系统名称：　003

+SC_大地坐标系统

SC_大地坐标系统

坐标系统类型：　003

坐标系统名称：　高斯-克吕格投影

投影坐标系统参数:(C/投影坐标系统)　39 带

SC_垂向坐标参照系统(C/有高程或深度信息的空间数据集)

垂向坐标参照系统名称：　102

示例中大地坐标参照系统名称为 003,表示地方独立坐标系(表 5-8);垂向坐标参照系统名称为 102,表示 1985 国家高程基准(表 5-9)。详细的代码表可参见《国土资源核心元数据元素指南》。

表 5-8　SC_大地坐标参照系统代码表

名称	代码	定义
1954 北京坐标系	001	
1980 国家大地坐标系	002	
地方独立坐标系	003	

表 5-9　SC_垂向坐标参照系统代码表

一级分类名称	二级分类名称	代码	定义
高程		100	
	1956 黄海高程系	101	1961 年后全国统一采用
	1985 国家高程基准	102	经国务院批准,国家测绘局于 1987 年 5 月 26 日公布使用
	地方独立高程系	103	
深度		200	
	最低低潮面(印度大潮低潮面)	201	1956 年前采用
	理论深度基准面	202	1956 年起采用
重力相关		300	
	国家重力控制网(57 网)	301	重力基准由苏联引入,属波茨坦重力基准
	国家 1985 重力基准网(85 网)	302	综合性的重力基准
	维也纳重力基准	303	
	波茨坦重力基准	304	
	国际重力基准网 1971(IGSN-71)	305	
	国际绝对重力基准网(IAGBN)	306	
相对高度		400	

§ 5-5　地籍数据库设计

一、概述

地籍数据库的设计问题,其实质就是将地籍数据以一定的组织形式在数据库系统中加以表达的过程,也就是地籍数据模型化问题。数据库设计的整个过程包括以下几个典型的步骤,即概念设计、逻辑设计和物理设计,如图 5-14 所示。在设计的不同阶段要考虑不同的问题,在每个设计阶段必须选择适当的论述方法及其相应的设计技术,对其中每一个大的设计阶段再划分为若干更细的设计步骤。

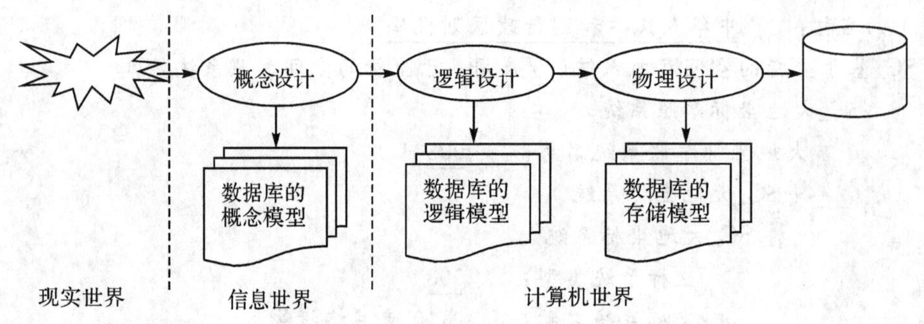

图 5-14 数据库设计步骤

二、数据库设计内容

(一) 需求分析

用系统的观点分析与某一特定的数据库应用有关的数据集合。需求分析是整个数据库设计与建立的基础,它主要包括调查用户的需求和需求数据的收集、分析以及编制用户需求说明书。

(二) 概念设计

对需求分析阶段所收集的信息和数据进行分析、整理,确定地理实体、属性及它们之间的联系,将各用户的局部视图合并成一个全局视图,形成独立于计算机的反映用户需求的概念模型。概念模型是现实世界到信息世界的抽象,具有独立于具体的数据库实现的优点,因此是用户和数据库设计人员之间进行交流的语言。数据库需求分析和概念设计阶段需要建立数据库的数据模型,可采用的建模技术方法主要有三类:① 面向记录的传统数据模型,包括层次模型、网状模型和关系模型;② 注重描述数据及其之间语义关系的语义数据模型,如实体—联系模型等;③ 面向对象的数据模型,它是在前两类数据模型的基础上发展起来的面向对象的数据库建模技术。表示概念模型的最有力的工具是 E—R 模型,即实体—联系模型,包括实体、联系和属性三个基本成分。它描述现实世界,不必考虑数据结构、存储路径等问题,比一般的数据模型更接近现实世界(E—R 模型可参阅相关书籍,这里不再赘述)。

(三) 逻辑设计

数据库逻辑设计的任务是:把信息世界中的概念模型利用数据库管理系统所提供的工具映射为计算机世界中为数据库管理系统所支持的数据模型,并用数据描述语言表达出来。逻辑设计又称为数据模型映射。所以,逻辑设计是根据概念模型和数据库管理系统选择的。例如,将上述概念设计所获得的实体—联系模型转换成关系数据库模型。逻辑设计的目的是从概念模型导出特定的数据库管理系统可以处理的数据库的逻辑结构(数据库的模式和外模式),这些模式在功能、性能、完整性和一致性约束及数据库可扩充性等方面均应满足用户提出的要求。地籍数据库逻辑结构见§5-3。

(四) 物理设计

数据库的物理设计指数据库存储结构和存储路径的设计,即将数据库的逻辑模型在实际的物理存储设备上加以实现,从而建立一个具有较好性能的物理数据库。该过程依赖于给定的计算机系统。在这一阶段,设计人员需要考虑数据库的存储问题,即所有数据在硬件设备上的存储方式、管理和存取数据的软件系统、数据库存储结构以保证用户以其所熟悉的方式存取数据以及数据在各个位置的分布方式等。

空间数据库的物理设计,是从一个满足用户信息需求的、已确定的逻辑数据库结构(即逻辑模型)出发,研制出一个有效的、可实现的物理数据库结构(存储结构或物理模型)的过程。物理设计常常包括某些操作约束,如响应时间、存储要求等。

物理设计可分为六步,前三步为结构设计和程序设计。各步的具体内容是:

(1) 存储记录的格式设计。对数据项类型特征分析,对存储记录进行格式化,决策如何进行数据压缩或代码化。使用“记录的垂直分解”方法,对含有较多属性的关系按其中属性的使用频率不同进行分割;或使用“记录的水平分解”方法,对含有较多记录的关系,按某些条件进行分割,并把它们定义在相同或不同类型的物理设备上,或在同一设备的不同区域上,从而使访问数据库的代价最小,提高数据库的性能。

(2) 存储方法设计。物理设计中最重要的一个考虑是,把存储记录在全数据库范围内进行物理存储安排。存储的方法主要有:① 顺序存储,该存储方式的平均查询次数为关系记录个数的1/2;② 散列存储,该存储方式的查询次数由散列算法决定;③ 索引存储,该存储方式需要确定创建何种索引及在哪些库和属性上建立索引;④ 聚簇存储,“记录聚簇”是指将不同类型的记录分配到相同的物理区域中去,充分利用物理顺序的优点,提高访问速度,即将经常在一起使用的记录聚簇在一起,以减少物理输入/输出的次数。

(3) 访问方法设计。访问方法设计为存储在物理设备上的数据提供存储结构和查询路径,该设计与选用的数据库管理系统有很大关系。

(4) 完整性和安全性考虑。根据逻辑设计说明书中提供的对数据库的约束条件、具体选择的数据库管理系统和操作系统的性能特征及硬件环境,设计建立数据库完整性和安全措施。

(5) 应用设计。该设计包括人机界面的设计、输入/输出格式的设计、代码设计、处理加工设计等。

(6) 形成物理设计说明书。物理设计的结果是物理设计说明书。包括存储记录格式、存储记录位置分布及访问方法、能满足的操作需求,并给出对硬件和软件系统的约束。在设计过程中,效率问题的考虑只能在各种约束得到满足且获得可行方案之后进行。此外,物理设计中应充分注意物理数据的独立性,所谓物理数据的独立性是指消除由于物理数据结构设计的改变而引起对数据库应用程序的修改。

三、地籍数据库设计

地籍数据库是地籍信息系统的组成部分,地籍信息系统是一个业务化运作系统,除了具有一般GIS的特征外,还具有自身的特点,在进行数据库设计前必须分析数据的组成特点。

(一) 数据源的分析

1. 数据源分析

地籍数据大体可分为空间信息和属性信息。

空间信息包括:地籍数据、房产数据、控制测量数据、地形图数据、规划数据、DEM数据、影像数据及其他社会经济专题图形数据。

属性信息包括:产权登记数据,权利人相关信息,各种统计数据,各类标准、文件和法规数据等。

2. 宗地数据分析

地籍可理解为记载土地位置、界址、数量、质量、权属和用途(地类)的基本状况的图簿册。地籍的图簿册中,图主要是指宗地图和地籍图,宗地图的空间集合构成地籍图;簿是指土地登记簿,是由土地登记卡集合构成的;册是指土地归户册,由土地归户卡的集合构成。土地归户卡记录同一土地使用者或使用者使用的全部土地数量、分布及其他状况,具体为其所使用或所有的宗地情况。土地登记卡以宗地为单位记录土地所有权和使用权状况。土地质量是采用分等定级的方式确定。

地籍管理的核心是土地登记,而土地登记的基本单元是宗地。土地登记实质是土地的权属管理,是确立权利人对宗地的所有、使用及其他权利关系的过程,包括设定、变更、注销和他项权利登记。这种关系具有法律效力,通过土地行政主管部门发放土地证(土地所有证、使用证和他项权利证明)来保证。其关系如图5-15所示。

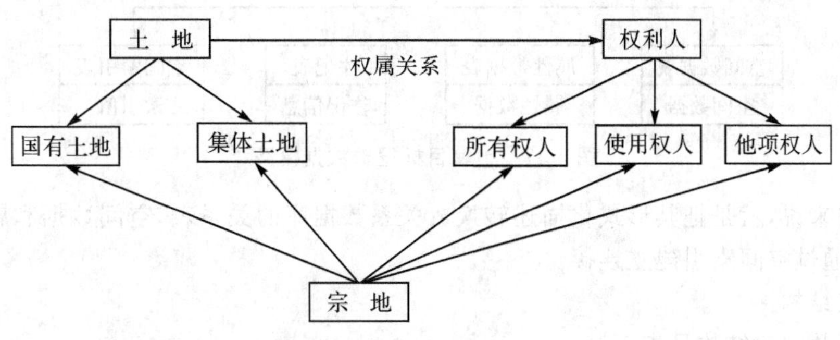

图5-15 土地权属关系

(二) 数据库的设计

通过以上分析,可将地籍数据库分为两大部分进行设计,即空间部分和属性部分。下面分别讨论这两部分的设计。

1. 地籍空间对象存储

(1) 分析

通常情况下，地籍研究都在一定的地理区域内进行，我们可以把该地理区域抽象称为一个工作区，每个工作区包含若干地籍要素层(地籍数据库的数据层，参阅§5-3内容)，每个地籍要素层又包含若干个地理目标对象。利用面向对象数据模型的基本思想，我们对地籍的实体或现象、相互关系及分布特征，进行抽象，构成5种地籍目标对象类，如图5-16所示。每一类都是空间数据、属性数据和操作目标的方法集合。

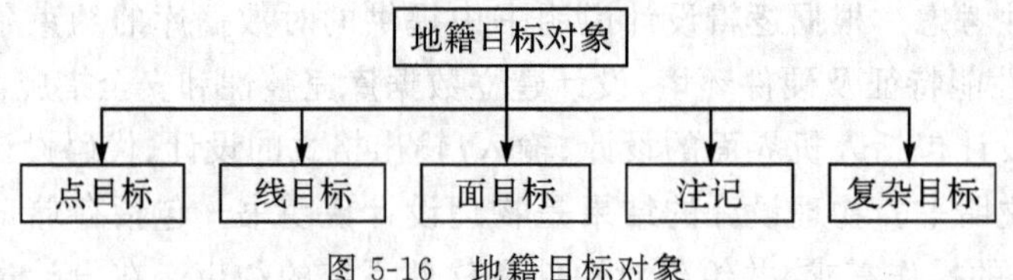

图5-16 地籍目标对象

——点目标对象类。指呈点状分布的地籍实体或现象，如界址点等。具有标识号、编号、定位点坐标等数据项，可以进行显示、增加、删除、修改等操作。当点状地物是有向地物时，需要两个点：一个定位点，一个定向点。

——线目标对象类。指呈线状分布的地籍实体或现象，包括弧段或链，弧段还涉及两端的结点，如界址线等。具有标识号、编码、组成线状的弧段等数据项，可以进行显示、增加、删除、修改长度等操作。

——面目标对象类。指呈面状分布的地籍实体或现象，由一条或多条弧段构成，如宗地、图斑等。具有标识号、编码、弧段串等数据项，还含有面的内点坐标、面积、外接矩形的坐标等。可以进行显示、增加、删除、修改、计算周长面积等操作。

——注记对象类。对各地籍目标进行描述和说明的有关信息。

——复杂目标对象类。由点、线、面中若干实体构成，也可以由复杂对象构成。

点、线、面地籍目标之间的拓扑关系通过包含各对象标识符的方法建立，同样，在注记类中也包含对象标识符，以此建立注记与地籍目标的联系。

(2) 地籍目标对象的表结构

对地籍目标的抽象和形式化描述可以说是一种概念数据模型。虽然它提供了较多的数据语义信息、复杂对象的表达能力和直接物理实现的机制，但由于对象存储与管理的复杂性，建立一个实用的、符合发展趋势的商业地籍数据库管理系统非常困难，目前的通用数据库没有成熟的面向对象数据库管理系统，因此我们在关系数据库的基础上建立一个面向对象管理层，把概念数据模型转换成关系数据库支持的关系数据模型，如图5-17所示。

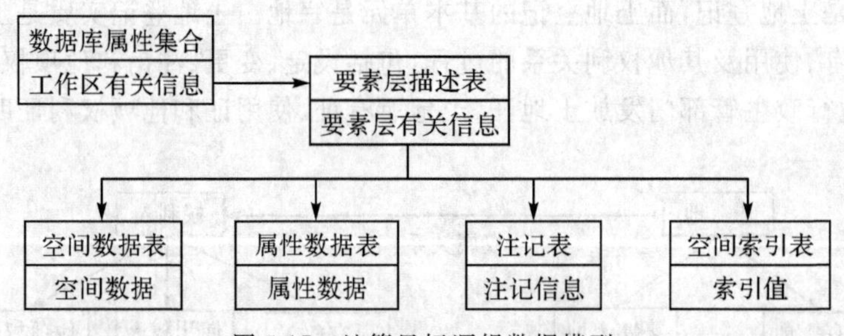

图5-17 地籍目标逻辑数据模型

对于具体对象来说，就是把其形式化描述转换成关系数据库的关系表，空间数据和属性数据分别用一个关系表来标示，通过空间索引建立连接。

——点目标表结构。

点目标的空间数据表结构见表5-10。

——线目标表结构。

线目标的空间数据表结构见表5-11。

——面目标表结构。

面目标的空间数据表结构见表5-12。

表 5-10　点目标空间数据表结构

字段名	类　型	说　明
ID	长整型	标识码。本表唯一,也作关键字
AttributeCode	长整型	点目标属性编码
Type	字节型	点的类型:0—无向,1—有向,2—结点
PositionPointX	双精度型	定位点 X 坐标
PositionPointX	双精度型	定位点 Y 坐标
Elevation	双精度型	高程
DirectionPointX	双精度型	方向点 X 坐标
DirectionPointY	双精度型	方向点 Y 坐标
LineIDAum	长整型	关联的弧段标识码个数
LineIDArray	长二进制型	关联的弧段标识,变长数组
SymbolCode	长整型	符号编码
SymbolSize	双精度型	符号尺寸
SymbolColor	长整型	符号颜色
LabelID	长整型	注记标识码

表 5-11　线目标空间数据表结构

字段名	类　型	说　明
ID	长整型	标识码。本表唯一,也作关键字
AttributeCode	长整型	线目标属性编码
Type	字节型	弧段类型:0—折线,1—光滑曲线,2—圆弧,3—圆,4—椭圆
StartNodeID	长整型	始结点标识码
EndNodeID	长整型	终结点标识码
PointNum	长整型	点列坐标个数
PointArray	长二进制型	点列坐标,边长数组
ElevationNum	长整型	高程个数
ElevationArray	长二进制型	高程数组,变长数组
SymbolCode	长整型	符号编码
SymbolSize	双精度型	符号尺寸
SymbolColor	长整型	符号颜色
LabelID	长整型	注记标识码

表 5-12　面目标空间数据表结构

字段名	类　型	说　明
ID	长整型	标识码。本表唯一,也作关键字
AttributeCode	长整型	面目标属性编码
LineIDNum	长整型	关联的弧段标识码个数
LineIDArray	长二进制型	关联的弧度标识,变长数组
ElevationNum	长整型	高程个数
ElevationArray	长二进制型	高程数组,变长数组
InsidePointX	双精度型	内点 X 坐标
InsidePointY	双精度型	内点 Y 坐标
SymbolCode	长整型	符号编码
SymbolSize	双精度型	符号尺寸
SymbolForeColor	长整型	符号前景颜色
SymbolBackColor	长整型	符号背景颜色
SymbolBorderColor	长整型	符号边界颜色
LabelID	长整型	注记标识码

2. 地籍属性数据存储

根据对数据源的分析，我们可以确定图 5-18 所示的宗地数据结构。

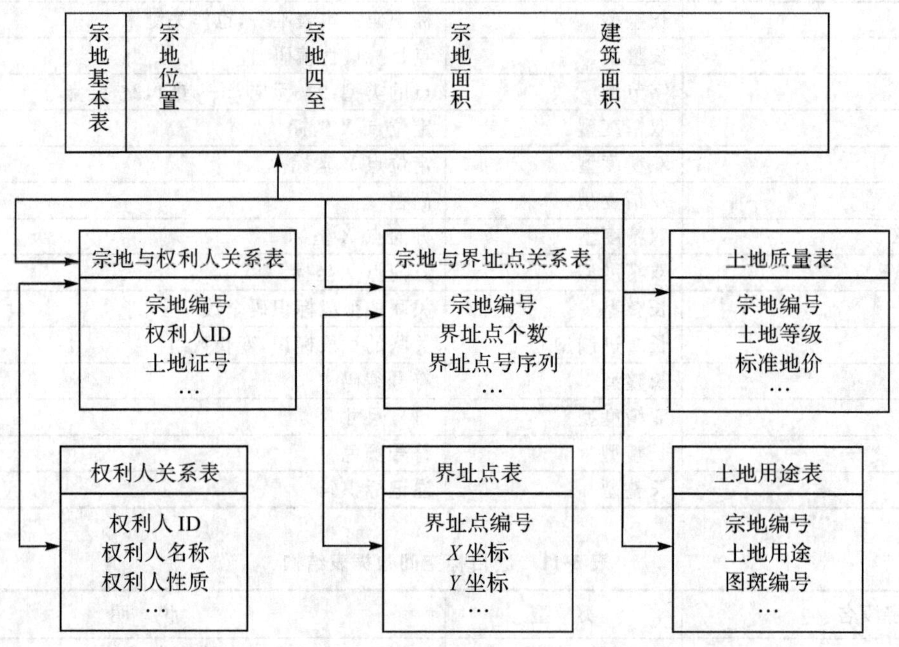

图 5-18 宗地数据结构

根据宗地数据结构，可以在关系数据库系统（如 SQL Sever 等）中设置以下地籍数据库表结构，见表 5-13 至表 5-16（由于篇幅有限，读者可参阅《城镇地籍数据库标准》中的相关内容）。

表 5-13 宗地属性结构描述表 （属性表名：ZD）

序号	字段名称	字段代码	字段类型	字段长度	小数位数	值域	约束条件	备注
1	标识码	BSM	Int	10		>0	M	
2	要素代码	YSDM	Char	10		见表 5-17	M	
3	地籍号	DJH	Char	19		非空	M	见本表注 1
4	宗地四至	ZDSZ	Char	200		非空	M	
5	通信地址	TXDZ	Char	100		非空	M	含邮政编码
6	土地坐落	TDZL	Char	100		非空	M	
7	权属性质	QSXZ	Char	2		非空	M	
8	使用权类型	SYQLX	Char	2		非空	M	
9	土地用途	TDYT	Char	4		非空	M	见本表注 2
10	实测面积	SCMJ	Float	16	2	>0	M	单位：m^2
11	发证面积	FZMJ	Float	16	2	>0	O	单位：m^2
12	建筑容积率	JZRJL	Float	4	2	>0	O	
13	建筑密度	JZMD	Float	3	2	[0,1]	O	
14	土地级别	TDJB	Char	2		非空	O	
15	申报地价	SBDJ	Float	15	2	>0	O	单位：元/m^2
16	取得价格	QDJG	Float	15	2	>0	O	单位：元/m^2

注：1. 地籍号为 19 位数字顺序码，组成包括县级以上（含县级）行政区划代码为 6 位数字顺序码，街道|乡（镇）行政区划代码为 3 位数字顺序码，街坊|村为 3 位数字顺序码，宗地号为 7 位数字顺序码。其中，宗地号由“基本宗地号（四位数字顺序码）＋宗地支号（三位数字顺序码）”组成，宗地支号从“001”开始顺序编号，若无宗地支号，则使用“000”补齐。

2. 土地用途按《土地利用现状分类》GB/T 21010—2007 执行，填写本宗地内主要用途的二级类编码。

3. 权利人、权属来源证明、申请登记、权属调查、注册登记、他项权利等信息用扩展属性表描述，其扩展属性表结构描述详见《城镇地籍数据库标准》；扩展属性表的标识码应与本表中对应的标识码保持完全一致，如：某一宗地的标识码为“1001”，则其对应的所有扩展属性表中的标识码也必须为“1001”。

4. 约束条件取值中 M 为必选，O 为可选。

表 5-14　权利人属性结构描述表　（属性表名:ZD_QLR）

序号	字段名称	字段代码	字段类型	字段长度	小数位数	值域	约束条件	备注
1	标识码	BSM	Int	10		>0	M	见表 5-13 注 3
2	地籍号	DJH	Char	19		非空	M	
3	土地证号	TDZH	Char	50		非空	O	
4	权利人名称	QLRMC	Char	100		非空	M	
5	权利人证件类型	QLRZJLX	Int	2		非空	M	
6	权利人证件号	QLRZJH	Char	20		非空	M	
7	法人代表姓名	FRDBXM	Char	50		非空	M	
8	法人代表证件类型	FRDBZJLX	Char	2		非空	M	
9	法人代表证件号	FRDBZJH	Char	30		非空	M	
10	法人代表身份证明书	FRDBSFZMS	Varbin			非空	M	影像文件
11	法人代表电话号码	FRDBDHHM	Char	15		非空	O	
12	代理人姓名	DLRXM	Char	50		非空	O	
13	代理人证件类型	DLRZJLX	Char	1		非空	O	
14	代理人证件号	DLRZJH	Char	20		非空	O	
15	代理人身份证明书	DLRSFZMS	Varbin			非空	O	影像文件
16	代理人电话号码	DLRDHHM	Char	15		非空	O	

表 5-15　界址线属性结构描述表　（属性表名:JZX）

序号	字段名称	字段代码	字段类型	字段长度	小数位数	值域	约束条件	备注
1	标识码	BSM	Int	10		>0	M	
2	要素代码	YSDM	Char	10		非空	M	
3	界址线长度	JZXCD	Float	15	2	>0	M	单位:m
4	界址线性质	JXXZ	Char	6		非空	M	
5	界址线类别	JZXLB	Char	1		非空	M	
6	界址线位置	JZXWZ	Char	1		非空	M	
7	权属界线协议书编号	QSJXXYSBH	Char	30		非空	C	见本表注
8	权属界线协议书	QSJXXYS	Varbin			非空	C	见本表注
9	权属争议缘由书编号	QSZYYYSBH	Char	30		非空	C	见本表注
10	权属争议缘由书	QSZYYYS	Varbin			非空	C	见本表注

注:本表 7、8 和 9、10 两组字段,其中一组字段的值为必填。

表 5-16　界址点属性结构描述表　（属性表名:JZD）

序号	字段名称	字段代码	字段类型	字段长度	小数位数	值域	约束条件	备注
1	标识码	BSM	Int	10		>0	M	
2	要素代码	YSDM	Char	10		非空	M	
3	界址点号	JZDH	Char	10		非空	M	
4	界标类型	JBLX	Char	2		非空	M	
5	界址点类型	JZDLX	Char	2		非空	M	

四、地籍要素代码

(一) 地籍要素的分类及编码方法

地籍要素分类大类采用面分类法,小类以下采用线分类法。根据分类编码通用原则,将城镇地籍数据库数据要素依次按大类、小类、一级类、二级类、三级类和四级类划分,要素代码采用 10 位数字层次码组成，其结构如下：

××　　××　　××　　××　　×　　×
大类码　小类码　一级类要素码　二级类要素码　三级类要素码　四级类要素码

其中：

(1) 大类码为专业代码，设定为两位数字码，其中基础地理专业码为10，土地专业码为20；小类码为业务代码，设定为两位数字码，空位以0补齐。土地权属的业务代码为06，土地利用的业务代码为01，土地利用遥感监测的业务代码为02；一至四级类码为要素分类代码，其中，一级类码为两位数字码、二级类码为两位数字码、三级类码为一位数字码、四级类码为一位数字码，空位以0补齐。

(2) 基础地理要素的一级类码、二级类码、三级类码和四级类码引用《基础地理信息要素分类与代码》(GB/T 13923—2006)中的基础地理要素代码结构与代码。

(3) 各要素类中若含有“其他”类，则该类代码直接设为“9”或“99”。

(二) 地籍数据库的要素代码与名称描述

城镇地籍数据库各类要素的代码与名称描述见表5-17。

表5-17　城镇地籍数据库要素代码与名称描述表

要素代码	要素名称	说明
1000000000	基础地理信息要素	
1000100000	定位基础	
1000110000	测量控制点	
1000119000	测量控制点注记	
1000600000	境界与政区	
1000600100	行政区	《基础地理信息要素分类与代码》(GB/T 13923—2006)的扩展
1000600200	行政区界线	《基础地理信息要素分类与代码》(GB/T 13923—2006)的扩展
1000609000	行政区注记	《基础地理信息要素分类与代码》(GB/T 13923—2006)的扩展
1000700000	地貌	
1000710000	等高线	
1000720000	高程注记点	
1000310000	居民地	
1000310300	房屋	
2000000000	土地信息要素	
2001000000	土地利用要素	
2001010000	地类图斑要素	
2001010100	地类图斑	
2001010200	地类图斑注记	
2001020000	线状地物要素	
2001020100	线状地物	
2001020200	线状地物注记	
2001040000	地类界线	
2006000000	土地权属要素	
2006010000	宗地要素	
2006010100	宗地	
2006010200	宗地注记	
2006020000	界址线要素	

续表

要素代码	要素名称	说明
2006020100	界址线	
2006020200	界址线注记	
2006030000	界址点要素	
2006030100	界址点	
2006030200	界址点注记	
2002030000	栅格要素	《土地利用动态遥感监测数据库标准》(报批稿)的扩展
2002030100	数字航空摄影影像	
2002030101	数字航空正射影像图	
2002030200	数字航天遥感影像	
2002030201	数字航天正射影像图	
2002030300	数字栅格地图	
2002030400	数字高程模型	
2002039900	其他栅格数据	
2099000000	其他要素	

注:1. 本表的基础地理信息要素第5位至第10位代码参考《基础地理信息要素分类与代码》(GB/T 13923—2006)。

2. 行政区、行政区界线与行政区注记要素参考《基础地理信息要素分类与代码》(GB/T 13923—2006)的结构进行扩充,各级行政区的信息使用行政区与行政区界线属性表描述。

§5-6　地籍数据建库与检查

建立地籍数据库是一项复杂的工作,这项工作是将地面上的实体图形数据及其描述性属性数据输入到数据库中。整个流程包括前期数据的采集、检查和入库等。图5-19为地籍数据建设的流程。根据国内外的经验,建立一个一定规模的地籍信息系统,数据获取的工作量大约占整个系统建设的3/4。本节将从数据的采集、质量控制到建库等方面进行介绍。

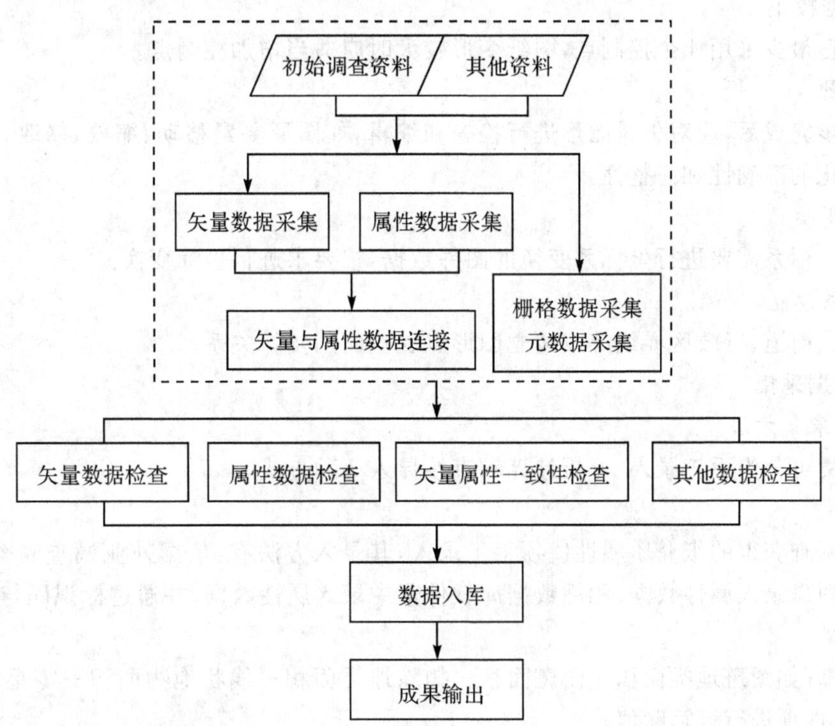

图5-19　地籍数据库建设主要环节

一、数据采集

数据采集是对数据进行必要编码和输入数据库的操作过程，在数据采集过程中由于地籍数据的多样性，所以还要求对不同的数据格式进行转换，以保证数据格式的一致性。

（一）矢量数据采集

1．矢量数据采集方法

根据数据源的情况主要有以下几种采集方法。

（1）基于外业电子数据采集

当数据源为野外测量的控制点、界址点坐标及勘丈数据时，可采用此方法采集。

采用GPS、全站仪等测量设备采集数据：根据数据计算控制点、界址点坐标，导入转换成图。

电子文档转换：将控制点、界址点坐标成果表录入，建立坐标文件，或将原始的电子文档，经过数据转换成图。

测量数据编辑：将外业测量数据，如测量草图中的边长、角度等，按其测量方法计算坐标，编辑成图。

（2）矢量数据转换

当数据源为矢量数据或已建城镇地籍数据库时，应先进行数据格式、数学基础、数据精度、现势性、数据分层等方面的检查，然后进行数据转换和相应处理。

（3）基于数字正射影像数据提取

当数据源为DOM时，依据影像特征，参照已有的城镇地籍资料进行内业解译采集。

（4）扫描矢量化

当数据源是纸介质图件时，可对其进行预处理、扫描、纠正、矢量化等处理采集。

2．矢量数据采集要求

（1）编辑处理原则

——图形编辑处理应严格以数据源为依据，数据编辑处理精度须在限差规定范围内。

——图形编辑处理可采用自动、半自动化、人工手动或几种方式相结合的处理方法。

——编辑处理过程因采集软件的不同而有所区别，实际操作时按软件要求进行。

（2）矢量数据校正

矢量数据校正最少采用4个控制点，图纸变形较大时应适当增加控制点。

（3）图形编辑

在数字化初步完成后，应对矢量图形进行检查和编辑，如图形要素移动、缩放、修改、复制、补注记等，以保证图形矢量化的准确性和完整性。

（4）坐标系变换

对采用不同坐标系需要进行坐标系变换的图件数据，按要求进行坐标变换。

（5）拓扑关系建立

对宗地、街坊、街道、行政区界线等应建立图形点、线、面间拓扑关系。

（二）属性数据采集

1．属性数据采集方法

属性数据采集可分为手工录入、分析计算和直接导入3种方式。

（1）手工录入

对于从外业调查获得的纸介质属性值须手工录入，其录入方法有：依据外业调查底图、农村土地调查记录手簿等逐个图斑录入属性数据；利用数据库软件集中录入属性数据，并通过标识码与矢量数据关联。

（2）分析计算

通过数值计算（如图斑地类面积＝图斑面积－扣除地类面积－线状地物面积－零星地物面积）、空间分析等方法，对属性项进行计算赋值。

（3）直接导入

依据《城镇地籍数据库标准》等对已有土地利用数据库的属性数据或外业采集的电子形式属性数据进

行转换、编辑、完善，并直接导入数据库中。

2. 属性数据采集要求

(1) 数据结构和编码方法符合《城镇地籍数据库标准》要求。

(2) 属性数据采集以数据源为依据。

(3) 属性值应保证正确无误。

(4) 属性数据与矢量数据应保持逻辑一致性。

(三) 栅格数据采集

1. 栅格数据采集方法

DOM 获取方法主要有数字摄影测量方法和单片数字微分纠正方法。数字摄影测量方法是对航空影像进行扫描、定向、建立立体模型、获取 DEM、微分纠正、裁切等工艺处理，制作成 DOM；单片数字微分纠正方法是在已有的 DEM 以及像控点成果的情况下，对数字影像内定向，按像控点进行单片空间后方交会，得像片的内外方位元素，根据 DEM 进行数字微分纠正。

DRG 采集主要有转换法和扫描法。转换法是将矢量数据经符号化后转换为 DRG 数据；扫描法是对纸介质图件进行扫描、栅格编辑、图幅定向、几何纠正等工艺处理生成 DRG 数据。

DEM 采集主要有数字摄影测量和地形图扫描矢量化两种方法。数字摄影测量是对摄影资料进行扫描、影像定向、立体建模、DEM 获取、人机交互编辑等工艺流程生成 DEM 数据；地形图扫描矢量化是通过对地形图扫描、定向、矢量化编辑、高程赋值、构建 TIN 等工艺流程，内插生成 DEM 数据。

对需要保存的审批文件、合同、土地权属界线协议书等相关文档资料，直接采用扫描仪、数码相机等设备进行扫描或拍照，生成存档数据文件。

2. 栅格数据采集要求

(1) DOM 采集要求

——数学基础正确，覆盖范围完整，平面精度符合要求。

——无明显的拼接痕迹，影像镶嵌几何接边不出现重影或模糊。

——影像清晰，反差适中，色调均匀。

——数据格式采用 TIFF 加地理定位信息文件，或直接采用 GeoTIFF。

——元数据文件、附加信息文件内容无错漏。

(2) DRG 采集要求

——图廓线、公里格网线等内容完整，图廓点、公里格网点坐标与理论值偏差不大于一个像元。

——分辨率不低于 300 dpi，图像清晰、不粘连。

——色彩统一、RGB 值正确。

——与原图内容一致。

——数据格式采用 TIFF 加地理定位信息文件，或直接采用 GeoTIFF。

——具体要求参见《基础地理信息数字产品 1∶10 000 1∶50 000 数字栅格地图》。

(3) DEM 采集要求

——格网间距、各网点高程精度要求参见《基础地理信息数字产品 1∶10 000 1∶50 000 数字高程模型》。

——同图幅的 DEM 与等高线需保持一致，其高程偏差不大于 1 个等高距。

——DEM 图幅拼接处的同名点高程必须一致。

——达不到预定高程精度的区域应划定为高程推测区。

——静止水域的 DEM 格网点高程应一致，流动水域的上下游 DEM 格网点高程应梯度下降，关系合理。

(4) 存档文件采集要求

——分辨率不低于 300 dpi，图像清晰、不粘连。

——色彩统一、RGB 值正确。

——与原资料内容完全一致。

——存储为 BMP 或 JPEG 格式文件。

——需要有说明文件，附加说明文件内容无错漏。

二、数据检查

(一) 矢量数据检查

1. 位置精度检查

在屏幕上将检测要素逐一显示或绘出全要素图(或分要素图),并与地理要素分类代码表和矢量化原图对照,目视抽样检查各要素分层是否正确或遗漏、位置精度是否符合要求、多边形是否闭合等,形成检查记录。

2. 逻辑一致性检查

逻辑一致性检查包括图形数据的一般性检查和拓扑关系检查。

图形的一般性检查包括是否有线段自相交、两线相交、线段打折、公共边重复、悬挂点或伪节点、碎片多边形等。如图 5-20 为宗地间缝隙,图 5-21 为宗地重叠。

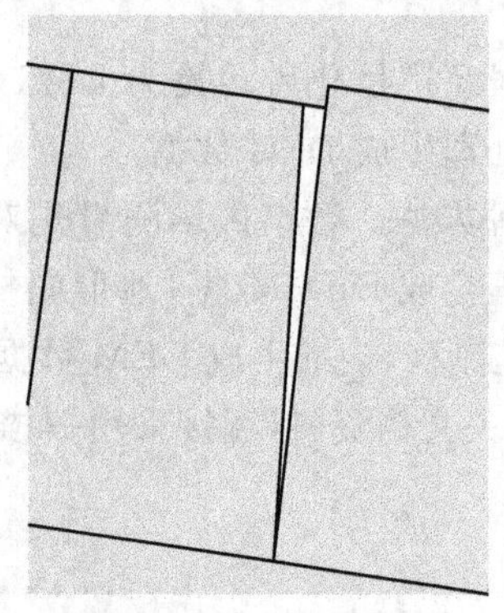

图 5-20　数据检查缝隙

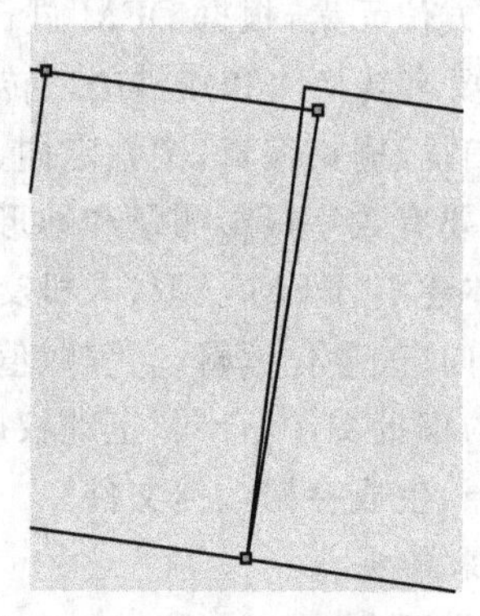

图 5-21　数据检查重叠

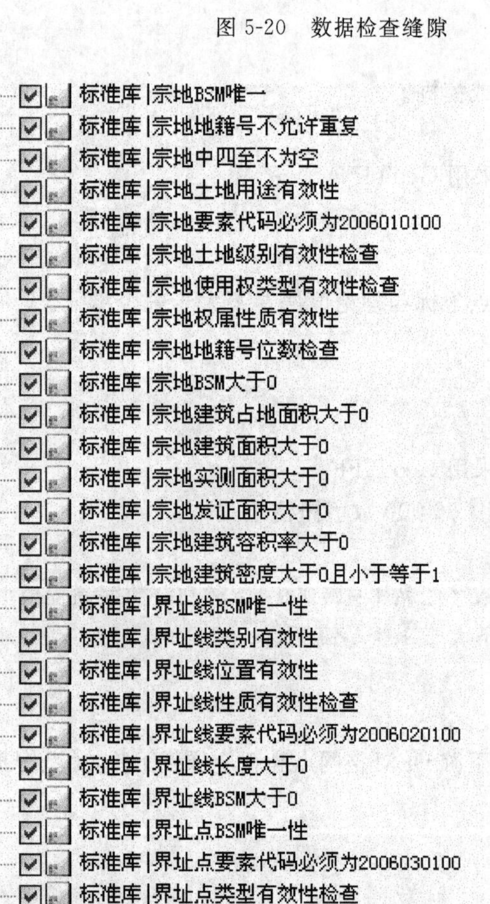

图 5-22　宗地属性检查

图形的拓扑关系检查包括是否建立拓扑,多边形是否闭合,各图层间拓扑关系是否正确等。

(二) 属性数据检查

(1) 检查属性文件是否建立,属性是否齐全,各要素层属性结构是否符合标准要求。

(2) 检查属性值的正确性,主要内容包括非空性检查、值域检查等。

(3) 将地类编码、地类面积等重要的属性数据标注在图上,检查属性值的正确性。

(4) 检查分幅、行政区、权属区等的面积汇总数据是否正确。

图 5-22 所示为某软件的宗地属性检查界面。

(三) 矢量数据与属性数据一致性检查

(1) 检查矢量数据与属性数据是否对应,是否存在个别图斑没有属性的情况。

(2) 如果用软件统一录入属性,要检查属性与图形是否对应,是否存在多余属性记录。

(四) 其他数据检查

(1) 栅格数据检查。检查 DOM、DEM 等栅格数据的精度、色调等。

(2) 元数据检查。检查元数据的完整性、正确性等。

三、数据入库

（一）数据入库前的质量检查

在数据入库前，建库单位应根据《城镇地籍数据库标准》对数据成果质量进行全面检查，并记录检查结果。对质量检查不合格的数据应予以返工，质量检查合格的数据方可入库。

（二）数据入库的步骤

借助数据库管理系统，将图形和属性数据转入地籍数据库管理系统，步骤如下：

(1) 根据《城镇地籍数据库标准》的要求，建立数据字典和图幅索引。

(2) 建立元数据库，其内容和格式要符合要求。

(3) 将经过质量检查合格的矢量、属性、栅格等数据转入应用数据库。

(4) 根据软件功能进行系统运行测试，验收合格后由技术负责人签字认可。

（三）数据质量检查分析

(1) 将建库成果与原始资料进行对比检查，分析数据库成果质量。

(2) 将数据库生成的界址点成果表与原始坐标表对比，分析界址点输入精度。

(3) 将数据库计算的宗地面积与原始资料中的宗地面积进行对比，分析宗地面积精度。

(4) 将数据库中的统计汇总与原统计汇总表进行对比，分析建库汇总数据的准确性。

(5) 将输出的地籍图与经过校正的扫描图像、原始地籍图进行叠加检查，分析地籍图数字化的整体精度。

四、质量控制

（一）质量控制原则

(1) 统一标准原则。数据建库中数据内容、分层、结构、质量要求等要严格依据《城镇地籍数据库标准》的规定。

(2) 过程控制原则。要对数据采集、数据入库等过程中的每一重要环节进行检查控制，以免环节出错造成误差传递、累加等，同时要保证建库过程的可逆性。

(3) 持续改进原则。在数据采集、检查、入库等各环节中，不断优化各环节的数据处理流程和方法，保障数据质量。

(4) 质量评定原则。对数据库数据进行质量评定，及时、准确地掌握数据的质量状况，及时发现建库中存在的问题，保证数据建库成果的质量。

（二）数据源质量控制

(1) 根据数据源质量要求对其进行质量检查，并填写数据源质量检查表，见表 5-18。

表 5-18　数据源质量检查表

<table>
<tr><td>项目名称</td><td colspan="2"></td><td>检查日期</td><td></td></tr>
<tr><td>检查单位</td><td colspan="2"></td><td>负责人</td><td></td></tr>
<tr><td>资料名称</td><td>检查内容</td><td>检查结果</td><td colspan="2">检查及处理方法</td></tr>
<tr><td></td><td></td><td></td><td colspan="2"></td></tr>
<tr><td>总体意见</td><td colspan="4"></td></tr>
</table>

（2）检查图形数据精度是否在误差范围之内。

（3）检查地籍调查表等记录表的规范性、完整性、逻辑一致性，并对照图件检查对应关系。

（4）检查数字形式的数据源的数据格式、数学基础和数据精度等。

（三）数据采集质量控制

采用环节质量控制和交接检查的方法，对过程质量进行控制。

（1）作业员对其作业过程及重大问题应当记录。

（2）作业员对数据进行全面自查，技术负责人组织作业员互查。

（3）由专业质量检查员对重要环节进行重点检查，并填写质量控制检查及处理表。质量控制检查及处理表见表 5-19。

表 5-19 质量控制检查及处理表

<table>
<tr><td>图幅号</td><td></td><td>质量检查
负责人</td><td></td><td>作业日期</td><td></td></tr>
<tr><td>环节名称</td><td>质量控制项目</td><td colspan="4">检查及处理结果</td></tr>
<tr><td rowspan="4">图件扫描及纠正
（作业员：　　）</td><td>扫描仪型号和主要性能</td><td colspan="4"></td></tr>
<tr><td>扫描主要参数</td><td colspan="4"></td></tr>
<tr><td>纠正控制点数目和纠正方法</td><td colspan="4"></td></tr>
<tr><td>扫描影像清晰度和纠正精度检查结果</td><td colspan="4"></td></tr>
<tr><td>矢量数据采集
（作业员：　　）</td><td>数字化精度屏幕套合及检查结果</td><td colspan="4"></td></tr>
<tr><td rowspan="3">属性数据采集
（作业员：　　）</td><td>面积数据汇总检查结果</td><td colspan="4"></td></tr>
<tr><td>软件逻辑一致性检查结果</td><td colspan="4"></td></tr>
<tr><td>属性数据精度检查用图主要检查结果</td><td colspan="4"></td></tr>
<tr><td>数据接边处理
（作业员：　　）</td><td>接边处理检查结果</td><td colspan="4"></td></tr>
<tr><td>数据拓扑处理
（作业员：　　）</td><td>拓扑处理检查结果</td><td colspan="4"></td></tr>
<tr><td rowspan="2">数据坐标变换和投影变换处理
（作业员：　　）</td><td>坐标变换检查结果</td><td colspan="4"></td></tr>
<tr><td>投影变换检查结果</td><td colspan="4"></td></tr>
</table>

(4) 专业质量检查员要不定期地进行抽查,确保数据质量。

(5) 不同作业员进行不同作业环节的数据交接时,进行数据交接检查,交接检查卡见表 5-20。

表 5-20　交接检查卡

<table>
<tr><td>环节名称</td><td colspan="5"></td></tr>
<tr><td>操作工艺</td><td colspan="5"></td></tr>
<tr><td>质量依据</td><td colspan="5"></td></tr>
<tr><td>完成内容</td><td colspan="5"></td></tr>
<tr><td>环节负责人</td><td></td><td>质量检查员</td><td></td><td>检查日期</td><td></td></tr>
<tr><td>环节作业员</td><td colspan="5"></td></tr>
<tr><td>环节质量
检查记录</td><td colspan="5"></td></tr>
<tr><td>交接检查
结论</td><td colspan="5">技术负责人:</td></tr>
<tr><td>下道环节</td><td colspan="2"></td><td colspan="2">环节负责人</td><td></td></tr>
</table>

(四) 数据入库质量控制

(1) 数据入库前应对数据进行100%的数据质量检查,其检查表如表5-21所示。

表5-21 数据入库前检查表

检查项	检查内容	是否符合要求	备注
矢量数据几何精度和拓扑检查	数据基础		
	几何精度		
	完整性		
	拓扑关系		
属性数据的完整性和正确性检查	完整性		
	正确性		
	逻辑一致性		
图形和属性的一致性检查	图形要素与属性表记录对应		
	面状图层一致性检查		
	点状图层一致性检查		
	线状图层一致性检查		
接边完整性检查	各图幅是否进行接边处理		
	接边质量检查		

注:要求对检查出的错误进行全面修改更正,确实无法修改的在备注中写明原因。

(2) 数据入库后要对计算机自动输出成果进行检查，其检查表如表5-22所示。

表5-22　数据入库后检查表

检查项	检查内容	结果	备注
表格成果	输出表格是否完整		
	表格格式是否正确		
	表格的逻辑一致性是否正确		
图件成果	完整性		
	正确性		
	逻辑一致性		

注：要求对检查出的错误进行全面修改正确，确实无法修改的写明原因。

(3) 数据运行过程中要对数据库做整体的安全运行检查，其检查表如表5-23所示。

表5-23 数据库安全运行检查表

<table>
<tr><td>数据库名称</td><td colspan="3"></td></tr>
<tr><td>数据库软硬件情况</td><td colspan="3"></td></tr>
<tr><td>数据库性能</td><td colspan="3"></td></tr>
<tr><td>数据库安全性</td><td colspan="3"></td></tr>
<tr><td>数据库运行情况</td><td colspan="3"></td></tr>
<tr><td>存储空间占用率</td><td colspan="3"></td></tr>
<tr><td>系统异常情况</td><td colspan="3"></td></tr>
<tr><td>其他事宜</td><td colspan="3"></td></tr>
<tr><td>数据库检查员签名</td><td></td><td>登记日期</td><td></td></tr>
<tr><td>单位领导签名</td><td></td><td>签字日期</td><td></td></tr>
</table>

五、数据库成果

(一) 数据成果

1. 成果内容

城镇土地调查数据库(原格式数据、《城镇地籍数据库标准》规定的交换格式数据)。

2. 成果要求

(1) 必选图层齐全，基础地理、土地利用、土地权属等要素完整。

(2) 矢量数据、属性数据、栅格数据和元数据命名正确，格式内容符合要求。

(3) 数学基础符合要求。

(4) 图形要素拓扑关系正确。

(5) 图形数据精度满足要求。

(6) 数据逻辑无缝,同时其属性和拓扑关系保持一致。

(7) 各要素属性数据正确无误。

(二) 文字成果

1. 成果内容

(1) 工作报告、技术报告和自检报告。

(2) 图历簿、自检记录表和作业情况记载表等。

2. 成果要求

(1) 图历簿填写正确、内容完整。

(2) 质量控制文档齐全,包括作业情况记录表、数据源质量检查表等。

(3) 工作报告、技术报告等报告文件内容丰富、描述准确、逻辑清楚。

(三) 图件成果

1. 成果内容

(1) 标准分幅地籍图。

(2) 宗地图、街坊图等专题图。

(3) 分幅索引图。

2. 成果要求

(1) 地籍图

——图内要素。① 地籍要素:包括行政区界线、街坊界、界址点线、地籍号、地类、使用者名称;② 数据要素:包括图廓线、坐标格网、坐标注记、测量控制网、测量控制点及其注记;③ 地物要素:包括建筑物及构筑物、楼层、门牌号、围墙、栅栏、道路、水系等。

——图外要素。① 图种名、图名、图号;② 图幅接合表;③ 坐标系及高程系;④ 成图比例尺;⑤ 制图单位全称;⑥ 说明注记(含调绘时间、制图时间);⑦ 辅助说明;⑧ 图例等。

——图式及图例。图式图例要符合《城镇地籍调查规程》的规定。

(2) 宗地图

——图内要素。① 图幅号、地籍号;② 宗地号、地类号、门牌号、面积及宗地使用者名称;③ 界址点、界址点号、界址线及边长;④ 宗地内建筑物及构筑物;⑤ 邻宗地界址线(示意)、邻宗地使用者;⑥ 相邻道路、街巷及名称;⑦ 指北针。

——图外要素。① 图种名;② 绘图员签名、审检员等;③ 制图时间;④ 其他说明注记等。

(3) 街坊图

参照地籍图的图内、外要素制图。

(4) 分幅索引图

分幅索引图要素包括:① 分幅图结合表及图幅号注记;② 行政界、街坊界及名称注记。

(四) 表格成果

1. 成果内容

(1) 以街坊为单位宗地面积汇总表。

(2) 城镇土地利用现状分类统计汇总表。

(3) 城镇土地利用强度表。

(4) 城镇土地使用权类型汇总表。

(5) 房地产、金融服务业、工业、开发园区、基础设施等专项用地调查统计汇总表。

2. 成果要求

(1) 表格格式符合要求,数据正确。

(2) 统计汇总表格格式符合要求,数据逻辑一致性关系正确。

§ 5-7 地籍数据库更新与管理功能

一、地籍数据库更新

(一) 数据库更新目的与依据

为保证地籍数据库的现势性和准确性,依据城镇地籍变更登记要求,对于宗地的合并、分割、继承、赠与,土地权利人的更名、更址以及土地用途的变更等多种情况,应在土地变更登记的基础上进行数据库更新。

(二) 数据更新方法及要求

(1) 应按照变更登记流程进行土地变更资料录入。

(2) 由于来源于变更数据的类型和精度的差异,原则是精度低的数据服从精度高的数据。

(3) 在进行数据变更时,须保证图形和属性同步变更,保持图属对应关系一致性。

(4) 变更前数据作为历史数据存放,现状数据和历史数据间必须建立关系。

(5) 变更数据与未变更数据间应保证严格的拓扑关系。

二、地籍数据库管理功能

(一) 数据采集与处理功能

(1) 图像处理功能要求。能对图像进行配准处理,能对各种图像格式进行输入和输出转换,主要包括TIFF、GeoTIFF、JPG、IMG 等图像格式的输入和输出。

(2) 空间参考系转换功能要求。能进行坐标变换,主要包括 1954 北京坐标系、1980 西安坐标系、地方坐标系、2000 国家大地坐标系等不同坐标系的相互转换;能进行投影变换,主要包括高斯-克吕格投影、墨卡托投影、彭纳投影等不同投影的相互转换。

(3) 图层编辑功能要求。能进行图层编辑,主要包括增删图层、修改图层名称、图层状态编辑、修改图层次序等功能。

(4) 矢量化采集功能要求。能进行图形数据的矢量化采集,主要包括点、线、面的增、删、改等,对点、线、面等多种对象的延伸、连接、旋转、合并、分解等编辑功能和对编辑对象的多种捕捉功能。

(5) 电子数据采集功能要求。能进行电子数据采集,主要包括键盘输入坐标点和批量导入 GPS、全站仪等测量仪器的电子数据等功能。

(6) 属性数据采集功能要求。能进行属性数据的采集,主要包括数据结构的编辑与修改、属性值的编辑与修改、属性值批量分析计算录入、批量属性数据的导入等。

(7) 检查与处理功能要求。能对数据进行检查并具有一定的错误处理功能,主要包括拓扑检查与处理、一致性检查与处理、完整性检查与处理等。

(8) 数据格式转换功能要求。能按照《城镇地籍数据库标准》中规定的交换格式进行数据交换,主要包括能够导入《城镇地籍数据库标准》中规定的数据交换格式、能够按《城镇地籍数据库标准》交换格式导出数据。

(二) 数据管理与应用功能

(1) 数据库维护与管理功能要求。应具有对数据库各种数据的管理与维护功能,主要包括各图层、数据结构、数据字典、元数据等的管理及维护。

(2) 数据库安全管理功能要求。应满足城镇地籍数据安全管理的需要,主要包括用户权限设置、密码设置、备份与恢复、出错处理等。

(3) 信息查询功能要求。系统应提供多种查询功能,包括图形查属性、属性查图形、土地登记信息查询、历史回溯查询等功能。

(4) 专题图制作功能要求。具有不同专题图的制作功能,主要包括宗地图、地籍图等各种专题图的制作。

(5) 统计分析功能要求。具备地籍管理中常见报表统计分析功能,主要包括界址点成果表、宗地面积计算表、土地分类面积统计表等统计汇总，对全市或一个区（或街道、街坊）范围按权属性质、建筑容积率、建筑密度等的统计，并生成统计图和表等。

(6) 地籍管理相关卡表生成功能要求。具有表、卡、证、册制作与输出功能，主要包括打印宗地的相关表卡证册、生成登记区域内的归户卡等。

(7) 变更登记功能要求。具有变更登记功能，包括具有完整的变更流程、对流程进行调整与自定义、审查条件设定、能自动检查以前抵押登记资料、能完成各类图形变更等功能。

(8) 历史数据管理功能要求。具有历史信息的存储、查询和追溯功能，主要包括图形与属性历史信息的保存、能对历史信息进行追溯查询等。

§5-8 地籍数据库安全管理与维护

在地籍数据库的建设过程中，建设单位投入了大量的人力与资金，数据库的各种软硬件是建设单位的重要资产；同时，由于地籍信息的特殊性，任何信息的泄露都会带来不可估量的损失。因此，地籍数据库的安全管理与维护是一项必不可少的极其重要的工作。当前常见报道的病毒传播破坏和电脑“黑客”犯罪等现象很好地说明了信息安全与保密的必要性与紧迫性。

一、安全管理与维护的基本要求

(1) 系统安全性。应确保数据库硬件及软件安全可靠。

(2) 数据安全性。地籍数据库应具有安全性，要确保数据不被破坏。一旦数据被破坏时，要能够及时恢复。

(3) 数据保密性。地籍数据库要有足够的保密措施，保证数据不被窃取和流失。

(4) 系统高效性。要进行日常维护与数据整理，保证数据库管理系统的高效运行。

(5) 系统开放性。系统运行功能不应随系统的硬件、软件和网络的变化而改变系统的兼容性。

二、管理制度

(一) 基本要求

要建立安全保密机构，制定相应的管理制度。其内容主要包括技术文档管理制度、数据安全与保密制度、数据库的物理运行环境管理制度、数据库用户管理制度、数据库日志管理制度、数据备份制度、对建库承担单位的保密规定以及其他规章制度。

(二) 技术文档管理

(1) 技术资料及文档都应妥善保存，建立严格的借阅手续。

(2) 机房应具备有故障时的替代文本和系统恢复时所需的规定文本。

(3) 需要从系统中提取资料时，应有严格的手续和制度作保证。

(4) 对打印的作废资料应统一销毁。

(5) 数据安全和保密管理制度。

(6) 数据安全和保密制度须遵循国家有关国土资料安全和保密的有关政策法规，明确安全和保密的措施和要求。

(三) 用户管理制度

明确用户分级原则，严格控制不同用户的访问权限，制定用户管理办法。

(四) 数据库日志管理制度

(1) 数据库管理员每天对数据库的状态检查并按照统一的数据库日志登记表进行每天登记，登记表要妥善保管。

(2) 数据库系统要建立自动日志，该日志应定期备份。

(3) 数据库日志登记表包括：数据库管理员姓名、登记日期、系统异常、数据量的变化、存储空间的使用情况、访问情况、数据的更新情况等，详见表 5-24。

表 5-24 土地调查数据库管理员日志登记表

编号：

数据库名称			
数据库软件版本			
操作系统名称和版本			
数据字典版本			
数据备份情况			
存储空间占用率			
数据库访问计数			
数据库数据量			
数据更新情况			
系统异常情况			
其他事宜			
数据库管理员签名		登记日期	
单位领导签名		签字日期	

(五) 数据备份制度

数据备份制度应明确规定数据备份的周期、方法、存储媒体、存放环境等管理制度及要求。

(六) 保密规定

在实施地籍建库工程中，承包方应严格遵守以下保密规定：

(1) 承担方不得复制，丢失或涂改国土资源部门的原始资料。

(2) 承担方在数据采集或建库完毕，应在规定时间内归还国土资源部门的原始资料。

(3) 承担方不得复制，转让或丢失国土资源部门的电子数据，待验收后全部移交国土资源部门。

(七) 其他规章制度

主要包括以下规章制度：

(1) 消防管理制度。

(2) 监理制度。

(3) 危险品管理制度。

(4) 消耗品管理制度。

(5) 清洁管理制度。

(6) 各种安全规章制度。

三、数据库安全

数据库的安全包括数据库物理实体的安全、数据库的逻辑安全、数据访问权限控制、数据备份与媒体安全。

(一) 数据库逻辑安全

数据库的逻辑安全包括:软件安全、数据字典的安全、数据安全以及访问的权限控制。

(二) 软件安全

(1) 系统软件和应用软件,应可靠和稳定。

(2) 软件安全管理要控制信息的流向和避免系统受到攻击。

(3) 谨防计算机病毒和黑客的入侵。

(三) 数据字典安全

(1) 数据字典要定期进行安全的备份。

(2) 数据字典的改变必须经过审批并在另外的计算机上独立试验,不能在数据库上试验。

(四) 数据安全和保密

(1) 加密保护:数据库中加入加密模块而对库内数据进行加密;在库外的文件系统内加密,形成存储模块,再进行数据库存储管理。

(2) 数据库不能与公共网络连接。

(3) 文件和数据不用时应当妥善保管,和计算机有关的废弃物应该放在粉碎机上粉碎,然后再进行最终处理。

(4) 当存储媒体不用时在转交给别人使用前,必须将存储在上面的保密数据彻底删除,有保密记录的存储媒体不能送交国外修理;存储媒体有质量问题需要维修时,要确保数据不会丢失和失密。

(五) 数据访问权限控制

对用户的访问权限进行检查,只有检查合格的用户才有权访问数据,执行其自身权限范围内的操作,否则将拒绝执行。在实际操作过程中,可采用用户识别、密匙识别、个人特征标识和用户权限控制等技术措施进行保护,以防止数据被非法存取和复制。

(六) 数据备份

数据备份每天都要进行。数据备份后,一定要及时进行校验,并根据数据重要性的不同,制作多个备份。另外,还要定期检查与维护。

(七) 媒体安全

数据存储媒体的种类有:硬盘、磁带、光盘、纸质记录等。媒体的使用和存放条件应符合表 5-25 中的规定。

表 5-25 媒体的使用和保存条件

媒介因素	磁带		磁盘	
	已记录	未记录	已记录	未记录
温度	<32℃	5~50℃	-40℃~65℃	
湿度	20%~80%		8%~80%	
磁场强度	<3 200 A/m			

四、数据库维护

(一) 软件维护与升级

(1) 系统软件的维护与升级要保证数据的安全性。

(2) 应用软件要定期根据需要进行维护与升级来保证数据库的可用性和高效性。

(3) 应及时处理软件安装及运行后出现的问题。

(4) 应及时从 Internet 上下载软件的补丁程序或者升级版本。

(二) 硬件维护与升级

(1) 硬件系统的维护与升级要确保系统的兼容性和开放性。

(2) 硬件系统出现故障,可用备件来替换,或交维修公司处理。

(3) 当发现设备性能不足,应及时提出解决办法。

(4) 对于一些外围设备如打印机、绘图机、扫描仪等设备,应及时更换、清理和调校。

(三) 数据库结构和数据字典的维护

(1) 数据库结构和数据字典应保持相对稳定,并根据应用的变化和软件的升级及时更新。

(2) 数据字典的升级和修改,须保证数据的自动安全迁移。

(3) 数据库中数据更新后,数据物理存储位置和数据库的索引要及时维护并更新。

(4) 用户界面要根据需要升级,以满足数据库系统各类用户的需要。

(四) 数据维护

(1) 数据库中数据变化后,原来的数据要妥善保存,不仅历史数据库中要保存,还要进行备份。

(2) 更新的数据必须经过严格检查验收,数据更新在联网的工作站上进行,不能直接在数据库服务器上进行,在临时数据库验收后才能递交给数据库服务器。

(3) 数据更新后要及时对数据库的索引进行更新,数据更新要进行日志更新。

§ 5-9　地籍信息系统概述

地籍信息系统主要是利用计算机海量的存储量、飞速的计算速度以及简捷的查询方式来实现对地籍信息的采集输入、加工处理、存储管理、统计分析、辅助决策以及产品输出的技术系统。

一、系统建设的原则

地籍信息系统是为了实现土地管理的科学化、规范化,系统应建立成一个以国土资源管理信息为核心的土地资源和资产数据库,实现资源的全局共享,实现土地利用现状变更信息管理、土地利用规划管理、地籍管理、建设用地管理、耕地保护管理和土地市场管理等工作的信息化,提高土地管理的质量、效率和水平,为国土资源管理提供数据技术和管理支持,为公众提供可公开的国土政务信息查询服务。因此系统在建设时应遵循以下原则:

(1) 实用性。最大可能地满足土地管理的业务要求是系统建设的根本目标,也是系统设计的基本出发点。实用性要求做到:易于使用、更新简单、便于系统管理数据、升级容易;具有优化的系统结构、完善的数据库系统以及友好的用户界面;达到业务人员能够操作,实现土地管理业务处理的计算机化,逐步提高土地管理的信息化程度。

(2) 先进性。为规范业务流程,提高工作效率,拓宽服务领域,系统必须符合现行标准;结构合理、数据严谨、功能齐全、技术先进、操作简单。

(3) 一体化。包括:系统建设、架构的一体化,办公自动化、GIS 应用一体化,城乡国土资源管理的一体化,国土资源管理各个业务流程的一体化。

(4) 前瞻性。信息技术发展非常快,硬件更新换代迅速,性能价格比不断跃升,因此,在系统的设计中要有超前性,必须充分考虑技术的发展趋势,如采用关系数据库管理空间数据、Internet GIS 应用等问题。同时在硬件配置和系统设计中还需充分考虑系统的发展和升级,使系统具有较强的扩展能力,处于应用系统技术领先地位,确保系统能适应现代信息技术高速发展。

(5) 可扩展性。系统必须具有较强的可扩展性和对需求变化的自适应能力,以适应业务管理内容和工作流程变化造成的系统需求的变化。

(6) 经济性。系统建设要求在实用的基础上做到最经济、以最小的投入获得最大的效益。在硬件和软件配置、系统开发和数据库建立上都充分考虑投入和经济效益。

二、系统功能结构

由于土地管理部门的业务繁杂，为防止系统过于庞大，避免产生业务的重叠和数据处理存储过程中的混乱，根据用户单位工作特点和需要，可将系统划分为若干模块，如图 5-23 所示。

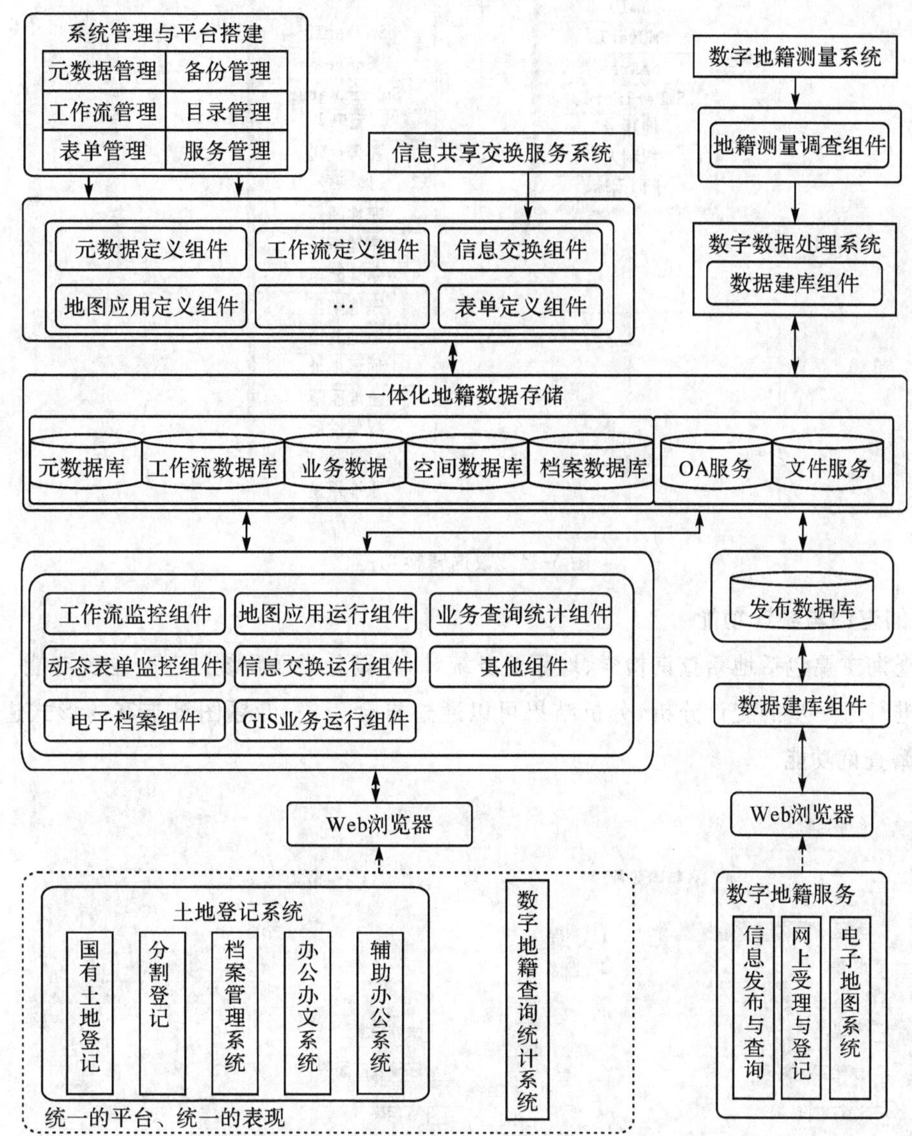

图 5-23　地籍信息系统功能结构

三、系统功能

地籍信息系统主要实现以下功能。

（一）数据建库及维护

数据建库是以设计的地籍数据库结构为参考，按照设计的数据分层、数据编码等要求，实现字段、常量等信息的入库，主要功能包括数据交换格式的装载、数据检查、编辑处理、数据入库等。图 5-24 为数据转换功能的实现。数据维护功能包括：投影、坐标转换、数据输入输出、数据配准等。

（二）土地登记业务功能

土地登记业务功能应实现项目受理—地籍调查—审核审批—登记发证过程的流程化管理。办理过程中，可以进行业务办理的监控、项目资料的查询、图形的编辑与地图打印以及证表卡的输出。系统内置了初始登记、变更登记、他项权利等常见业务过程，并提供灵活的流程管理工具，用户可以根据需要进行业务的扩展。

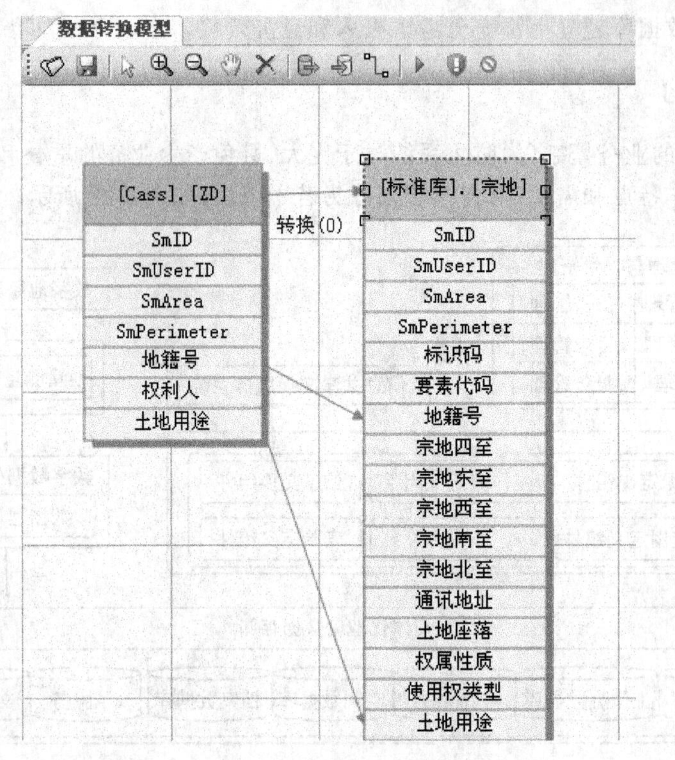

图 5-24　数据转换功能

(三) 地籍的查询与统计功能

地籍业务查询主要包括地籍查询检索、地籍业务统计、地籍分类面积统计三个主要功能。可以在查询结果的基础上进行进一步的统计分析,分析结果可以通过复合表格、专题图等丰富的形式进行表现。图 5-25 所示为地籍查询功能。

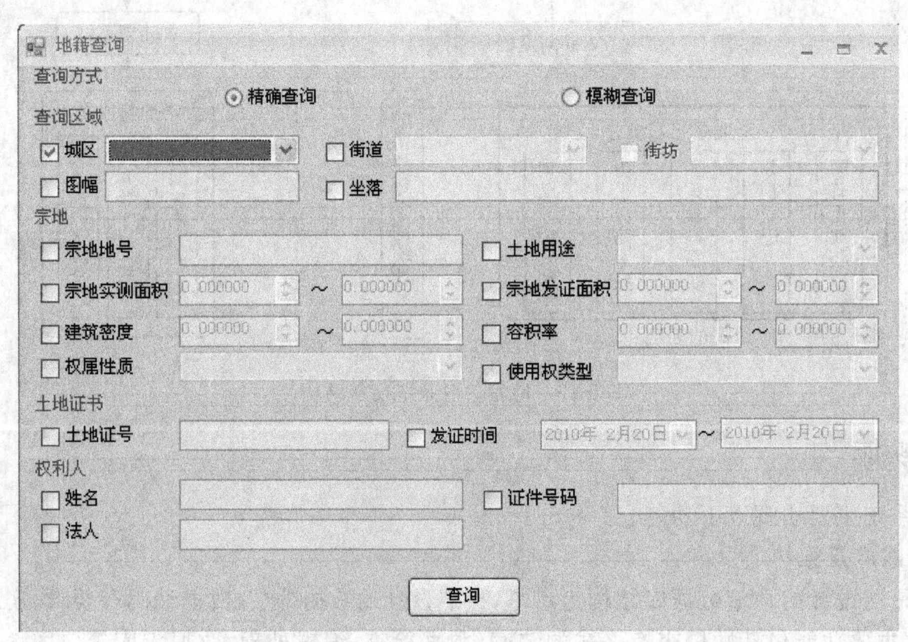

图 5-25　地籍查询

(四) 制图输出功能

制图输出功能提供各种打印模板,根据需要进行各种图件的打印输出,如表、卡、证、册的打印,制图输出(包括标准分幅地籍图;街道街坊图;宗地图……)等。

（五）历史回溯

根据时空数据模型，地籍信息系统可实现单宗地历史回溯功能可以追溯宗地的变化过程，查询每个变化过程的详细信息；区域历史回溯功能实现区域某一时间点的历史用地状态恢复，可以同时实现多窗口多时间点的对比显示。

（六）元数据管理

能够对矢量元数据、DOM元数据、DEM元数据等数据进行管理和维护。

随着我国土地使用制度改革的深入、市场经济体制的进一步完善、城乡经济和建设日趋融合的发展以及对集体土地产权管理的逐步加强，地籍信息系统必将有新的发展。

思考题

1. 什么是数据库？其主要特征有哪些？
2. 数据库的基本结构分为哪几个层次？
3. 数据库的数据模型有哪些？
4. 空间数据分层应注意哪些方面？
5. 什么是数据字典？什么是元数据？
6. 简述如何获取元数据。
7. 简述地籍要素分类及编码方法。
8. 简述地籍数据建库流程。
9. 简述数据采集的方法。
10. 地籍数据入库质量控制要点包括哪些方面？
11. 数据库成果有哪些？
12. 数据库数据更新的方法有哪些？
13. 数据库的安全包括哪些方面？
14. 什么是地籍信息系统？其功能有哪些？

第六章　地籍测绘成果资料整理与质量管理

§6-1　地籍测绘成果资料整理

地籍测绘成果资料整理是指调查测量工作结束后，对形成的数据进行检核、分类、编排、整饰，录入数据库等。数据整理要求整齐、编排有序，便于使用和查找，并使调查成果与测量成果相互衔接，形成整体。

一、地籍测量成果资料整理要求

(1) 测量的图件成果的图面整饰应美观，各项内容齐全，符合规定要求；控制网布点图、地籍索引图的尺寸适中，一般不小于 50 cm×50 cm。

(2) 图件以外的其他测量成果(包括文字总结、报告等)，应按其所属类别，分别装订成册。

(3) 凡装订成册的成果资料，必须加具封面，封面必须注明本项成果的名称。同一项成果分为若干册的，应进行顺序编号，封面应注明本册成果资料的范围。

(4) 全解析法数字化测量提供的磁盘文件应注明所属内容、范围和测绘时间。

二、权属调查成果整理

权属调查成果是地籍档案的重要组成部分，也是地籍测量的依据，成果的整理应符合档案管理规定，便于地籍测量工作的实施。

(1) 宗地调查资料按宗进行立卷。立卷资料的规格必须一致，不得参差不齐。卷内资料按下列次序统一编排。

——地籍调查表，应以街道为单位，以街坊为单元按宗地号顺序进行编排及装订。

——土地登记收件单。

——土地登记申请书。

——申请人身份证明。包括法人身份证明、企业营业执照、身份证件、指界委托书复印件等。

——土地权属来源证明文件。包括批准用地文件及征地补偿协议；出让合同书及缴纳地价、税费的凭证；转让、继承等的协议书、合同书、证明书；土地权属纠纷的处理决定、判决书，裁定书；违法用地的处理文件；居委会、村委会或主管部门出具的土地权属证明等。

——地上建筑物、附着物的产权证明。

——其他证明材料。

上述资料属复印件的，应加盖管理机关印章后才能归档。

——土地登记申请书、土地权属来源证明文件、地籍调查表的影像文件。

(2) 调查资料立卷后，应逐宗用资料(档案)袋装放。档案封面必须说明土地使用者名称和土地编号、卷内资料的编号及名称目录，并按街道、街坊汇总。同一街道、街坊的宗地档案按宗地编号的先后顺序统一排列。

(3) 违法用地的调查资料参照宗地调查资料的整理办法进行，整理后的资料按街道、街坊汇总，与宗地资料集中存放，并造册摘录违法用地者名称、块地编号、面积、用途和违法用地性质，以便处理。

(4) 街道、街坊分区示意图。街道、街坊分区示意图可与地籍图分幅接合图一起编制成地籍索引图。

(5) 调查底图应以街道、街坊为单位进行整理。

(6) 在整理过程中，应查核调查资料是否齐全、是否符合要求，凡发现资料不全、不符合要求或调查存在遗漏的，应及时进行补调、修正。

权属调查成果整理过程中，应根据地籍测量成果检核共有面积及其分摊情况、边长等有关调查数据；

对地籍调查过程中,没有填写的宗地面积、建筑占地面积、界址点间距、界址点坐标等有关栏目内容进行补填;数字化测量形成的宗地图,应归入宗地调查档案,保证宗地调查内容和资料的完整性。

三、控制测量资料的整理

(一)平面控制测量资料

1. 控制测量资料检核

(1) 原始观测记录手簿各项记录是否齐全和符合要求,计算有无错误,观测成果有无超限。

(2) 仪器检定资料是否齐全和符合要求。

(3) 点之记是否按要求绘制。

(4) 各等级控制网布点图绘制有无遗漏。

(5) 平差计算是否符合要求,有无超限;平差报告编写是否符合要求。

(6) 控制点成果表是否从高等级到低等级列出,有无错漏。

(7) 有无提交控制测量阶段小结。

2. 控制测量资料整理

(1) 原始观测记录手簿应装订成册,封面应符合技术设计要求。

(2) 点之记按要求绘制,应提供电子格式。电子数据应按技术等级分别命名存放。

(3) 各等级控制网布点图绘制可根据测区大小比例尺选择 1∶5 000 或 1∶10 000。

(4) 各等级控制网平差报告及成果应装订成册,封面应符合技术设计要求。

(5) 技术总结、工作报告和自检报告应装订成册,编写应符合《测绘技术总结编写规定》(CH/T 1001—2005)的要求。

(二)高程测量资料

(1) 野外观测记录。

(2) 平差报告。

(3) 成果报告。

(4) 技术总结。

(5) 其他相关资料,如仪器检定资料等。

四、地籍要素测量资料的整理

(一)地籍要素测量资料检核

(1) 地籍图测绘范围是否完整、无遗漏,是否按要求绘制地籍图。

(2) 界址点坐标册填写是否正确、齐全,有无遗漏。

(3) 空间数据和属性数据是否齐全。

(4) 有无提交要素测量小结。

(二)地籍要素测量资料的整理

地籍图资料主要包括:地籍分幅图、宗地图、地籍图图幅接合表等。

(1) 地籍分幅图应用三色表示:界址线和界址点、街道街坊线及注记等权属信息用红色表示,图斑界线及注记用绿色表示,其他注记一律用黑色表示。

——标准分幅图上街道号、街坊号、宗地号、地类号、土地使用者名称应注记齐全,位置适中,图面负载量过大时可放置在房屋等地物内,但不应压盖地物特征点;若土地使用者名称过长时可分行表示,极个别的实在注记不开的可省略土地使用者名称。

——标准分幅图上图斑应标注图斑号、地类号及图斑界线;所有块地面积分幅图上均不注记。

——标准分幅图上不注记边长、界址点号,但界址线和界址点的标志应表示齐全,且置于重合线划的顶层。界址点符号要空心表示。

——宗地属性接边要完整,单位名称在不同图幅内要注全,村庄名称要逐幅标示。当宗地在不同图幅接边处空间位置比较小时可只注记宗地号和地类号,其他省略不注。

——打印标准分幅图时所有骨架线均要关掉。

——地籍分幅图的电子文档命名要科学合理，便于图形文件的查询和检索。

(2) 宗地图采用双色，界址线和界址点用红色表示，其他注记一律用黑色表示。图幅规格：一般为A4、A3、A2幅面，较大、较小宗地可适当缩放。宗地图的电子文档数据格式应符合当地主管部门的要求，文档的命名可参阅以下格式：

以行政区街道、街坊宗地编号命名，例如：郑州市二七区001街道012街坊第0045宗地可命名为“4101030010120045.dwg”。

(3) 地籍图图幅接合表要能够正确反映各图幅的相对位置关系，图幅的命名应以本图幅的主要地物或单位进行命名。图幅接合表的比例尺可根据测区大小选择1∶5 000或1∶10 000。

(4) 地籍一览表，以街坊为单位制作，图中表示权属界线、宗地号，比例尺根据街坊大小确定。

(5) 地籍要素测量技术小结应装订成册，封面应符合技术设计要求。

五、面积量算资料的整理

(一) 面积量算资料检核

(1) 收集面积量算表及原始计算记录，检查有无错漏。

(2) 检查宗地面积汇总表、分类面积统计表和共用土地分摊面积表是否按规定填写、汇总。

(3) 有无提交面积量算小结或说明。

(二) 面积量算资料的整理

(1) 以街道为单位的宗地面积统计数据。

(2) 土地统计台账及城镇行业类别、土地使用权类型、土地使用者性质、土地面积统计数据。

(3) 不同权属性质面积统计数据。

(4) 城镇土地利用情况调查统计数据。

六、数据库资料的整理

(一) 城镇土地调查数据库

城镇土地调查数据库主要包括土地权属、土地登记、土地利用、基础地理、影像等信息，其成果应能满足省级土地调查数据库管理要求，具有上传、查询、检索、统计分析及输出功能。具体包括：

(1) 地形图库。

(2) 地籍(权属)图库。

(3) 属性数据库。

(4) 影像图库。

(5) 扫描文件图库(tif、bmp、jpg、pdf等格式)。

(6) 其他数据库成果。

(二) 应符合的标准

数据库资料应符合《城镇地籍数据库标准》(TD/T 1015—2007)。

(三) 扫描资料

城镇地籍调查建库扫描资料的命名方法及文件组织结构：

|…郑州地籍扫描

　　|…区号　/以6位县行政区划代码的最后2位数字命名文件夹/

　　　　|…街道号　/以3位街道编号命名文件夹/

　　　　　　|…街坊号　/以3位街坊编号命名文件夹/

　　　　　　　　|…宗地号　/以前4位基本宗地号命名文件夹；有宗地支号的以7位宗地号命名文件夹/

　　　　　　　　|调查表.pdf

　　　　　　　　|申请书.pdf

| 法人代表身份证明书.pdf /单位使用的土地包括法人代表身份证扫描件及法人代表身份证明扫描件；个人使用的土地包括户主身份证扫描件及户口本户主页扫描件。/

| 代理人身份证明书.pdf /指代理人身份证扫描件及指界委托书扫描件

| 土地登记指界通知签名单.pdf

| 指界委托书.pdf

| 权属来源证明.pdf /包括权属来源的所有资料，如土地证等/

| 宗地草图.pdf

| 界址标示.pdf /即调查表中的界址标示页，应单独成立一个文件/

| 调查审核意见.pdf /即调查表的最后一页，应单独成立一个文件/

| 指界通知书.pdf

其中：(1)"|…"表示文件夹；(2)"|"表示文件夹下的文件；(3)"/"表示注释文字。

扫描资料的文件挂接路径为"D:\郑州地籍扫描\410103\410103001\410103012\4101030010120045000*.pdf"。

七、地籍测绘上交成果资料

地籍测绘工作结束后，应提交以下成果资料。

(一) 文字部分

(1) 技术设计书。

(2) 自查报告。

(3) 工作报告。

(4) 技术总结。

(5) 验收报告(待验收后补交)。

(二) 权属调查部分

(1) 地籍调查表。

(2) 丈量原始记录。

(3) 宗地草图。

(4) 各类权源文件。

(三) 控制测量部分

(1) GPS控制测量全套资料(包括：测量任务书、技术设计书；四等以上GPS控制点点之记、环视图、测量标志委托书；外业观测记录，测量手簿及数据盘；接收设备、气象及其他仪器的检验资料；卫星观测数据、平差计算资料和成果表；GPS网形图(展点图)；技术总结、工作报告和自检报告等)。

(2) 一级、二级GPS及导线点、埋石图根点的控制资料(包括：一、二级GPS及导线点、埋石图根点的外业观测手簿；一、二级GPS及导线点控制网图、平差计算资料及成果表；埋石图根点的平差计算资料及成果表；电脑打印的控制点成果表等)。

(3) 仪器鉴定资料。

(四) 地籍要素测量部分

(1) 地籍图资料(包括：地籍分幅图、宗地图、地籍图图幅接合表等)。

(2) 地籍调查数据资料(包括宗地一览表)。

(五) 面积量算部分

(1) 以街道为单位宗地面积统计数据。

(2) 土地统计台账及城镇行业类别、土地使用权类型、土地使用者性质、土地面积统计数据。

(3) 不同权属性质面积统计数据。

(4) 城镇土地利用情况调查统计数据。

(六) 电子数据资料部分

光盘内容包括：

(1) GPS控制测量的全套资料。所有一级、二级平差计算资料、控制点数据库、控制点网图、图幅接合表等。

(2) 图形资料。包括分幅图、宗地图等。

(3) 地籍数据库电子数据资料。城镇地籍调查标准库、地形库、附件库、元数据及其他数据库。

(4) 文字等资料,技术设计书、工作报告等。

§6-2 地籍测绘成果资料档案管理

一、地籍档案的概念

我国于1987年9月颁布的《中华人民共和国档案法》第一章第二条明确指出:档案“是指过去和现在的国家机构、社会组织以及个人从事政治、军事、经济、科学、技术、文化、宗教等活动直接形成的对国家和社会有保存价值的各种文字、图表、声像等不同形式的历史记录。”可见,档案是具有法律权威的名称。

地籍档案是一种专门档案,可以说是一些在地籍管理活动中直接形成的以文字、图表、声像等不同形式反映地籍管理信息,具有保存价值的历史记录。地籍档案是由许多地籍资料组成的。

二、地籍档案的种类

地籍档案根据形成的时间、表示方式和内容等,可分为以下类型。

(一) 按历史时期分类

(1) 古代地籍档案。是指从夏、商开始到清朝末期之间各个朝代,前后约4000年间的地籍档案,是历史上最长的一个时期,因被保存下来的地籍档案数据较少,所以也极为珍贵。

(2) 民国地籍档案。是指从1911年到1949年之间的地籍档案。在此期间,地籍管理活动中形成的地籍档案较多,尤以城镇地籍档案最为完好。

(3) 当代地籍档案。是指从1949年至今的地籍档案。由于国家对档案工作的重视,新中国成立后的诸如土地改革(如解放区的土地改革法规、土地证等)、农村社会主义改造以及土地划拨、征用;历次颁布的土地法规、条例等地籍文件材料得到了应有的保护和收藏,极大地丰富了我国的地籍档案,特别是近几年来科学技术手段的飞速发展,使地籍档案的载体形式和表示方法有了新的变化,增添了新的品种,如数字档案、电子档案、音像档案等。

(二) 按载体形式分类

(1) 普通载体(如纸张、薄膜等)。

(2) 音像载体(如胶片、磁带、磁盘等)。

(三) 按内容分类

(1) 土地调查档案。

(2) 土地评价档案。

(3) 土地登记档案。

(4) 土地统计档案。

(5) 土地征拨档案。

(6) 地籍综合档案。

(四) 按形成的单位分类

1. 国家机关地籍档案

指乡级(包括乡、镇)以上土地管理部门的地籍档案。

2. 基层单位地籍档案

指集体土地所有权单位,国有土地和集体土地使用单位的地籍档案。

3. 个人地籍档案

指拥有集体土地和国有土地使用权的个人地籍档案。

三、地籍档案工作程序

地籍档案工作，就是对地籍档案进行搜集、整理、分类编目、归档保管和提供利用的各项活动。

(一) 地籍档案工作必须遵循的原则

(1) 土地管理部门的各级档案馆、室的档案工作，必须服从国家的统一领导，接受国家的监督。

(2) 地籍档案馆、室是各级档案工作的事业单位，是集中管理档案的文化机构。

(3) 实行统一管理，必须有一个统一的管理制度。

各级、各单位的档案馆、室必须按照《中华人民共和国档案法》和有关的条例、规定，制定出地籍档案的管理制度。

(4) 我国有 30 多个省(市、自治区)和 2000 多个县(市、镇)，应立卷归档的材料种类繁多，数量庞大，只有在统一管理的原则下，实行分层、分专业、分单位进行管理的办法，接受上级和同级档案管理部门的指导和监督。

(二) 具体业务工作程序

(1) 搜集。各机关、单位、社会团体、个人形成和保存有大量的地籍文件资料。为了使其中有保存价值的资料充分发挥作用，必须将这些分散的资料进行搜集、归档，实行集中统一保管。

(2) 整理。对搜集来的文件资料，要根据其有无保存价值而确定取舍，要按土地档案全宗和地籍档案的分类系统，进行分门别类的系统整理，以便于查找和利用。

(3) 鉴定。搜集到的文件资料，要根据其有无保存价值而确定取舍，并根据保存价值的大小确定出保管期限；还要就资料的内容确定出保管等级。

(4) 保管。为了长期保管地籍档案的完整和安全，采取严密、科学的保管方法是非常必要的。

(5) 统计。为及时掌握档案的数量、质量及其利用情况，探索档案合理工作的规律，应及时进行各种统计工作。

(6) 提供利用。地籍档案管理的任务之一，就是要及时、方便地给用户提供应用服务，包括编制各种检索工作、设置阅览室、配备复制设备以及举办档案展览等工作。

(7) 编研。即汇编出种种参考资料，出版期刊和档案史料，主动地为用户提供档案信息，充分发挥档案的社会效益和经济效益。

四、地籍档案的分类

地籍档案的分类可视具体情况选用，其具体分类如下。

(一) 地籍档案分类方法的选用

1. 问题分类法

按照地籍档案内容说明的问题进行分类。这种分类方法可使内容性质相同的文件、契据、证书和图纸得到集中，比较突出地反映某个土地管理机关工作活动的面貌，便于按专题查找和利用。

2. 年度分类法

按照形成和处理文件、契据、证书和图纸日期所属的年度进行分类。这种分类方法可清楚地反映立档单位逐年工作的特点和发展变化的历史情况。它同现行机关文书档案以年度为单位立卷移交制度相似。

3. 组织机构分类法

按地籍管理机关的内部组织机构所产生和形成的地籍档案分类。一般先由现行机关中各个组织机构分别立卷，然后再向档案室移交，从而自然地构成一类。这种分类方法有利于按一定的专题查找和利用档案。

4. 年度、问题分类法

将地籍档案先按年分开，然后将每一年中的地籍档案按问题分类。

5. 问题、年度分类法

将地籍档案，先按总问题分开，然后将每个问题的地籍档案按年度分类。

（二）我国地籍档案分类体系

我国地籍档案体系分为：国家地籍档案和基层地籍档案。其中基层地籍档案又分为：基层农村地籍档案和基层城镇地籍档案。各类档案项目的详细分类及内容如下。

1. 国家地籍档案

(1) 土地利用现状调查档案

——分级利用现状图。

——航片资料。

——调绘和转绘原始资料。

——土地面积量算原始资料。

——土地面积汇总资料(含土地边界接合图表)。

——土地利用现状图。

——土地权属界线图。

——权属调查草图及调查表。

——土地利用现状调查报告及成果验收文件。

(2) 城镇地籍调查档案

——地籍控制测量的原始记录、控制网图、平差计算资料及成果表。

——地籍碎部测量原始记录。

——地籍原图和复制图。

——宗地图。

——权属界址点间距丈量原始记录(含勘丈草图)。

——地籍原图分幅接合图表。

——权属调查草图及调查表。

——面积计算及土地分类统计表。

——地籍调查报告及成果验收文件。

(3) 土地分等定级档案

——土地资料及各种图件。

——水文地质调查及图件。

——地形、地貌调查资料及图件。

(4) 土地登记档案

——地籍簿(土地登记卡的组装)。

——申请书。

——审批表。

——权属证明材料。

——处理权纠纷的证明文件。

——土地申请登记收件存根。

——领取土地证书签收簿。

——土地初始登记资料。

——土地变更登记文件、资料。

(5) 土地统计及土地动态监测档案

——土地统计表(图)。

——土地统计台账。

——土地面积平衡表。

——年度非法占地统计表。

——土地动态监测图表。

——植被调查资料及图件。

——历年土地的耕作与种植制度资料。
——历年土地生产资料率。
——土地分等定级资料。
——土地分等定级报告及成果验收文件。
(6) 划拨土地档案
——国家建设征用土地批准文件及附图。
——国家建设拨用土地文件附图。
——乡(镇)村建设使用土地文件及附图。
——扩建、续建项目的原建规模占地面积平面布置图和有关文字说明。
——乡、村集体企业单位占地申请、审批表。
2. 基层地籍档案
(1) 土地权属管理档案
——集体土地所有权登记簿。
——国有土地所有权登记簿。
——土地权属变更登记簿。
——国有后备土地、废弃地登记簿。
(2) 土地统计及土地动态监测档案
——土地统计报表(簿)。
——土地统计台账。
——年度非法占地统计表。
——土地动态监测图表。
(3) 农用地块管理档案
——农户承包合同书。
——承包土地使用证(副本)。
——承包土地使用权转让申请单。
——承包土地转让补偿、赔偿登记。
——承包土地面积登记表。
——地块分布图。
——村土地等级登记册。
(4) 国有土地建设用地档案
——国家建设征用土地文件及附图(副本)。
——乡(镇)国营企事业单位用地等级簿。
(5) 集体土地建设用地档案
——农户宅基地登记簿。
——农村建房申请、审批表。
——乡、村集体企事业单位用地等级簿。
——村镇规划、设计、施工图纸及基础资料。
(6) 乡土地利用现状调查档案
——乡土地利用现状调查各类土地面积统计表。
——乡土地利用现状图。
——乡土地利用现状调查说明书。
——乡土地边界接合图表。
——乡权属界线图复制件。
3. 基层地籍档案(城镇部分)
土地综合管理档案:
——土地登记申请书、审批表。

——土地登记簿及用地现状图。

——土地划界、定界文件。

——土地使用权面积核实表。

——领取土地证书签收簿。

——土地使用权变更文件及附图。

——国家建设拨用土地文件及附图。

——土地分等定级清册。

——非法占地统计表。

——土地使用费收费清册。

五、地籍档案的保管方法

(一) 保管工作的任务

首要的任务,就是要采取有的放矢的技术措施和方法,最大限度地清除各种可能损坏地籍档案的不利自然和人为因素的影响,从而把地籍档案的自然损坏率降低和控制在最小的范围之内。

造成地籍档案损坏的自然因素包括内部因素和外部因素两个方面:

(1) 内部因素。如地籍档案制成材料和书写材料用的是质地低劣、耐久性差的机制纸,以及用了质量较差的墨水、油墨等,致使纸张很容易剥蚀,字迹易于淡化。

(2) 外部因素。空气中的二氧化硫等酸性气体所产生的酸污染,不适当的温度和湿度,常年高温、潮湿导致地籍档案被虫蛀老化,变质加快。

造成地籍档案损坏的人为因素很多,例如:未能为地籍档案保管提供必要的条件;档案保管制度不严,出现泄密和丢失现象;坏人有意破坏和盗窃等。

因此,在地籍档案保管工作中,应采取以防为主,防止地籍档案损坏。对于损坏了的地籍档案,要查明原因,尽可能修复。通过严加管理,延长档案的使用寿命,维护档案的安全。

(二) 地籍档案的保管方法

1. 地籍档案的保管要求

地籍档案装具应视库房的大小,在充分利用库房地面与空间的前提下,按照松紧适当的原则排列,尽量做到整齐划一,装具的排列应有利于档案的取、放和搬运,有利于通风,且避开强烈阳光的照射;全部档案箱、柜、架应统一编号。

2. 各类地籍档案的存放

地籍档案一般按其类别进行存放和排列,并根据档案箱、柜、架及栏、格的编号,组织各类地籍档案上架。不同类型的地籍档案,可采用不同的存放方法,如照片、录音、录像档案等,应按各自存放特点存放,一般卷、卡和册籍档案,可采用竖放与平放两种形式;图籍档案和已组成图集的分幅图,宜平放,需单独放的大图,可单独卷放,有条件的档案室可设计、配置专用图柜,柜内设活动格,一格内平置一至数张图。

3. 地籍档案存放地点索引

为便于地籍档案工作人员切实掌握地籍档案的存放情况,能迅速地取、放档案,必须对排列存放的档案编制存放地点索引卡片,如表 6-1 所示,也可绘制大型地籍档案存放地点分布图,以便档案的管理和调阅。

表 6-1 地籍档案存放地点索引卡片

<table>
<tr><td colspan="2">类别名称</td><td colspan="8">类　号</td></tr>
<tr><td rowspan="2">宗卷
目录号</td><td rowspan="2">宗卷
目录名称</td><td rowspan="2">目录中宗
卷起止号
数</td><td colspan="7">存放地点</td></tr>
<tr><td>楼</td><td>层</td><td>房间</td><td>档 案 架
(柜、箱)</td><td>栏</td><td>格</td></tr>
<tr><td></td><td></td><td></td><td colspan="6"></td></tr>
</table>

4. 地籍档案代理卡

为了便于档案工作人员掌握档案流动情况进行安全检查，可制作并填写档案代理卡，如表 6-2 所示，当档案卷宗调出时，将该卡放在档案原来存放的位置上，案卷归还原位时，再将该卡抽出，另外，对于各类档案可采用不同颜色的代理卡片，以示区别。

表 6-2　地籍档案代理卡表

类号	宗卷目录号	宗卷号	移出日期	移往何处		库房管理人员签字（移出）	归还日期	库房管理人员签字（收回）
				经手人签字	单位名称			

5. 分类卷宗的建立和使用

分类卷宗是档案室在管理某一类地籍档案中形成的，能够说明该类档案历史情况的各种文件材料所组成的专门案卷，具体内容包括：

(1) 在地籍档案搜集工作中产生的文件材料。如地籍档案交接书和目录。

(2) 在地籍档案整理工作中形成的文件资料。如案卷目录序言(或说明)，整理工作方案和分类方案等。

(3) 在地籍档案价值鉴定中产生的文件材料。如鉴定档案材料分析报告，销毁档案清册，本类地籍档案的保管期限表。

(4) 在地籍档案保管中形成的文件材料。如档案保密规定、档案室工作细则。

(5) 在地籍档案统计工作中形成的文件材料。如各种档案数量与状况统计表。

(6) 在地籍档案提供利用工作中形成的文件材料。如全宗指南、工作大事记、检索工具。

每一类地籍档案都应建立分类宗卷，以利于澄清事实，明确责任，保持各类地籍档案管理的连续性，能在档案工作人员变动的情况下，缩短熟悉档案的时间，进一步提高工作效率，发挥室藏档案的综合作用。

§6-3　成果质量管理概述

一、概述

任何组织都需要管理。没有管理，任何一个组织都不能运行。管理是多方面的，当管理与组织的产品质量有关系时，那么这种管理就称为质量管理。质量管理是在质量方面指挥和控制组织的协调活动。为实现质量管理的方针目标，有效地开展各项质量管理活动，就必须建立相应的管理体系，这一体系就称之为质量管理体系(quality management system，QMS)。

我国历来十分重视测绘成果的质量管理，发布了一系列的规章制度和各种技术规范。为提高测绘单位产品质量，对测绘单位来说，要提高本单位的产品质量，不得使用未经法定计量检定机构检测合格的测量器具，不得提供未经检查验收或检查验收不合格的测绘成果，应当坚持先设计后生产，不得边设计边生产，禁止没有设计进行生产。测绘单位加强测绘成果质量管理，要贯彻“质量第一、注重实效、服务用户”的方针，以保证质量为中心，满足需求为目标，防检结合，全员参与，健全质量管理的规章制度，推行全面质量管理，建立和完善质量保证体系，设立质量管理或质量检查机构，明确专职质量管理或检查人员，确立以质量为中心的技术经济责任制，加强生产作业过程质量管理，完善过程检查，严格工序检查，最终验收制度和质量评定制度。

二、质量管理标准的产生

随着区域化、集团化、全球化经济的发展，市场竞争日趋激烈，顾客对质量的期望越来越高。每个组织为了竞争和保持良好的经济效益，都努力设法提高自身的竞争能力以适应市场竞争的需要。英国、美国、法国和加拿大等工业发达国家，在 20 世纪 70 年代先后制定和发布了用于民用产品的质量管理和质量保证标准，但由于各国实施的标准不一致，给国际贸易带来了障碍，质量管理和质量保证的国际化成为当时世界各国的迫切需要。

1979 年，国际标准化组织(ISO)批准成立了“质量保证技术委员会(简称 TC 176)”专门负责制定质量管理和质量保证标准，对质量管理活动的通用特性进行标准化。经过 TC176 多年的协调，ISO 于 1986 年 6 月 15 日发布了 ISO8402《质量一术语》标准，又于 1987 年 3 月正式公布了 ISO9000～ISO9004 五个标准，与 ISO8402 一起统称为“ISO9000 系列标准”。

ISO9000 系列标准的颁布，使各国的质量管理和质量保证活动统一在 ISO9000 族标准的基础之上。标准总结了工业发达国家先进企业的质量管理的实践经验，对推动组织的质量管理，实现组织的质量目标，消除贸易壁垒，提高产品质量和顾客满意程度等产生了积极影响。ISO9000 系列标准得到了世界各国的普遍关注和采用，并广泛用于工业、经济和政府的管理领域，有 50 多个国家建立了质量管理体系认证制度，世界各国质量管理体系审核员注册的互认和质量管理体系认证互认制度也在广泛范围内得以建立和实施。

ISO9000 族标准可帮助组织实施并有效运行质量管理体系，是质量管理体系通用的要求或指南，它不受具体的行业或经济部门的限制，可广泛适用于各种类型和规模的组织，在国际贸易中促进相互理解和信任。1987 年 3 月 ISO9000 系列标准正式发布后，我国在原国家标准局部署下组成了“全国质量保证标准化特别工作组”。1988 年 12 月，我国正式发布了等效采用 ISO9000 标准的 GB/T 10300《质量管理和质量保证》系列国家标准，并于 1989 年 8 月 1 日起在全国实施。1992 年 5 月，我国开始等同采用 ISO9000 系列标准，制定并发布了一系列 ISO9000 族标准。

我国对口 ISO/TC 176 技术委员会的全国质量管理和质量保证标准化技术委员会(简称“CDBTS/TC 151”)，是国际标准化组织(ISO)的正式成员，参与了有关国际标准和指南的制定工作，在国际标准化组织中发挥了十分积极的作用，对 ISO9000 族标准在我国的顺利转换起到了十分重要的作用。

三、质量管理体系的建立

(一) 质量管理的基本原则

ISO 9000 对质量管理的定义是：在质量方面指挥和控制组织的协调活动。通常包括制定质量方针和质量管理目标以及质量策划、质量控制、质量保证和质量改进。质量管理系统(又称质量管理体系)是在质量方面指挥和控制组织的管理系统，也就是说，为保证产品、过程或服务质量满足规定的或潜在的要求，由组织机构、职责、程序、活动、能力和资源等要素构成的有机整体。在质量管理中，下面八项质量管理原则已被证明是有效的：

(1) 以顾客为关注焦点。组织依存于顾客。因此，组织应当理解顾客当前和未来的需求，满足顾客要求并争取超越顾客的期望。

(2) 领导作用。领导者确立组织统一的宗旨及方向。领导者确立本组织统一的宗旨和方向，为员工能充分参与实现组织目标创造内部环境。

(3) 全员参与。各级人员都是组织之本。只有他们的充分参与，才能使他们的才干为组织带来收益。

(4) 过程方法。将活动和相关的资源作为过程进行管理，可以更高效地得到期望的结果。

(5) 管理的系统方法。将相互关联的过程作为系统加以识别、理解和管理，有助于组织提高实现目标的有效性和效率。

(6) 持续改进。持续改进总体业绩应当是组织的一个永恒目标。

(7) 基于事实的决策方法。有效决策建立在数据和信息分析的基础上。

(8) 与供方互利的关系。组织与供方是相互依存的，互利的关系可增强双方创造价值的能力。

(二) 质量管理的内容

包括制定质量方针和质量目标以及质量策划、质量控制、质量保证和质量改进。

1. 质量方针

由组织的最高管理者正式发布的该组织总的质量宗旨和方向。通常质量方针与组织的总方针相一致并为制定质量目标提供框架。质量管理八项原则可以作为制定质量方针的基础。

2. 质量目标

指的是在质量方面所追求的目的。质量目标通常依据组织的质量方针制定。通常对组织的相关职能和层次分别规定质量目标。

3. 质量策划

质量管理的一部分,致力于制定质量目标并规定必要的运行过程和相关资源以实现质量目标。编制质量计划可以是质量策划的一部分。

4. 质量控制

质量管理的一部分,致力于满足质量要求。质量控制是业主投资得到最快收益的前提。在三大目标的统一关系中,如果保证业主成果质量要求或提高成果质量要求,做好质量控制,可以使成果在短期内投入使用,最快地获得成果的经济效益和社会效益,并且能够减少成果在应用过程中的维护和升级的费用,节约了二次投资的空间。

5. 质量保证

致力于提供能满足质量要求的信任。

6. 质量改进

致力于增强满足质量要求的能力。要求可以是任何方面的,如有效性、效率或可追溯性。

7. 持续改进

增强满足要求的能力的循环活动。

(三) 质量管理体系的策划、建立和运行

ISO 9001 标准明确按下列要求建立质量管理体系:

——识别质量管理体系所需的过程及其在组织中的作用。

——确定这些过程的顺序和相互作用。

——确定为确保这些过程的有效运作和控制所需要的准则和方法。

——确保可以获得必要的资源和信息,以支持这些过程的运作和监视。

——测量、监视和分析这些过程。

——实施必要的措施,以实现对这些过程所策划的结果和对这些过程的持续改进。

——形成文件的质量方针和质量目标。

——质量手册。

——本标准所要求的形成文件的程序。

——组织为确保其过程的有效策划、运行和控制所需的文件。

——本标准所要求的记录。

根据组织的规模和活动的类型、过程及其相互作用的复杂程度以及人员的能力,不同组织的质量管理体系文件的多少与详略程度是不同的。贯彻 ISO 9000 族标准是一项工作量大且较为复杂的系统工程,必须结合测绘企业的特点有组织、有计划、有步骤地进行。

1. 组织策划

组织策划是贯标认证的前提,是对整个贯标认证过程的总体部署,其主要工作是统一思想、落实组织、培训宣传、制订计划等。贯标单位首先要成立贯标领导小组和贯标项目组,负责贯标过程中的日常管理工作,通过分层次的培训,使管理层特别是贯标项目组成员深刻领会标准内容、要求和具体做法,然后结合本单位的实际情况制订工作计划。

第一是学习。ISO9000 标准是在总结世界各国先进的质量管理经验的基础上制定出来的,集中地体现了当代科学的、先进的质量管理技术。通过学习,联系实际,使企业的相关人员能够搞清楚标准的术语含义。具体到每个相关人员要做到弄清质量、质量方针、质量管理、质量控制、质量保证、质量体系、质量手册、质量审核、质量成本以及全面质量管理等一系列质量管理方面的术语的定义和含义,以及它们之间的关系,特别是质量管理、质量控制和质量保证之间的关系。

第二是总结。任何一个企业都有质量管理方面的经验,因此对于推行了全面质量管理的企业来说,首先要回顾和总结一下这方面的经验和存在的问题，发扬成绩，找出薄弱环节和差距。另外即使是原来还没有推行全面质量管理的企业，也应当认真地把传统质量管理的经验从感性认识上升为理性认识。要在企业文化中树立质量第一的思想。

第三是对照。在总结本企业质量管理的经验教训过程中，认真地对照、比较 ISO9000 族标准与本组织的质量工作，不仅可以找出差距，也可以明确改进的方向。

第四是策划。质量管理推行的策划包括：质量方针和目标的策划、质量管理组织的策划、质量管理体系要素策划以及质量管理体系文件策划等。

总之，组织策划主要包括资料收集、质量体系环境分析、制定质量方针、选择体系要素、设计评审等工作内容。它是从单位的质量方针、质量目标出发，根据质量管理和质量保证的总体要求，确定质量体系的总体结构，其中包括质量体系的组织机构、体系要素、质量活动、质量职责和权限、质量体系文件层次和纲目以及应配备的物资和人员等，以此作为建立和完善质量体系的依据。

2. 建立体系

质量管理体系的建立是保证 ISO9000 族标准有效运行的关键。因此贯标单位要根据本单位的现状、业务范围、过程特点以及各个部门之间的接口，按照 ISO9000 族标准的要求，紧扣质量方针这一主题，确定出质量体系的总体框架、基本框架和三个层次文件的构成以及主要内容。一般地，建立体系要经过以下两个阶段。

(1) 进行质量体系分析

为了建立完善可行的质量体系，首先要组织一批既懂专业技术与质量管理，又熟悉 ISO9000 族标准的业务骨干，在广泛收集国内外有关资料、法规及标准，并进行认真学习研讨的基础上，按照 ISO9000 族标准的要求，对本单位现有的传统质量管理模式进行深入剖析，围绕市场，面向用户，坚持以我为主，博采众长，通过详细的论证，把那些经过努力便可达到的标准融入新的质量体系，以保证所建立的质量体系具有先进性、科学性和可行性。

(2) 质量体系文件编制

质量体系文件编制是建立健全质量体系的关键阶段。质量体系文件是一个单位质量体系的表现形式，是质量体系运行的规范性依据，它既指导单位内部的所有质量活动，又可作为向需方提供证实本单位生产、科研或服务水平和质量管理能力的文件。

质量体系文件分为三个层次。其中：A 层次是质量手册，阐明本单位的质量方针和质量目标，并概述质量体系文件的结构。B 层次是程序文件，详细描述质量体系的全部要素，是与 A 层次的质量手册相配套的支持性文件。C 层次是作业文件，包括一些表格、报告、作业程序、质量记录等，它是保证质量手册和程序文件正确有效实施的工作文件。

质量体系文件的编制，应遵循“文标、文文、文实相符”的原则。即文件要与“标准”相符合，文件自身各条款要相互呼应，文件要与实际情况一致。同时要遵循“谁实施，谁编写”的原则，按质量职能分解至各责任部门编写，这样才能与各生产环节紧密结合，编写的文件才有比较强的可操作性。

3. 投入运行

建立质量体系并使之文件化，实质上是为本单位的各项活动、各岗位的人员拟定了一个行为规范，要使质量体系在实践中不断得到优化和完善，就必须全员投入，狠抓运行。

首先要抓好全体职工的思想投入工作，即通过开展多种形式的培训，把职工的思想统一到质量体系的运行上来，各部门和个人都要明确自己的职责，熟悉应执行的程序文件和所有相关条款。其次要狠抓全员的行为投入，即用质量体系文件来规范每个人的行为，凡是文件上写到的就一定要做到；凡是文件上规定的原则、要求，就必须在实际工作中体现出来；凡是文件上明确的工作程序就务必遵照执行。认真推行以质量否决权为核心、质量奖惩制为主的经济责任制，使全体职工看到自己的工作成绩并激励他们生产出质量更好的产品。此外，还应积极开展内部审核。在质量管理体系运行过程中发现问题应及时采取措施，立即整改，以确保质量体系的有效运行。

4. 质量审核认证

进行 ISO 9000 族标准认证的目的是为了进一步完善测绘行业的质量体系，不断提高测绘行业的整体素质，树立良好的企业形象，最终赢得市场、赢得用户。而强化各类审核工作则是确保质量体系正常运行，实现 ISO 9000 认证的最有效途径。

审核的形式一般可分为内部质量审查、项目内审、管理评审和认证预审四种。其中内部质量审查是确定质量活动和有关结果是否符合质量体系文件，以及这些文件是否有效地实施，能否达到预定的目标而进行的系统检查。项目内审是为了检验生产项目组织实施是否符合质量体系运行要求而组织的专项检查，通过内审达到各项目的组织接口关系清晰，工序控制正常，质量信息反馈渠道流畅，信息处理快捷的目的。管理评审是由单位最高管理者就质量方针和目标、质量体系的现状以及适用性所作的正式评价，评审时应指出这种体系文件的不足之处，以利于文件的修改和体系的完善。认证预审是质量认证咨询机构根据合同规定和审核计划，对已建立质量体系并有效运行的单位进行的初步审查。在上述各项审查中发现的问题，无论轻重均应逐项登记，立即整改，迅速干净地消除一切有悖于 ISO 9000 族标准之处。

经上述各项审核，认为所建立的质量体系运转正常，而且完全符合 ISO 9000 族标准后，再请认证机构进行最后审核，符合要求者则由认证机构颁发 ISO 9000 认证证书。

四、成果质量控制

作为质量管理的一部分，在地籍测绘实施过程中进行严格的质量控制，一方面，能够保证项目的预定功能和质量要求，不仅可以减少实施过程中的返工费用，而且可以大大减少投入使用后的产品升级和维护费用。另一方面，严格控制质量能起到保障进度的作用。如果在测绘生产过程中发现质量问题及时进行返工处理，虽然需要耗费时间，但可能只影响局部工作的进度，不影响整个工程的进度；或虽然影响整个工程的进度，但是比不及时返工而酿成重大质量问题对整个工程进度的影响要小，也比留下严重的质量隐患到成果使用时才发现造成的损失要小。所以，质量控制是整个地籍测绘工程项目控制的核心。

（一）质量控制的一般原则

在地籍测绘实施过程中的质量控制，一般应该遵循以下原则。

1. “质量第一、用户至上”原则

质量关系到业主对成果的实用性和适用性，同时也关系到业主的投资效果。所以，必须坚持把质量第一作为目标质量控制的基本原则。

2. “以人为本”的管理原则

不论什么样的测绘工程项目都是由人来参与，进行组织、决策、管理和生产的。测绘生产实施阶段的各单位、各部门、各岗位的人员的素质和工作能力，都直接或间接地影响成果质量。所以在质量控制中，要以人为核心，重点控制人的素质和人的行为，充分发挥人的积极性和主动性，让参与项目的每个人都有质量意识，达到控制人的质量就是控制成果的质量。

3. 以“预防、预控”为主的原则

测绘成果的质量控制应该是积极主动的，应事先对影响质量的各种因素加以分析控制，而不能消极被动，等出现了问题再进行处理。所以，要重点做好质量的事先控制和事中控制，以预防、预控为主，加强在测绘实施阶段的过程和中间产品的检查和控制。

4. “质量标准、严格检查”的原则

质量标准是评价产品质量的尺度，严格检查是执行质量标准的准绳。产品质量是否符合合同规定的质量标准要求，应通过严格检查，对照质量标准，符合质量标准要求的才是合格，不符合质量标准要求的就不合格，必须返工处理。

5. “科学、公正、守法”的职业规范原则

质检人员在处理质量问题过程中，必须坚持科学、公正、守法的职业规范，尊重科学，尊重事实，以数据为依据，客观、公正地处理质量问题。

（二）质量控制的依据

1. 工程合同文件

测绘合同规定了参与测绘生产的单位在质量控制方面的权利和义务，有关各方必须履行合同中的各项承诺。

2. 设计文件

按照项目的技术设计书或项目的作业指导书进行作业是测绘生产实施阶段质量控制的一项重要原则。因此，经过审批的技术设计书或作业指导书等设计文件，无疑是质量控制的重要依据。

3. 法律、法规和规范

国家及地方政府颁布有关测绘的法律、法规和规范，如《中华人民共和国测绘法》、《某某省测绘管理条例》等。

4. 有关质量检查检验的国家规范和行业标准

技术标准有国家标准、行业标准、地方标准和企业标准之分。它们是建立和维护正常生产和工作秩序应遵守的准则，也是衡量成果质量的尺度。例如国家测绘局2009年颁布的《测绘成果质量检查与验收》(GB/T 24356—2009)；国家2000年颁布的《数字测绘产品质量要求第一部分数字线划地形图、数字高程模型》(GB/T 17941.1—2000)；国家2001年颁布的《数字测绘产品检查验收规定和质量评定》(GB/T 18316—2001)等。

(三) 质量控制的内容

测绘实施阶段质量控制主要是通过生产单位对该项目的预期投入(主要是人员、设备、作业环境等)、组织生产过程和生产出来的测绘成果进行全过程的控制，以期按标准达到预定的成果质量目标。

为完成测绘实施阶段质量控制的任务，应当做好以下工作内容。

(1) 做好上岗人员审查工作。从事测绘生产的人员数量必须满足测绘生产活动的需要，没有经过培训或经过培训不合格的作业人员不允许上岗。

(2) 做好对投入生产的仪器设备检验情况的审定工作。应对测量仪器的型号、技术指标、精度等级等检查核实，或经法定计量部门的标定证明后，方可进行正式使用。在作业过程中，也应经常检查和了解所用测量设备的性能、精度状况，使其处于良好的状态之中。

(3) 做好测绘工程项目的组织落实和制度制订工作。落实从事作业活动的组织者及管理者，并制订相应的各种制度。直接负责人(包括技术负责人)和专职检查人员必须到位在岗。健全各种制度，如管理层和作业层各类人员的岗位职责；作业环境的安全、消防规定；资料保密管理规定；人身安全保障措施等相关制度。

(4) 做好生产工序过程的质量控制工作，严格执行工序交接检查制度。

(5) 做好质量管理制度的落实和执行工作。

(6) 做好困难地区、隐蔽地区的质量检查工作。

(7) 做好过程产品和中间产品的检查验收工作。不合格的产品不允许进行阶段性验收。

(四) 质量控制的方法和手段

1. 质量控制方法和手段的科学化

首先，就是抓主要矛盾和矛盾的主要方面，控制中分清主次，主要矛盾解决了，次要矛盾即可迎刃而解(如控制测量工作中的精度指标问题就是抓主要矛盾的典型)。其次，在测绘生产过程中，对工程项目进行事前、事中、事后全过程的动态控制，以事前、事中控制为主，事后控制为辅相结合的控制方法，最大限度地采用先进的网络技术，先进的计算机目标管理及科学化的统计资料分析，这些都构成控制方法的科学化。

2. 质量控制方法和手段

质量控制方法包括审核技术文件、实地测量、平行检验、现场巡视、抽样检测、计算机辅助管理等手段，运用这些手段时要得当，有度、合理、有效、技术先进等构成控制手段的科学化。

对目前的测绘项目来说，旁站监督、现场巡视、实地测量平行检验是测绘工程质量控制的三种最为有效的方式，体现了质量控制的点线面相结合、以数据事实说话的科学工作方法，从而达到对成果质量的有效控制。对于有效的质量控制，无论何种方式，质检人员的素质是最重要的，要善于发现问题，解决问题并防患于未然，做到预防为主。

(1) 实地测量平行检验

实地测量平行检验是获取质量检查数据的重要手段。平行检验是质检人员或机构利用一定的检查或检测手段，在测绘生产人员或单位自检的基础上，按照一定的比例独立进行检查或检测的活动。质检人员可以采用与测绘生产人员或单位相同的生产方法(同精度)采集数据,也可以采用高于测绘生产人员或单位精度的方法进行采集数据。然后,依据技术规范或监理细则等技术规程评判批部分或某工序合格或不合格,如果不合格,则下达指令要求整改。

(2) 现场巡视和旁站监督

现场巡视是相对于旁站而言的,是对于绝大多数的测绘项目(除数据整合、数据入库、系统建设等没有外业的项目)都需要进行的一种监督检查手段。质检人员为了了解生产人员或单位各工序作业的具体情况,需要派质检人员到生产现场进行野外巡视。如测量控制点的选埋情况,调绘底图与实地的一致性,属性调查的正确性与现实性等。在质量控制工作中,巡视是旁站的前提,旁站是质量控制工作中必不可少的一种手段。质检人员不仅要知道何时该去旁站,重要的是要知道旁站时重点检查什么。

旁站监督从词义上解释,是指生产人员或单位在测绘生产过程中,质检人员在一旁守候,监督生产人员或单位操作的做法。由于项目在生产过程中所包含的内容非常丰富,作业区范围一般情况下又相当大,因此质检人员不可能也根本没有必要对每一个生产过程环节都进行旁站监督,而是应该在比较重要的、困难类别较高、容易出现问题的环节进行旁站监督。一般情况下,旁站监督应该是持续时间短的、抽查性质的,有时也可以是随机进行的,而不应该是持续不断的工作。旁站监理的对象可以是作业员,也可以是管理人员。旁站监督人员需要有实事求是、公正和科学的态度与工作作风。所用的方法主要是检查和督导。目前,有不少旁站监督流于形式,即事无巨细,统统一“站”了之。表面上好像事事处处都有人在,实际上,因为质检人员的人数和精力都有限,不可能一直进行监督。所以,质检人员应该充分发挥旁站监督先行和督导的作用,为后续的质量控制工作、下一步的决策打下基础。

质检人员在进行现场巡视和旁站监督时,为了确保旁站和巡视的工作质量,现场质检人员必须做到“五勤”即“腿勤、眼勤、脑勤、嘴勤、手勤”。具体说,“腿勤”是指质检人员不怕辛苦,加强现场巡视的覆盖面,对于重要工序,坚持全过程旁站,随时发现问题,防止质量失控。“勤”是指质检人员在现场巡视过程中,要注意看,要能看到问题,及时采取处理措施。“脑勤”是要求现场质检人员对看到的问题要动脑筋,认真分析,发挥自己的主观能动性,出主意、想办法。“嘴勤”是指质检人员经常不断地及时地将自己的意图和发现的问题转达给测绘生产人员或单位,督促测绘生产人员或单位采取措施及时解决问题。“手勤”是要求质检人员要将现场看到的以及自己所做的指令,认真记录下来,以书面形式发布。

每个组织都希望提供的产品满足顾客的要求。全球竞争的加剧已经导致顾客对质量的期望越来越高。为了竞争和保持良好的经济效益,组织(供方)需要使用更加行之有效的体系,这样的体系导致持续的质量改进并不断提高其顾客和其他受益者(员工、所有者、分供者、社会)的满意程度。所以,抓好测绘质量管理工作的战略选择,就是建立一套适用、可行、有效、经济的测绘质量管理体系。这个管理模式,对于测绘单位来说,应能满足以下的目标要求:

(1) 能够持续、稳定地保证(及提高)测绘产品质量,赢得用户的满意和信任。

有利于推进市场经营,树立测绘单位的优良形象,增加市场竞争力。

(2) 能够形成合理的内部运行机制,规范全体职工的质量行为,在满足用户需要的同时获得较好的社会效益和经济效益。

(3) 在继承和发扬测绘产品质量管理工作优良传统的基础上,采用科学的管理方法,建立起易于测绘职工接受的管理模式。

总之,建立测绘质量体系的设计思想就是质量好,成本低,有市场,有效益。能满足这些原则要求的可行途径就是引入并贯彻集中反映当代质量管理理论和方法的 ISO 9000 及 ISO 2000 系列标准,以标准要求为基础,健全和完善传统的测绘产品质量管理工作。

§6-4 地籍测绘质量控制要点

为了保证地籍测绘成果质量,从生产组织和质量管理的角度应对基础资料分析检测、权属调查、地籍要素测量和成果数据处理等重点工序方面进行质量控制。

一、已有资料分析检测

在地籍测绘工作中，需要收集的资料比较多，主要包括已有权属调查资料、地籍测量质量资料、土地利用现状调查资料、基础控制测量资料、相关比例尺地形图质量资料、行政勘界资料和其他有关资料。资料收集工作由相关国土资源管理部门组织进行，作业单位应组织专门的技术力量对搜集的资料进行分析。

（一）权属调查、地籍测量和土地利用现状调查资料

初始地籍调查成果多数属于模拟形式，少部分是近年来的数字化成果和地籍调查数据库。已有资料可以分为图件资料和文本文档两个部分。通过必要的内外业检查分析，确定可供本次调查利用的区域和要素，确定加以利用的技术方法。对于调查区域内的初始地籍调查成果，应全面收集分析，对于权属关系没有变化的宗地资料在调查中应充分利用。

图件数据资料主要包括：地籍调查表、土地权属界线协议书和土地权属界线争议原由书；地籍图、土地详查图、变更调查图或数据库；城镇地籍控制测量记录、控制点网图、平差计算资料及成果表；城镇地籍测量解析界址点成果表；土地利用现状调查原图及清绘图、土地权属界线图、面积量算手簿、土地统计台账、统计簿、汇总表；变更调查记录手簿；其他与权属调查、地籍测量、土地利用现状调查相关的资料。同时，应收集土地权属调查资料，主要包括政府对农村集体土地权属界的调解资料、征地资料、政府或法院处理土地权属争议的资料等。

文本文档资料主要包括技术设计书、质量检查报告、工作总结报告、技术总结报告、土地利用分析报告以及验收报告等。通过对这些技术文件的分析，掌握原有地籍调查工作的技术路线、主要技术指标、生产质量控制、成果精度情况、检查验收结果及存在的问题等，对已有资料的总体情况进行全面了解。对照目前的地籍调查技术要求，制定检测分析措施。

上述资料种类繁多，内容复杂，通过对已有各种资料的回顾分析，了解历史数据情况，用于研究制定地籍调查的技术路线。

（二）基础测量资料的分析检测

用于地籍测绘的基础测量资料主要包括基础控制测量资料、基础地形图资料和相关行政区划图。对该类资料应全面收集，认真进行分析检测。

收集地籍测绘区域及其附近的国家和城市的基础控制测量资料，包括控制点的等级、数量、分布和测量年代等，最好能够收集到基础控制测量成果的技术总结报告。应该采取一定的技术手段对高等级基础控制点的精度情况进行检测，检测的要素可以是坐标、边长或者是角度，以保证起算成果的可靠性。

全面收集用于调查的各种工作底图资料，包括各种大比例尺地形图及正射影像图等，特别注意收集符合国家规范要求、现势性较好的数字化地形图，这将对权属调查发挥重要作用。对所收集的资料侧重从数学精度和地理精度方面进行分析检测，判断其能否满足调查工作的需要。

收集最新版本的相关行政区划图和标准地名资料。

（三）行政勘界资料

地籍测绘是以行政区域为单位开展的，一般以县级为调查的基本单位。各种数据统计汇总也是以县、地级市、省和国家逐级进行的。因此，行政界线和控制面积对于地籍测绘而言是不可少的基础资料。勘界资料主要包括勘界图件、拐点坐标和文字说明等。对收集到的资料和数据进行分析检测，判断其质量能否满足城镇或农村地籍测绘的需要。对勘界资料的分析要注意勘界采用的比例尺及在调查区域内行政界线走向描述的详细程度。

（四）其他有关资料

其他资料一般包括国有铁路、公路和河流等资料，并在作业前对其进行分析检测，判断其是否达到地籍测绘需要的程度。

二、权属调查的质量控制

权属调查是地籍测绘确定土地权属的重要工作，其成果是地籍管理、土地登记发证和流转的重要文书。按照国家有关规定，权属调查由国土资源管理部门组织。从已经完成的地籍测绘项目检查情况来看，

这方面还存在较多的质量问题，在权属调查中要重点加强质量控制。

（一）权属调查的准备工作

用于权属调查的法律法规和有关规范性文件的整理编辑应提前进行，工作底图资料应该在调查前期准备齐全，如采用已有地形图或正射影像图作为调查底图，应分析地形图、影像图的质量情况和现势性；指界通知书、土地登记申请书、地籍调查表等相关表格应准备齐全，格式应符合要求。其中地籍调查表作为核心资料，内容较多，既有政策性规定栏目，也有技术性较强的内容，设计准备时容易出现设计不完善的情况，应给予重视。

（二）权属调查工作的质量控制要点

在城镇地籍测绘中，权属调查工作质量至关重要，后续的测量和数据加工很大程度上是为描述权属服务的。如果权属调查反复修改，将引起测量、图件、文表和数据的连锁改正。

1. 街道、街坊的划分

街道、街坊的合理划分是开展地籍调查非常重要的基础工作。地籍调查中的街道应与城乡行政管理的界线一致，即利用城镇街道办事处和乡镇的管辖界作为地籍管理的街道界线。在街道区域划定后，便可进一步划分地籍调查的街坊工作单元，并统一编街坊号。街坊是开展地籍调查的工作单元，其划分不是唯一的，以方便工作为原则。根据已有经验，每个街坊以不超过100个宗地为宜。当自然街坊过大或过小时，可进行拆分或合并。应该按照技术规范和项目设计的要求对街道和街坊进行命名和编号。

2. 宗地的划分

宗地是地籍调查和土地管理的基本单元，一般将具有独立使用权或所有权的一个地块划为一宗地。在宗地划分时要掌握有利于管理和利用的原则，合理划分宗地。如混合宗的确定，特大型法人单位根据土地利用、分布等情况拆分划宗，宗地之间面积微小或不能单独辟为独立建设用地的狭长空闲地的划分和归宗等问题。在调查工作开始时应按照编号规则对宗地进行预编号，待以街坊为单位的所有宗地调查清楚后正式编号。

3. 调查通知

在权属调查工作实践中，相关宗地的合法指界人能够按时到现场指界对保证调查工作的顺利进行非常重要。为此，应按要求履行公告发布制度，以一定的形式进行宣传。同时，在调查人员进入实地调查前，必须按照调查计划、工作进度，确定调查时间，及时通知土地所有者按时到现场指界，并填写指界通知书。

4. 实地调查

要保证权属调查的程序应符合国家有关要求，现场指界人具有合法性，有关身份证明材料应该齐全；两个以上使用者共同使用的宗地，应该由共有人共同指界，身份证明材料应该齐全，并在权属调查表上签字盖章。土地登记申请书及收件单应该齐全，填写应该规范。

权属调查中有关宗地的权源文件关系到土地权属确定，应该齐全、有效、合法；对有争议的界址，现场不能处理的，应该完整地进行记录。

应调查所有权性质和使用权情况，对土地权属来源及土地使用者的基本情况调查清楚。

界址点设置的质量控制。界址点是地籍调查中重要的要素，其确定、设置、标注、测量应全面正确。应按照权属范围的实际情况合理设置，即应设置界址点处必须按规定设置，避免遗漏和错误现象，不应设置处不能设置。实地标志应设置清楚确切，避免引起歧义。界址点的编号应符合规则。界标设置后，应对界址边长进行丈量和记录。

对于变更调查，应在现场对照工作底图、初始地籍调查表和权属证明材料，核对土地使用者、权属来源、地籍号、用途等情况。要求权属证明材料与实际情况相一致，如有出入应查明原因，保证调查工作质量。

（三）地籍调查表

地籍调查表是地籍调查的重要成果，是地籍管理的重要基础资料。其填写和检查是权属调查的组成部分，顾及其重要性且容易出现问题，故在此单列。内容应该按照要求填写齐全，一般应包括宗地编号、图幅号、宗地四至、所有权性质和使用权类型、土地使用者的有关情况、土地他项权利、宗地用途、国民经济行业分类、界址调查记录、界址点号、界址线类别、界址线位置、争议原由、宗地面积及调查人员签名等。地籍调查表填写应清楚工整，准确无误，做到表、图和实地一致，如有划改应该加盖划改人印章。

宗地草图作为地籍调查表的组成部分，是反映宗地情况的基础图件之一，多数内容应在调查现场绘制和填写。主要内容包括：宗地号、权利人名称；界址点及其编号；界址线及其边长；相邻宗地的基本情况；与界址点有直接关系的建筑物、构筑物情况；必要的地理名称；指北方向、丈量者及审核者名称、绘制日期。宗地草图绘制用纸大小选择以标注清楚和便于利用为原则，线划和字迹应该清晰。

在权属调查中作业单位应按项目有关规定履行检查程序，对于发现的问题要及时处理，不积压、不拖延，以免影响后续工作。作业单位应每天召开总结会议，对当日调查过程中发现的问题予以协商解决。

三、控制测量的质量控制

地籍测绘控制测量主要指平面控制测量，是地籍测量乃至整个调查工作的基础之一，有关技术参数应符合国家测绘管理法律法规和有关规范要求。由于控制测量的基础作用，应对其给予足够的重视。控制测量技术含量较高，工序较多，操作规定严格，项目检核复杂，质量控制难度较大，需要通过内、外业检查及现场巡视等方式进行控制监督。

（一）控制测量的基本要求

地籍控制网布设应该遵守先整体后局部、高级控制低级的原则。本着满足界址点和地籍要素测量精度的基本需求，使控制点具有足够的精度和适宜的密度。控制网的等级选择及发展次数应该合理，尤其是首级控制网的等级选择应合理。考虑到目前国家和城市现存各等级控制点的实际情况和测量的需要，多数县区首级控制网可选择 GPS D 级或 E 级网，即相当于传统的三、四等点。保证在首级控制网点的基础上进行两级加密可以对多数界址点和地籍要素进行测量。

（二）控制网的质量控制

目前加密地籍控制网基本是采用 GPS 测量方法，在城镇范围内进一步加密时相当一部分利用全站仪导线方法。不论采用哪种测量方法，控制测量应保证具有足够的强度和充分的检核条件。

(1) 利用 GPS 技术加密地籍控制网较传统测量方法灵活。但一般情况下，每个 GPS 点应至少与另一个 GPS 点通视，以满足全站仪测量工作时定向和检核需要。

(2) 在基础控制网的基础上，各种级别的加密控制测量可以采用全站仪导线网测量方法，尤其适用于城区或对天通视条件较差的区域。当采用导线网布设控制网时，布设规格应该符合要求。主要包括：附合导线的边数及平均边长应该符合规定，导线总长度或导线网中节点与节点之间的长度应该符合有关要求，各级导线相邻边长之比不宜超过 1∶3。

(3) 外业观测主要控制项目要求控制网外业观测应该按照国家有关规范和技术设计要求进行。一、二级以上的控制点应采用静态方式构网测量，不准采用静态星形网法和 RTK 动态测量方法。GPS 观测时要保证所接收卫星的数量、接收卫星信号的时间和一组观测中同步接收时间等指标；全站仪导线网观测要保证边长和角度测量的测回数、测站观测限差，观测时气象元素的量取、外业观测手簿记录质量等。

采用旁站监督的方法检查外业观测是否按照作业要求进行，接收机、天线、电缆、电池能否正常工作。GPS 观测时主要包括接收卫星的数量和几何位置分布，卫星高度角控制情况，重点查看 PDOP 值是否符合要求；仪器高的量取，接收卫星信号的时间，数据采样间隔，一组观测中同步接收时间、观测时段数、重复上站率等；当 GPS 网的精度要求较高时，观测时段的分布尽可能日夜均匀，以减少电离层、对流层和多路径效应的折射影响；仪器高的量取是否符合要求。

对导线测量旁站监督，侧重全站仪边长和角度测量的测回数、测站观测限差，观测时气象元素的量取，外业观测手簿记录等。应该注意，对于较高等级的控制测量，不宜使用全站仪操作软件中所带的自动气象改正方式。

检查观测方法的正确性、观测时间控制的严格度和观测成果中上、下午重站数的合理性。

(4) 观测数据处理要完善。GPS 基线解算置信度应该符合要求，重复基线的比例应符合要求，同步环和异步环检核项目应齐全，三角形或多边形闭合差应该符合要求。采用导线测量方法时，导线边长改正项目应该齐全，应进行加乘常数改正、气象改正、倾斜改正。对于四等以上控制网进行高程归化和投影改化。

(5) 控制网平差应选择成熟软件，平差程序要规范，精度满足规范要求。应对自由网平差和经起算点约束后的平差结果进行分析比较，选择最优化的结果。控制网平差后各项精度指标应该满足规定的技术要求，评定项目应该齐全。对GPS控制网侧重点位中误差和边长相对误差指标，对导线网而言主要包括测角中误差、边长相对中误差、导线闭合差、最弱点的点位中误差、最弱边的相对中误差等。

(6) 检查措施。控制网平差结束后，应及时进行外业检查。检查可采用全站仪测角、测距的方法进行。对于外业检查的角度距离应与坐标反算的结果进行比较，较差应符合各项规定的要求方可采用，不符合要求的要及时查找错误原因，以免影响后续工作的开展。

四、地籍要素测量

地籍测量是对权属、面积、利用及必要的地上附着物等空间要素和属性的描述。测量内容主要包括界址点、界址线和其他要素，前者一般要求具有厘米级的数据定位精度，其他要素一般和基础地形图测绘精度要求相同，以相应比例尺图上中误差来衡量。地籍要素测量的精度直接影响后续的工作，因此要做好这一环节的质量控制工作。

(一) 界址点测量

界址点应尽量采用野外解析测量方法进行测量，操作方法应符合要求，对街坊内的隐蔽界址点的解算方法应科学可靠，有必要的检核条件。界址点数量应齐全，避免出现丢漏现象，界址点测量记录手簿应齐全规范，计算结果准确，成果表编制全面。

由于界址点测量在地籍测绘中的重要性，各作业单位应按一定的比例采用全站仪实地用解析法进行精度检测。为了保证相邻界址点之间的相对精度，应同时对相邻界址点间距精度进行检测。对检查数据进行处理后，分别计算出各级界址点的点位中误差及粗差率，评定其精度是否满足国家有关规范要求。

(二) 地形要素测量

地籍测绘中需要测绘的地形要素包括：建、构筑物、铁路、公路、河流水系、行政境界、地类界线及其他要素。在测绘过程中应当注意，凡是与权属相关的各种建筑物和其他地物应全面测绘；地物点相对于临近界址点的精度要符合相关规范的要求。各作业单位应按一定的比例采用全站仪实地解析法进行精度检测，检查数据进行处理后，计算出点位中误差及粗差率，评定其精度是否满足国家有关规范要求。

五、地籍图的编制

地籍图是城镇地籍调查重要成果之一，提供符合要求的地籍图是地籍测绘和地籍管理的基本要求。地籍图编制的质量控制主要包括以下四个内容。

(一) 地籍图表示内容的全面性

按照国家地籍测绘的技术要求，地籍图主要包括以下要素：行政界线和行政区名称；地籍调查工作单位界线及编号，如街坊界线及街坊号；宗地权属要素，如界址点、界址线、宗地编号和权属单位名称注记等；各等级测量控制点；建、构筑物、围墙、栅栏、交通、水系等要素；地理名称注记，如街巷名称、河流名称等。各作业单位在内外业对地籍图测绘内容的全面性进行检查，检查应上图的要素是否有丢、漏、错等现象，检查的结果要记录，并反馈给作业组进行修改。

(二) 要素测绘的正确性与协调性

地籍要素和各种地形要素之间的关系是否协调，是否正确地显示了调查区域的权属情况和地物的分布情况。检查各级行政界线、街坊和宗地调查测绘是否正确、界址线与相关地物的关系是否正确协调；宗地界址点、界址线的连接和走向是否正确，宗地是否封闭；当宗地界址线与行政界线重合时，表示高级的原则掌握是否正确。由于行政界线确定和测绘采用的比例尺一般较小，在城镇地籍调查时，特别是全覆盖调查时，行政界线和地籍权属界线时常出现矛盾，应按照有关规定妥善处理。

(三) 图式符号的规范性和注记的全面性

检查地籍图图式符号是否正确，图廓外整饰是否齐全统一，图面注记是否全面。掌握好地籍要素符号与国标地形图图式符号使用的有机结合，图式符号应用是否规范；地籍代码、地理名称、单位名称、各种数字注记等是否齐全正确，注记规格和密度是否符合要求；各种注记的字体类型、字体大小是否符合要求；图廓整饰及图外注记是否规范统一，整饰主要包括图名图号、坐标系统、内外图廓线、坐标格网线及其注记、地籍图比例尺、图幅接合表、调查单位注记等。

（四）图幅之间的拼接

地籍调查成果要保证图幅接边良好。要求作业区内部及时进行接边，各作业区域之间也要及时进行接边。

六、库前数据质量控制

建立土地利用现状数据库是现代地籍测绘的重要内容。由于数据库建设科技含量高，技术较为复杂，各种软件平台之间存在较大的差异，因而质量控制也相对困难。详细内容可参阅第五章。

（一）文件命名检查

检查数据文件的命名是否符合项目规则要求。

（二）数学基础检查

检查空间数据的坐标系和投影是否符合建库要求，分层数据坐标系和投影是否一致；对图廓点、公里格网点、控制点的坐标进行检索并与理论值核对，判断是否符合要求。

（三）空间数据的分层检查

依据国土资源部门制定的数据库建设标准和项目技术设计对测量数据分层的要求，检查空间数据的分层是否正确、各种要素是否齐全、数据格式是否符合库前数据的要求。

（四）矢量数据位置精度检查

检查各矢量数据位置精度是否符合要求、多边形是否闭合、行政界线和权属要素是否正确；可将全要素数字线划图打印输出作为检查图，与已有的 DOM 套合检查。

（五）面积关系一致性检查

各种面积检核是否符合要求，图形与数据的关联、图形数据的结构，特别是与面积有直接关系的图形数据是否正确。

（六）逻辑一致性检查

检查矢量数据是否有线段自相交、两线相交、线段打折、公共边重复、悬挂点或伪节点、碎片多边形等；拓扑关系方面，检查是否建立了拓扑关系、多边形是否闭合、是否仅有一个标识码、各相邻实体的空间关系是否可通过完整的拓扑结构描述等。

（七）属性数据结构的检查

检查属性文件是否建立、属性是否齐全、各要素层属性结构是否符合标准要求。

（八）接边精度检查

位置接边主要检查同层内的要素和面要素在接边处是否连续，各种接边地物的接边精度是否符合要求；属性接边主要检查在接边线处连续地物的属性是否一致。

（九）重构数据的拓扑关系与数据入库

通过关键字，建立矢量与属性的逻辑关系，并通过矢量的几何拓扑关系检查和矢量与属性的拓扑一致性检查，重新构造数据的拓扑关系，进行大地坐标的高斯投影反算，获得统一椭球体的球面坐标，解算图斑和线状地物的球面面积，将两套数据装载到选定的数据库中，建立平面直角坐标和球面坐标系统两套数据库。

§6-5 测绘技术标准

标准是对一定范围内的重复性事物和概念所做的统一规定。它以科学、技术和实践经验的综合成果为基础，以获得最佳秩序、促进最佳社会效益为目的，经有关方面协商一致，由主管机构批准，以特定形式发布，作为共同遵守的准则和依据。

一、标准级别

标准级别是指依据《中华人民共和国标准化法》将标准划分为国家标准、行业标准、地方标准和企业标准等 4 个层次。各层次之间有一定的依从关系和内在联系，形成一个覆盖全国又层次分明的标准体系。

(一) 国家标准

对需要在全国范围内统一的技术要求，应当制定国家标准。国家标准由国务院标准化行政主管部门编制计划和组织草拟，并统一审批、编号、发布。国家标准的代号为“GB”，其含义是“国标”两个字汉语拼音的第一个字母“G”和“B”的组合。

(二) 行业标准

对没有国家标准又需要在全国某个行业范围内统一的技术要求，可以制定行业标准，作为对国家标准的补充，当相应的国家标准实施后，该行业标准应自行废止。行业标准由行业标准归口部门审批、编号、发布，实施统一管理。行业标准的归口部门及其所管理的行业标准范围，由国务院标准化行政主管部门审定，并公布该行业的行业标准代号。

(三) 地方标准

对没有国家标准和行业标准而又需要在省、自治区、直辖市范围内统一的下列要求，可以制定地方标准：① 工业产品的安全、卫生要求；② 药品、兽药、食品卫生、环境保护、节约能源、种子等法律、法规规定的要求；③ 其他法律、法规规定的要求。地方标准由省、自治区、直辖市标准化行政主管部门统一编制计划、组织制定、审批、编号、发布。

(四) 企业标准

是对企业范围内需要协调、统一的技术要求、管理要求和工作要求所制定的标准。企业标准由企业制定，由企业法人代表或法人代表授权的主管领导批准、发布。企业产品标准应在发布后30日内向政府备案。

此外，为适应某些领域标准快速发展和快速变化的需要，于1998年规定的四级标准之外，增加一种“国家标准化指导性技术文件”，作为对国家标准的补充，其代号为“GB/Z”。符合下列情况之一的项目，可以制定指导性技术文件：① 技术尚在发展中，需要有相应的文件引导其发展或具有标准化价值，尚不能制定为标准的项目；② 采用国际标准化组织、国际电工委员会及其他国际组织（包括区域性国际组织）的技术报告的项目。指导性技术文件仅供使用者参考。

二、标准属性

依据《中华人民共和国标准化法》的规定，国家标准、行业标准均可分为强制性和推荐性两种属性的标准。保障人体健康、人身、财产安全的标准和法律、行政法规规定强制执行的标准是强制性标准，其他标准是推荐性标准。省、自治区、直辖市标准化行政主管部门制定的工业产品安全、卫生要求的地方标准，在本地区域内是强制性标准。

强制性标准是由法律规定必须遵照执行的标准。强制性标准以外的标准是推荐性标准，又叫非强制性标准。推荐性国家标准的代号为“GB/T”，强制性国家标准的代号为“GB”。行业标准中的推荐性标准也是在行业标准代号后加个“T”字，如“JB/T”即机械行业推荐性标准，不加“T”字即为强制性行业标准。

三、标准种类

由于对标准进行管理的需要，对标准种类的划分主要是以下几种方式：

(一) 按行业归类

目前中国按行业归类的标准已正式批准了57大类，行业大类的产生过程是：由国务院各有关行政主管部门提出其所管理的行业标准范围的申请报告，经国务院标准化行政主管部门（目前是国家标准化管理委员会）审查确定，同时公布该行业的标准代号。

(二) 按标准的性质分类

通常按标准的专业性质，将标准划分为技术标准、管理标准和工作标准三大类：

(1) 技术标准。对标准化领域中需要统一的技术事项所制定的标准称技术标准。技术标准是一个大类，可进一步分为：基础技术标准、产品标准、工艺标准、检验和试验方法标准、设备标准、原材料标准、安全标准、环境保护标准、卫生标准等。其中的每一类还可进一步细分，如技术基础标准还可再分为：术语标准、图形符号标准、数系标准、公差标准、环境条件标准、技术通则性标准等。

(2) 管理标准。对标准化领域中需要协调统一的管理事项所制定的标准叫管理标准。管理标准主要是对管理目标、管理项目、管理业务、管理程序、管理方法和管理组织所作的规定。

(3) 工作标准。为实现工作(活动)过程的协调,提高工作质量和工作效率,对每个职能和岗位的工作制定的标准叫工作标准。在中国建立了企业标准体系的企业里一般都制定工作标准。按岗位制定的工作标准通常包括:岗位目标(工作内容、工作任务)、工作程序和工作方法、业务分工和业务联系(信息传递)方式、职责权限、质量要求与定额、对岗位人员的基本技术要求、检查考核办法等内容。

(三) 按标准的功能分类

基于社会对标准的需求,为了对常用的量大面广的标准进行管理,通常将重点管理的标准分为:基础标准、产品标准、方法标准、安全标准、卫生标准、环保标准、管理标准。

近几年来,国家测绘局和相关专业部门对制定的标准、规范和规定等进行了集中的制定和修改,有需要时应以最新版本为准,或与国家测绘局测绘标准化研究所联系。

四、测绘标准体系

测绘标准体系是按照《测绘标准化工作"十一五"规划》的要求,为指导和统筹测绘标准的制定、修订工作,加强测绘标准的计划与管理,进一步提高测绘标准的系统性、协调性和适用性,在已发布的《测绘标准体系框架》(图 6-1)的基础上,通过近两年的实践检验,结合测绘标准化的最新研究成果,经进一步的细化和完善,国家测绘局组织编制了结构化、系统化和可扩充的《测绘标准体系》。它是目前和今后一段时间测绘国家标准、行业标准制定与修订的指导性文件,今后对测绘标准项目提案的提出与受理、立项审批及标准审查等,将主要依据本标准体系的内容和要求执行。

图 6-1 测绘标准体系框架

《测绘标准体系》从信息化测绘技术的发展需求出发,以数字化测绘技术体系下标准的构成为主体,兼顾传统测绘技术对标准的现实需要,从信息流、测绘工程物理流程等多个视角对测绘标准的组成进行描述和构建。标准体系共列入"定义与描述"、"获取与处理"、"检验与测试"、"成果与服务"、"管理"等 5 大类 32 小类标准。5 大类标准之间相互关联,各大类中的小类之间以及小类中的标准之间也相互关联、相互作用,从而构成一个覆盖整个测绘领域的测绘标准体系。

标准体系中描述了 5 大类 32 小类标准约束与应用的范围,提出了各类标准的预计数量,并在各标准小类下,综合考虑当前的技术水平和对未来发展需求的预测,以标准化对象和各标准的主要内容与适用范围为主要依据，提出了具体标准的推荐名称。标准体系中根据《标准体系表编制原则和要求》(GB/T 13061—91)对各标准大类、小类和具体标准进行了统一编号，其中所列标准的编号为标准体系发布时已发布实施的标准的编号(含标准发布实施年代)；未列标准编号的标准为正在制定、修订的标准，或未来需要制定的标准。

标准体系中测绘标准的“相关标准”，由与测绘和基础地理信息相关的地理信息标准、信息技术类、专业信息类、标准化管理类和质量管理类等基础性、通用性及专业技术标准构成，按国家相应的规定编制计划、审批、编号、发布、归口和管理，标准体系仅描述了这部分标准的范围，不再列出具体的标准名称和标准编号。“工程测量”类标准，除国家标准外，由国民经济建设各部门根据其特殊需要制定的专业测绘技术标准构成，标准体系也不再列出具体的标准名称和标准编号。

需要强调的是，标准体系和体系中所提出的标准分类、范围、标准数量、标准名称等，都是相对的、可扩充的和不断发展的，它将随着测绘与地理信息科学与技术、相关科学与技术的不断发展与广泛应用，以及测绘事业发展的需求和标准化研究成果的发展，不断地予以调整、补充和删减，并不断完善。

现由国家测绘局及其他部门发布的相关地籍测绘技术标准见表6-3。

表 6-3　相关测绘技术标准

序号	标准名称	标准编号	概要说明
1	城镇地籍调查规程	TD 1001—93	规定了地籍调查及地籍测量的基本内容和要求
2	1∶500　1∶1 000　1∶2 000 地形图航空摄影规范	GB/T 6962—2005	规定了1∶500、1∶1 000、1∶2 000 地形图航空摄影的技术要求、成果质量的检查方法及航摄器材和航摄成果的保管要求
3	1∶500　1∶1 000　1∶2 000 外业数字测图技术规程	GB/T 14912—2005	规定了采用外业数字测图的方法测绘 1∶500、1∶1 000、1∶2 000 数字地形图的技术规程和精度要求
4	地理信息元数据	GB/T 19710—2005/ISO 19115:2003,MOD	定义描述地理信息及其服务所需要的模式
5	国家基本比例尺地图图式 第1部分：1∶500　1∶1 000 1∶2 000 地形图图式	GB/T 20257.1—2007	规定了1∶500、1∶1 000、1∶2 000 地形图上表示的各种自然和人工地物、地貌要素的符号和注记的等级、规格和颜色标准、图幅整饰规格，以及使用这些符号的原则、要求和基本方法
6	基础地理信息要素数据字典 第1部分：1∶500　1∶1 000 1∶2 000 基础地理信息要素数据字典	GB/T 20258.1 — 2007	规定了1∶500、1∶1 000、1∶2 000 基础地理信息要素数据字典的内容结构与要素的描述
7	1∶500　1∶1 000　1∶2 000 地形图航空摄影测量数字化测图规范	GB/T 15967—2008	规定了用解析航空摄影测量方法进行 1∶500、1∶1 000、1∶2 000 地形图数字化测图作业的基本要求和成果精度要求
8	1∶500　1∶1 000　1∶2 000 地形图数字化规范	GB/T 17160—2008	规定了以1∶500、1∶1 000、1∶2 000 地形图为信息源，采用地形图扫描数字化手段获取地形图数据的方法和要求
9	数字测绘成果质量要求	GB/T 17941—2008	规定了数字测绘成果的质量元素及其应达到的基本要求
10	数字测绘成果质量检查与验收	GB/T 18316—2008	规定了数字测绘成果检查验收与质量评定的要求、内容和方法
11	全球定位系统(GPS)测量规范	GB/T 18314—2009	规定了利用全球定位系统(GPS)静态测量技术，建立GPS控制网的布设原则、测量方法、精度指标和技术要求
12	专题地图信息分类与代码	GB/T 18317—2009	规定了专题地图信息的分类与代码
13	地籍测绘规范	CH 5002—1994	规定了不动产地籍测绘的基本内容与要求

续表

序号	标准名称	标准编号	概要说明
14	地籍图图式	CH 5003—1994	规定了地籍图和地籍测量草图上各种要素符号和注记标准以及使用这些符号的原则、要求和基本方法
15	测绘生产质量管理规定	1997年7月	规定了测绘单位从承接测绘任务、组织准备、技术设计、生产作业直至产品交付使用全过程实施的质量管理
16	测绘质量监督管理办法	1997年8月	规定了测绘单位的责任和义务、测绘产品的质量监督、法律责任等
17	测绘技术总结编写规定	CH/T 1001—2005	规定了测绘项目总结和专业技术总结编写的主要内容和要求。主要适用于测绘生产项目的项目总结和专业技术总结的编制,其他测绘项目总结的编制可参照执行
18	测绘技术设计规定	CH/T 1004—2005	规定了测绘项目设计和专业技术设计的基本要求、设计过程及其主要内容。主要适用于测绘生产项目的项目设计和专业技术设计,其他测绘项目的设计可参照执行
19	基础地理信息数字产品 1∶10 000　1∶50 000 数字线划图	CH/T 1011—2005	规定了基础地理信息数字产品 1∶10 000、1∶50 000 数字线划图的数据内容、规格、质量及分发形式
20	测绘成果质量检验报告编写基本规定	CH/Z 1001—2007	规定了测绘成果质量检验报告编写的基本内容、格式等
21	测绘作业人员安全规范	CH 1016—2008	规定了基础测绘生产中与人身安全相关的安全管理、安全防范及应急处理的要求
22	测绘成果质量监督抽查与数据认定规定	CH/T 1018—2009	规定了测绘成果质量监督抽查和基础地理信息标准数据认定的基本原则、工作要求、检验程序,认定的程序、内容和方法,以及检验报告、认定证书等文件的内容和格式要求
23	房产测量规范	GB/T 17986.1—2000	房产测量规范 第1单元,规定了房产测量的基本内容和要求
24	房产图图式	GB/T 17986.2—2000	房产测量规范 第2单元,规定了房产图上各种要素符号和注记标准以及使用这些符号的原则、要求和基本方法

思考题

1. 地籍测绘成果资料整理有哪些要求?
2. 地籍测绘上交成果有哪些?
3. 地籍档案如何建立?
4. 成果质量管理的内容包括哪些?
5. 地籍测绘质量控制要点包括哪些内容?
6. 目前地籍测绘依据的技术标准有哪几类?

第七章　地籍测绘成果检查验收与质量评定

地籍测绘和其他测绘工作相比有其共性，也有它的特殊性。它是在地籍调查的基础上，对每一宗土地的权属、位置、数量、质量和用途运用科学的、可靠的测量方法进行测定，精度要求高。地籍测量是一个由多人参与的、多工序的工作，其成果图不但用于经济建设，而且还具有一定的法律效力，所有成果不只局限于专业检查，还要在千家万户中接受检查和使用。这就要求地籍成果既要准确无误，还要经得起群众的检查。除要求调查、测绘人员认真、仔细、严格按规范作业外，关键的则是把好检查验收这一关。

地籍测绘成果实行二级检查一级验收制度。一级检查为过程检查，由小组和作业员全面自检、互查；二级检查为最终检查，由施测单位的质量检查机构和专职检查人员在一级检查的基础上进行；在二级检查合格的基础上由业主单位组织专家组检查验收。通过以上检查程序可以在测区技术标准统一的高度上对产品质量提出要求，可以发现带有普遍性和特殊性的问题，对提高产品质量具有特别重要的意义。

§7-1　成果检查验收依据

地籍测绘成果以国家标准及相关部委推行的行业标准为依据，进行检查验收。依据不同的工作内容，可参考以下技术标准：

(1)《城镇地籍调查规程》(TD 1001—1993)。

(2)《城市测量规范》(CJJ 8—99)。

(3)《地籍测绘规范》(CH 5002—94)。

(4)《全球定位系统(GPS)测量规范》(GB/T 18314—2009)。

(5)《土地利用现状分类》(GB/T 21010—2007)和《国民经济行业分类》(GB/T 4754—2002)。

(6)《××地籍测绘技术设计书》。

(7) 省级地籍测绘技术规范(规程)补充规定。

(8) 市、区(县)文件及补充要求。

(9)《1∶500 1∶1 000 1∶2 000 地形图图式》(GB/T 20257.1—2007)。

(10)《城镇地籍数据库标准》(TD/T 1015—2007)。

(11)《土地利用数据库标准》(TD/T 1016—2007)。

(12)《国土资源信息核心元数据标准》(TD/T 1016—2003)。

(13)《数字测绘产品检查验收规定和质量评定》(GB/T 18316—2001)。

(14)《测绘成果质量检查与验收》(GB/T 24356—2009)。

§7-2　地籍测绘成果检查验收质量要求

一、对检测设备、软件的要求

(1) 检测仪器设备的精度原则上不低于作业使用的仪器设备的精度。

(2) 检测软件应采用与生产相同或同类型的软件。

(3) 检测仪器必须通过计量检定。

二、成果质量要求

(一) 地籍调查质量要求

地籍调查检查采用内、外业相结合的方法进行。内业检查调查表填写是否符合规程要求;地籍要素项目是否齐全、正确;宗地草图上表示要素是否遗漏,勘丈数据、注记整饰是否符合要求;地类划分是否正确;外业检查街道、街坊、宗地划分是否正确合理;权属调查确认的土地所有者、使用者与土地登记申请书是否一致;认定界址的法律手续是否完整、规范、有效;界址点的实地位置是否准确,有无固定标志;界址边的走向是否合理;界址点有无遗漏及界址边长勘丈精度等。

(二) 控制测量质量要求

控制测量检查采用内、外业相结合的方法进行。内业检查相关技术文本的表述是否正确;控制网布设方案是否合理;所用的仪器是否符合标准;起算数据和计算方法是否正确;观测条件的掌握、各种观测记录和计算是否正确;平差结果及各种限差、精度指标是否符合相应要求;用相应的软件验证平差结果的正确性;清查上交资料是否完整;外业检查控制点的选点和埋设质量;点之记绘制是否正确;各类控制点的测定方法、扩展次数是否正确并实地检测控制点的平面和高程精度。

1. 控制测量单位产品的质量特性及权的划分

控制测量单位产品的质量特性及权的划分具体见表 7-1。

表 7-1　产品质量特性及权

一级质量特性	权	二级质量特性	权	三级质量特性
技术资料	0.10	1. 技术设计的内容及正确性; 2. 技术总结的内容及重大问题处理记载; 3. 各类资料的完整性; 4. 整饰质量		
数据质量	0.60	数学精度	0.60	1. 成果精度; 2. 检测精度(外业)
		观测质量	0.30	1. 仪器精度、仪器检定资料; 2. 观测的技术条件、观测方法的合理性; 3. 观测数据的完整性、正确性; 4. 观测成果的规范性、电子记簿程序的正确性及标准化
		计算质量	0.10	1. 外业验算项目齐全及正确性; 2. 限差统计分布和检验各项限差的符合情况; 3. 平差方法、平差结果
点位质量	0.30	1. 网形强度,控制点位置、控制点密度; 2. 埋石质量; 3. 点之记绘制		

2. 数据质量要求

(1) 数学精度要求

检查最弱点点位中误差(无约束平差的基线向量改正数＜3&)、(约束平差的基线向量改正数＜2&),以及最弱边边长相对中误差。

(2) 观测质量要求

测量仪器的计量检定和检查(仪器鉴定资料):检查仪器标称精度是否符合要求,如全站仪、温度计等。

观测条件的合理性检查(打开观测记录数据可检查):检查接收机参数设置的正确性:如采样间隔、静态观测方式;检查观测时接收卫星数量是否大于 4 及 PDOP 值是否大于 6。

观测成果的正确性(打开观测记录数据可检查):是否采集了足够的数据(星历文件)及观测时间,每颗星的连续观测时间及接收机之间的有效同步观测时段是否正确,重复设站率是否大于 1.6。

观测成果的规范性(打开观测记录数据、记录手簿可检查):是否正确地量取天线高并正确、规范地记录；是否按照设计要求进行温度、气压、湿度等的量取和记录；是否正确绘制测站环视图；是否按要求记录卫星失锁状况等。

(3) 计算质量要求

数据处理检查(包含数据检验记录、成果表、起算数据资料、技术总结、检查报告)：检查数据处理软件使用及相关参数设置是否正确，数据预处理(基线解算)、同步环、异步环、重复基线检验、数据后处理(平差计算)及数据分析是否满足精度要求。

所采用的坐标系统、投影方式、投影面是否正确。

检查起算点(平面、高程)数量是否满足设计要求；检查起算点的可靠性(兼容性)；检查起算点数据的正确性，如是否用错、输错、算错。

检查各项限差统计分布是否符合要求。

3. 点位质量要求

(1) 点位选择的合理性检查(外业)

布网的合理性检查：是否满足下工序需要(加密、测图等)；平均边长是否符合设计要求，是否有利于其他测量手段进行扩展与联测(通视条件等)；是否远离无线电干扰源；观测的卫星高度角是否大于15°。

点位的稳定性检查：是否有利于水准联测(或有足够的水准点)，是否便于保存及使用。

(2) 标石质量检查(外业)

检查标石规格、埋设深度、点位标识等是否符合技术要求。

(3) 点之记绘制

检查点名、点号的正确性及与实地的符合情况(点之记)，检查委托保管情况(委托保管书)。

4. 技术资料质量

(1) 技术设计的正确性检查：① 作业依据检查，检查所列作业依据是否正确，且是否是最新标准；② 对照合同检查技术设计是否满足规范及用户要求。

(2) 资料的完整性检查(设计书要求提供的资料清单)：检查各种成果，附图、附表，点之记及委托保管书，技术总结，检查、验收报告及相关的原始记录，硬拷贝、数据盘及数据备份的安全性等是否齐全完整。

(3) 整饰质量要求：检查资料的外观质量、包装质量；检查观测手簿记录的字体、擦改情况等。

(三) 地籍图质量要求

1. 数学精度

(1) 外业检测数学精度，应采用不低于成图精度的检测方法实测。点的平面坐标采用外业散点法按测站点精度采集，用钢尺量测相邻地物点间距离，与原测数据比较，统计平面位置中误差。

(2) 检测点(边)应均匀分布。实施外业散点法检测时，图幅内至少要品字形布设3个测站以上。检测点宜选位置明确的地方，点数为30～50个。

2. 属性精度

外业赴实地巡视检查属性精度。属性精度检查主要包括要素分类与代码的正确性，要素属性值的正确性，要素属性的完备性，要素注记的正确性。检测时可通过与实地、数字化航片、原图等对照检查，或在屏幕上逐一显示要素，依据有关的要素分类代码表检查要素分类属性、代码以及注记的正确性。

3. 数据精度

在计算机上检查数据组织、资料格式、文件命名、数据层、图廓点坐标、公里格网的正确性、完整性；分层检验要素种类的完整性、属性数据的完整性、属性值数据类型的正确性；注记的正确性、完整性；元数据的正确性、完整性等；数据逻辑的合理一致性，包括面状地物的封闭性、线状地物的连续性、相邻图幅接边地物一致性、实体地理协调性等。

数据文件应完整、可交换。

检测时可采用屏幕漫游的方式检查或用程序检查。

4. 接边精度

在计算机屏幕上显示相邻图幅拼接处两边图内的要素，检查公共图廓边是否完全重合、接边要素几何位置是否自然连接以及相邻要素属性是否一致等。

5. 整饰质量

在计算机屏幕上全要素显示样本图幅，参照有关的规范和技术设计书，采用目视法检查图上各种符号及线划的规范性、图廓整饰质量、各种注记的正确性和完整性等。

6. 附件质量

检查技术设计书、技术总结、检查报告、文档簿、图件、元数据文件等资料的正确性、完整性及齐全性。

三、测绘数据质量要求

（一）数据的修约

检测所有观测数据及计算数据的有效位数、计量单位应与有关标准的规定一致，并按数据的修约规则修约，不足部分以“0”补齐。

（二）数据分析处理

(1) 分析检测数据，检查各项误差是否符合正态分布，凡误差大于 2 倍中误差的检测点应校核检测数据，避免由于检测造成的错误。确认无误后，其误差值应参加精度统计。

(2) 凡大(等)于 3 倍标准中误差的检测数据，不进行中误差统计，一律视为粗差予以剔除。

（三）中误差计算规定

按单位产品进行精度统计。应计算的中误差主要包括：平面位置中误差、间距中误差。一般情况下要求同一参数测试个数不小于 30，当测试个数小于 20 个时，用算术平均法计算中误差。

§7-3 成果检查验收方法及要求

一、建立健全检查验收制度

现阶段在我国开展地籍测量工作，是以国家测绘局和国土资源部所规定的技术标准进行的。因此，检查验收时，应以国家测绘局 1994 年 11 月 28 日发布 1995 年 2 月 1 日实施的《地籍测绘规范》、《地籍图图式》，国土资源部 1993 年颁发的《城镇地籍调查规程》，以及测区的具体技术规定为标准。凡是满足不了规范和规程规定的标准和精度要求的，应查明原因进行返工。

地籍测绘成果实行二级检查一级验收制，过程检查、最终检查和验收。测绘生产单位对产品质量实行过程检查和最终检查。过程检查由作业组检查人员承担，包括作业员自检、作业组互检。最终检查由生产单位的质量管理机构负责实施。验收工作由任务的委托单位组织实施或由该单位委托具有检验资格的检验机构验收。验收工作应在测绘产品经最终检查合格后进行。地籍测绘成果验收工作一般由各级国土资源管理部门负责进行。同时建立监理制度，由监理单位全程跟踪检查成果质量，在自检、互检、专检和监理合格的基础上进行省级验收。只有上道工序检查合格后，方可进行下一步的工作。作业单位针对自检、互检、专检的各项检查结果作好详细记录，并提交“三级检查记录”、“三级检查报告”。监理单位应提交“监理记录”、“监理报告”等。

地籍测绘成果具备下列条件方可提交验收：

(1) 各项工序全面完成，并经自检、互检、专检和监理合格。

(2) 阶段性检查程序完备、记录齐全。

(3) 权属调查成果达到法律程序完备、权属合法、界址清楚、面积准确、地类和土地利用情况属实。

(4) 成果资料齐全，整理规范。

二、检查验收的组织和分工

(1) 成果的检查验收工作，由各级国土资源管理部门统一负责。

(2) 地籍测绘队伍应当设二到三名专职或兼职成果检查人员。作业班(组)应当设一名兼职检查员，负责监督本班(组)的作业成果自检和班组之间的交换互检工作。

(3) 建立监理制度的，应选择技术实力强、并经领导小组认定的单位承担监理工作。

三、检查验收程序

(一) 检查验收顺序

一般为作业员自检—作业组互检—专职检查员检查—验收。监理应贯穿整个作业过程。

1. 作业员自检

作业员自检应随时进行，自检中发现问题应及时改正，在每一道工序阶段结束时，再作比较系统的自检。自检人员在记录及成果上签字，提交作业组互检。

2. 作业组互检

作业组互检在作业员自检的基础上，按工序或工作阶段进行。互检中发现问题应及时交作业员改正合格后，互检人在作业记录及成果上签名，并将互检记录及成果提交作业队专检。

3. 作业队专检

专检在完成自检、互检的基础上，以村(街坊)或图幅为单元逐一进行。发现问题应及时返工改正，合格后，专职检查员在专检记录及成果上签名。作业队将成果与《三检记录》提交监理单位进行监理。

4. 监理

(1) 监理应本着公平公正、科学真实、准确可靠、按时保质保量的原则，依据《城镇地籍调查规程》和有关规定，在作业队提交的《三检记录》和阶段成果基础上随时进行监理，并提交《阶段监理记录》、《阶段监理报告》等。

(2) 测绘工作完成后，监理单位应对成果进行监理、记录、汇总和评价，同时提交《监理记录》、《监理报告》、《专项监理分析报告》，及是否提交预检和验收的建议等，并作为申请预检、验收的条件和成果资料之一。

(3) 在完成三级检查和监理的基础上，对测区全部成果进行预检和验收。预检和验收工作可一次进行或按内外业分别进行，如果需要，也可分阶段或分区域进行。

(二) 验收

经各项检查合格后，由各级国土资源行政主管部门负责验收。

检查、验收人员应认真做好检查、验收记录，并将记录随产品移交，供分级存档。

检查和验收工作完成后，生产单位和验收单位应先、后编写检查报告和验收报告。检查报告经生产单位领导审核后，随产品一并提交验收。验收报告经验收单位主管领导审核(委托验收的验收报告送委托单位领导审核)后，随产品归档，并送生产单位一份。

四、检查验收的实施

测绘成果检查验收的各环节应按前述规定严格执行，各环节成果交接需手续完备，并形成相应的检查记录和检查报告，以及监理记录和监理报告。

(1) 各级检查验收的比例：

——作业人员自己重复检查，检查比例可根据自身作业水平确定。

——作业组之间的互换互检，检查比例内、外业均为100%。

——专职检查内业为100%，外业实际操作检查不低于20%，巡视不低于70%。

——监理应贯穿各作业过程，即实时监控。

——验收时，内业抽检30%～50%，外业检查比例视内业抽查情况决定，一般为3%～5%。

(2) 自检、互检、专检工作应分工序阶段进行，保证把粗差消灭在本工序、本阶段内。

(3) 检查工作中，发现成果有不符合有关规程和技术设计及有关规定的，要根据其性质和对成果质量的影响程度，分别提出书面处理意见，交被检查单位改正或返工。

(4) 成果质量评定，分优、良、合格、不合格四个等级。

五、检查验收的内容

(一) 室内检查

1. 总体检查

根据《城镇地籍调查规程》主要检查成果资料是否齐全，技术路线和方法是否正确，数据库建设是否符合要求。

2. 权属调查成果检查

(1) 检核权属调查结果

主要检核街道、街坊、宗地划分是否正确合理;权属调查确认的土地所有者、使用者与土地登记申请书是否一致;认定界址的法律手续是否完整、规范、有效;界址点的实地位置是否准确,有无固定标志;界址边的走向是否合理;界址点有无遗漏等。

(2) 检查地籍调查表

主要检查填写方法是否正确,填写内容是否符合《城镇地籍调查规程》要求。

(3) 检查宗地草图

——勘丈数据是否齐全,有无检核条件。

——注记是否清晰;整饰是否规范。

——宗地坐落、门牌号、宗地号、界址点号、相邻宗地界址点、四至、指北方向、作业日期等要素有无遗漏。

(4) 检查地类划分

地类划分是否符合《土地利用现状分类》(GB/T 21010—2007)规定。

3. 检查土地利用情况

行业用地、闲置土地、空闲土地、批而未供土地、供而未用土地、低效使用土地、基准地价等标注是否正确,有无遗漏。

4. 地籍控制测量成果检查

(1) 坐标系统选择是否合理,长度变形是否超限。

(2) 起算数据是否可靠,首级控制等级选择是否适当,施测方法是否正确。

(3) 各级控制网布设、点位密度是否适当,精度是否符合要求,是否能同时满足界址点测定,地籍图测绘和相片联测要求。

(4) 首级控制、加密控制与图根控制施测方法是否正确,精度和密度是否符合要求。

(5) 平差方法、数据处理方法是否符合《城镇地籍调查规程》要求。

(6) 观测记录数据是否齐全、规范。

(7) 高程基准选择是否正确,施测精度是否能够满足内业要求。

(8) 资料是否齐全,内容是否完整规范。

5. 航摄资料检查

(1) 上交的资料是否完整齐全。

(2) 影像资料、数字图像是否符合《城镇地籍调查规程》要求。

(3) 飞行质量是否满足需要。

(4) 机载 GPS、IMU 记录是否满足需要。

6. 像控点与外业调绘片检查

(1) 野外像控点布设是否满足要求,位置是否符合像片条件。

(2) 刺点误差及刺孔误差是否超限,整饰是否规范。

(3) 调绘片是否齐全。

7. 数字正射影像图检查

(1) 数字要素精度和内容是否符合《城镇地籍调查规程》规定。

(2) 影像美观、色调协调、反差等方面是否符合要求。

(3) 界址点间距、界址点与邻近地物点间距等各项精度是否符合规定。

(4) 影像与界址点、界址边套合是否合理。

(5) 图幅接边是否无误,是否存在移位、属性不一致和逻辑错误。

8. 细部测量检查

主要检查手簿及各项精度是否符合要求。

9. 地籍图检查

(1) 地籍图和地籍数字正射影像图是否同时具备。

(2) 数学精度是否符合《城镇地籍调查规程》要求(包括数学基础、平面位置精度)。

(3) 图式使用是否正确,各种注记、编码有无遗漏,图面整饰是否清晰完善。

(4) 图幅间接边是否合理,有无不接现象、逻辑错误。

(5) 界址点、地物点点位精度、临近点精度是否符合《城镇地籍调查规程》要求。

10. 面积量算及汇总统计

(1) 面积量算方法是否正确,误差是否在限差内。

(2) 汇总统计表格是否齐全,数据是否正确。

(3) 表内的纵向、横向数据是否平衡。

(4) 表间的衔接是否严密。

(5) 表间逻辑关系是否正确。

11. 数据库建设检查

(1) 数据库结构是否合理,数据格式是否正确。

(2) 功能是否完善,安全性是否严密。

(3) 系统是否健全,是否便于查询、修改和历史回溯。

(4) 输出的地籍图和地籍数字正射影像图是否符合《城镇地籍调查规程》要求。

(5) 输出数据及各类汇总统计表格是否齐全,表与表之间数字逻辑关系是否正确。

12. 文字报告

主要检查报告内容是否齐全、结构是否合理、表述是否清楚、技术术语运用是否正确,文字是否流畅,分析是否深刻。能否正确反映当地调查工作特色、技术特点和城镇土地利用现状与利用潜力。报告书写格式是否统一规范。

(二) 外业检查

在室内全面检查的基础上,按要求随机抽取一定数量的图幅,赴实地重点核实和检测、检查以下内容,并做好记录。

1. 权属调查检查

(1) 界址点、界址线位置是否与实地一致,各类间距勘丈数据误差是否符合要求。

(2) 地籍调查表填写内容是否与实地一致。

(3) 地类认定、土地利用情况认定是否准确。

(4) 界址点、界址线、宗地有无遗漏,位置是否正确;界址点标志是否完整、规范。

(5) 街道、街坊、宗地划分是否合理、正确,标注是否无误。

2. 像控点及地籍控制点检查

(1) 像控点与实地是否相对应,判读是否无误,刺点位移是否超限。

(2) 地籍控制点位置是否适当,标志设置是否规范,与点之记描述是否一致。

(3) GPS 控制点观测条件是否符合《城镇地籍调查规程》要求。

(4) 地籍控制点与像控点观测条件和精度是否一致。

(5) 外业检测精度是否符合要求。

3. 地籍图、地籍数字正射影像图与土地利用情况检查

(1) 界址点、界址线位置是否正确、有无遗漏,界址点标志设置是否规范。

(2) 建筑物结构、层次是否正确。

(3) 地物要素有无遗漏,取舍是否恰当。

(4) 行业用地、闲置土地、低效使用土地等判别是否准确,划分是否合理,注记有无遗漏。

(5) 界址点坐标、界址点间距、界址点与临近地物点间距、地物点相临间距等实地检测精度是否符合要求。

(6) 各点位精度是否符合要求。

(7) 图上数据与实地勘丈数据之差是否符合要求。

4. 细部测量检查

外业选择适当的测站，利用全站仪、光电测距仪等仪器采用高精度或同精度方法检测，界址点、地物点实地检测点数均不少于25个，并与已有坐标进行比较，评定精度。

(1) 界址点点位中误差是否超限，最大误差是否超限。

(2) 地物点点位误差是否超限。临近地物点间距是否超限。

(3) 界址点与临近地物间距误差是否超限。

六、成果检测方法与要求

测绘成果必须按照一定比例(参见检查验收的内容)进行内、外业检查，针对有关内容的检查方法和要求如下。

(一) 解析界址点点位误差检查与精度评定

解析界址点点位误差检查必须野外进行，尽量以原测站不同的已知点为依据，利用高精度或同精度方法重新施测25个以上解析界址点的坐标并进行比较，填写表7-2并计算中误差。

表 7-2 解析界址点点位精度检查记录(外业检查)

街坊号	宗地号	界址点号	原测坐标		检测坐标		坐标较差		$\Delta^2(d^2)=\Delta_x^2+\Delta_y^2$
			X	Y	X'	Y'	ΔX	ΔY	
检查结果		$[\Delta\Delta]=\sum\Delta^2$			解析点位中误差 $m=\pm$				

检查者：　　　　　　　　　　　　　　　　年　　月　　日

注：1. 界址点按街坊编号时，宗地号可不填。

2. 高精度方法检测时，$[\Delta\Delta]$为Δ^2之和，中误差计算公式为：$m=\pm\sqrt{\frac{[\Delta\Delta]}{n}}$，$m\leqslant\pm5$ cm(±7.5 cm)。同精度方法检测时$[dd]$为d^2之和，中误差计算公式为：$m=\pm\sqrt{\frac{[dd]}{2n}}$，$m\leqslant\pm5$ cm(±7.5 cm)。

3. 允许误差为2倍中误差。

4. 允许误差的$\sqrt{3}$倍视为粗差，粗差率不得大于检查数量的5%。

5. 括号内的数据适用于街坊内部隐蔽的界址点。

(二) 宗地草图精度检查

1. 界址边长间距误差检查

宗地草图上的界址点间距误差检查通常采用原勘丈距离或解析反算边长与实地检测距离或与检测坐标反算边长相比较，填写表7-3，并计算中误差。

表 7-3 界址边长间距误差记录(外业检查)

街坊号	宗地号	界址点号		原测距离/m	比较距离/m	较差 d/cm	d^2
检查结果		$[dd]=\sum d^2$				解析点位中误差 $m=\pm$	

检查者：　　　　　　　　　　　　　　　　年　月　日

注：1. $m=\pm\sqrt{\frac{[dd]}{2n}}$，要求$m\leqslant5$ cm(±7.5 cm)。

2. 允许误差$\Delta_{允}\leqslant\pm10\sqrt{2}$cm($\pm15\sqrt{2}$cm)。

3. 允许误差的$\sqrt{3}$倍视为粗差，粗差率不得大于检查数量的5%。

2. 界址点与邻近地物点关系距离检查

检查该项误差的方法及要求同界址点间距误差的检查一样，检查结果记录在表7-4中。

表 7-4　界址点与邻近地物点关系距离检查记录(外业检查)

街坊号	宗地号	界址点号		原测距离/m	比较距离/m	较差 d/cm	d^2
检　查　结　果		$[dd]=\sum d^2$				解析点位中误差 $m=\pm$	

检 查 者：　　　　　　　　　　　　　　　　　　　　年　月　日

注：1. $m=\pm\sqrt{\frac{[dd]}{2n}}$，要求 $m\leqslant 5$ cm(± 7.5 cm)。

2. 允许误差 $\Delta_{允}\leqslant\pm 10\sqrt{2}$cm($\pm 15\sqrt{2}$cm)。

3. 允许中误差的$\sqrt{3}$倍视为粗差，粗差率不得大于检查数量的 5%。

(三) 地籍图精度检查

1. 图上界址点间距、界址点与邻近地物点关系距离、邻近地物点间距误差检查

将图解距离与相应的解析反算边长或检测距离、宗地勘丈数据进行比较。用表 7-5 进行记录，用相应公式计算中误差，并与规定允许误差进行比较。

表 7-5　地籍图精度检查记录(室内检查)

街坊号	宗地号	界址点号		图解距离/m	比较距离/m	较差 Δ/cm	Δ^2
检　查　结　果		$[\Delta\Delta]=\sum\Delta^2$				解析点位中误差 $m=\pm$	

检 查 者：　　　　　　　　　　　　　　　　　　　　年　月　日

注：1. 间距中误差 m 为：$m=\pm\sqrt{\frac{[\Delta\Delta]}{n}}$，要求 $m\leqslant\pm 0.3$ mm。

2. 表 7-5 也可用于界址点与邻近地物点关系距离误差、邻近地物点间距误差检查。

3. 图上界址点间距允许误差 $\Delta_{允}\leqslant\pm 0.6$ mm；图上界址点与邻近地物点关系距离 $\Delta_{允}\leqslant\pm 0.6$ mm；图上邻近地物点距离中误差 $m_t\leqslant\pm 0.4$ mm，$\Delta_{允}\leqslant\pm 0.8$ mm。

4. 允许误差的$\sqrt{3}$倍视为粗差，粗差率不得大于检查数量的 5%。

2. 图上地物点点位精度检查

利用野外检测坐标与图上坐标进行比较，填写表 7-6。

表 7-6　图上地物点点位精度检查记录(室内检查)

街坊号	宗地号	界址点号	图解坐标		检测坐标		坐标较差		Δ^2
			X	Y	X	Y	X	Y	
检　查　结　果			$[\Delta\Delta]=\sum\Delta^2$				解析点位中误差 $m=\pm$		

检 查 者：　　　　　　　　　　　　　　　　　　年　月　日

注：1. 点位中误差 $m=\pm\sqrt{\frac{[\Delta\Delta]}{n}}$，要求 $m\leqslant\pm 0.5$ mm；允许误差 $\Delta_{允}\leqslant\pm 1.0$ mm。

2. 允许误差的$\sqrt{3}$倍视为粗差，粗差率不得大于检查数量的 5%。

§7-4 地籍测绘成果质量评定

地籍测绘成果的质量评定内容分别由文字报告、权属调查、土地利用现状调查、控制测量(包括像控点测量)、航空摄影、地籍图与影像图制作、面积量算与汇总统计、数据库建设等多个单项构成。按各单项权重和检查得分,合计评定成果等级:

(1) 总分大于等于 90 分,为优。

(2) 总分大于等于 75 分,低于 90 分为良。

(3) 总分大于等于 60 分,低于 75 分为合格。

(4) 总分低于 60 分为不合格。

一、成果质量合格标准

(1) 符合《城镇地籍调查规程》要求,但未达到良级成果全部条件。

(2) 有个别缺点,但各项误差在 2～3 倍中误差之间的个数不超过抽查总数的 5%,无粗差或错误。否则原则上不予验收。但如能查明错误原因,且有特殊原因,并经纠正错误后,可继续验收;如多处有错误,则不能验收。文字报告资料没有能引起权属混乱不清的笔误及错误。

(3) 法律手续完备、工作程序正确、技术资料完整。

二、成果质量良级标准

良级成果除要满足合格成果的全部条件外,还应满足自己(良级)的条件。

(一) 文字资料检查

(1) 技术设计规范,内容齐全,文字清晰,语言通顺简练。

(2) 技术报告的技术分析和质量评价全面、准确,技术问题的处理科学有效,文字语言简练规范。

(3) 工作报告能准确反映整个工作过程的组织、计划、设计特色,语言简练,经验教训分析深刻,建议适用且有真知灼见。

(4) 城镇土地利用现状与潜力分析报告数据可靠,概念清楚,推理逻辑性强,文字流畅。

(5) 数据库建设报告符合有关规定要求,程序正确。

(二) 权属调查检查

(1) 调查区划分正确,与登记申请区对应,调查工作底图良好。

(2) 地籍编号正确、清晰、完整。

(3) 界址认定程序正确,法律手续完备。

(4) 界址标志设置齐全、醒目。

(5) 宗地草图内容齐全、清晰易读,勘丈数据完整正确。

(6) 地籍调查表填写齐全、清晰,文字表述简练、准确,结论清楚,手续完备。

(7) 地类及土地利用情况调查正确。

(三) 控制点与像控点测量

(1) GPS 网(点)、三角网、导线网(点)、像控点布设良好,点位恰当,便于准确刺点,利于发展,点之记填写正确。

(2) 仪器检验项目齐全,检验结果符合规定。

(3) 观测条件良好,观测方法符合要求。

(4) 各类闭合差小于限差的 3/4。

(5) 电子记录程序正确,输出格式符合标准要求,手簿记录齐全正规、计算正确。

(6) 上交资料整理良好、齐全。

(7) 控制测量等级符合要求。

(四) 地籍图细部测量(图件)

(1) 地籍图根点密度和位置能较好地满足界址点测定和测绘地籍图需要。

(2) 界址点、界址边距离检测较差在限差之内,测量精度符合《城镇地籍调查规程》要求。

(3) 界址点与邻近地物点关系距离检测较差均在限差之内。

(4) 地籍数字正射影像图像点位移在 0.4 mm 之内。

(5) 图廓点、控制点、方里网点误差不超过限差。

(6) 数学基础符合要求。

(7) 地籍数字正射影像图与实测界址点套合合理。

(8) 地籍数字正射影像图影像清晰、反差适中、色调均匀。

(9) 界址点成果表齐全无误。

(10) 地籍图、宗地图内要素完整,整饰规范,注记清晰。

(五) 航空摄影

(1) 航摄比例尺选择适当,数码航摄影像数据分辨率小于 10～12 μ。

(2) 航摄季节与航摄时间符合要求。

(3) 航线敷设符合《城镇地籍调查规程》要求,重叠度适当。

(4) 航摄时的各项偏差均在限差之中。

(5) 影像清晰、层次丰富、反差适中、色调柔和、分辨率好,能够建立清晰的立体模型。

(6) 图幅中云层覆盖不大于图幅面积的 5%,且不能覆盖重要地物。

(7) 航摄底片的灰雾密度(D_0)不得大于 0.2;底片最小密度($D_{最小}$)至少比灰雾密度大 0.2;底片最大密度一般为 1.4～1.8。

(六) 面积量算与汇总统计

(1) 面积计算方法正确、数据可靠。

(2) 汇总统计表格齐全。

(3) 汇总统计数据正确。

三、成果质量优秀标准

(一) 文字报告资料

(1) 技术设计方案具体,质量保障措施严密,用语规范,文字流畅。

(2) 报告总结了有指导意义的经验教训。

(二) 权属调查检查

(1) 宗地草图比例恰当,确定宗地界址及几何关系的各类距离数据完整正确,并有检核条件。

(2) 地籍调查表项目填写齐全、正确,字迹美观、无涂改。

(3) 界址标志设置齐全、醒目、坚固,可长期保存。

(4) 调查内容齐全无误。

(三) 控制点与像控点测量

(1) 控制点布设均匀,密度和位置能较好地满足界址点测定和测绘地籍需要。

(2) 观测条件掌握严格。

(3) 各类闭合差小于限差的 1/3。

(4) 上交资料齐全、整饰美观。

(5) 像控点精度、密度、位置均能很好满足内业作业要求。

(四) 地籍图细部测量(图件)

(1) 地籍图根点的密度和位置,完全满足界址点测量和测图需要。

(2) 界址点、界址边间距检测的较差 70%以上小于限差的 1/2。

(3) 界址点与邻近地物点的关系距离检测较差 70%以上小于限差的 1/2。

(4) 地籍数字正射影像图影像清晰、反差适中、色彩鲜艳、色调均匀。

(5) 地籍数字正射影像图与界址点套合合理，且误差小于 0.2 mm。

(6) 数学基础完全符合要求。

(7) 界址点、界址线整饰美观，成果正确。

(8) 宗地图内容完整、比例适当、清晰易读。

(五) 航空摄影

(1) 航摄比例尺恰当，数码航摄影像数据分辨率小于 10 μ。

(2) 航摄季节、航摄时间理想。

(3) 航线敷设及重叠度完全满足大比例航测成图需要。

(4) 航摄时各项偏差均不大于限差的 2/3。

(5) 航摄资料提供齐全。

(六) 面积量算与汇总统计

(1) 面积量算方法表格齐全、规范。

(2) 汇总统计表格齐全、规范。

(3) 汇总统计数据正确，各级统计数据相互检验无误。

四、测绘成果质量评定表

地籍测绘成果检查评定项目、权重和评分详见表 7-7 至表 7-13。

表 7-7　地籍测绘成果质量评定表(文字部分)

检查项目		权重	单项评分/(%)	得分	备注
技术设计	基本情况和用地特点				
	技术设计和技术路线				
	技术方法及坐标系统选择				
	质量标准、精度				
	地籍图规格与技术设计				
	小计				
工作报告	工作组织				
	工作计划与实施情况				
	取得的成果				
	体会与建议				
	小计				
土地潜力分析报告	潜力调查成果评述				
	土地利用潜力分析				
	挖潜改造方向研究				
	小计				
数据库建设报告	数据库建立依据				
	数据库结构与功能				
	数据库建设过程				
	数据库科技含量与应用效果				
	小计				
技术报告	技术设计的实施及效果				
	测绘成果的质量评述				
	经验总结与技术创新				
	小计				
语言文字	技术术语运用正确				
	文字叙述				
	小计				
合计					

检查者：　　　　　　　　　　　　　　　　　　　　　　年　　月　　日

表 7-8　地籍测绘成果质量评定表(航空摄影部分)

检 查 项 目	权重	检查数量	合格率/(%)	单项评分	得分
飞行质量					
影像(图像)质量					
航摄资料提供情况					
像控点刺点及整饰					
像控点施测精度					
数字正射影像图数学基础					
数字正射影像图影像质量					
影像与施测位置套合质量					
界址点间距					
界址点与邻近地物点间距					
邻近地物点间距					
分幅图接边					
图面内容注记与整饰					
合　　计					

检 查 者：　　　　　　　　　　　　　　　　　　年　　月　　日

表 7-9　地籍测绘成果质量评定表(权属调查与土地利用情况调查部分)

检查项目		权重	检查数量	合格率/(%)	单项评分	得分	备注
权属调查	调查工作底图、调查区划分						
	地籍编号						
	界址认定法律程序						
	权属要素调查						
	地类判别与调绘						
	小　　计						
宗地草图	本宗地、邻宗地坐落、使用者						
	勘丈内容与勘丈方法						
	勘丈数据质量						
	宗地草图绘制						
	小　　计						
土地利用情况	行业用地归类与调绘						
	土地利用情况调绘与调查						
	小　　计						
地籍调查表	表格填写规范化						
	土地使用者名称、性质						
	界址标志种类、界标类别及界址线位置						
	地类判别						
	小　　计						
合　计							

检 查 者：　　　　　　　　　　　　　　　　　　年　　月　　日

表 7-10　地籍测绘成果质量评定表(控制测量部分)

检 查 项 目	权重	单项计分/(%)	得分	备注
仪器检验				
控制网布设、层次、结构、线路长度				
起算点数据分析与检验				
控制点密度、位置、埋石点数量及质量				

续表

检 查 项 目	权重	单项计分/(%)	得分	备注
记录手簿				
控制网成果计算及精度评定				
控制网图及图幅接合表				
合　　计				

检 查 者：　　　　　　　　　　　　　　　　　　　　年　　月　　日

表 7-11　地籍测绘成果质量评定表(地籍要素测量部分)

检 查 项 目	权重	单项计分/(%)	得分	备注
解析界址点测量记录手簿				
解析界址点成果表				
建筑物、构筑物测量				
解析界址点点位精度				
相邻界址点间距精度				
界址点与邻近地物点关系距离				
合　　计				

检 查 者：　　　　　　　　　　　　　　　　　　　　年　　月　　日

表 7-12　地籍测绘成果质量评定表(地籍图、宗地图与面积量算部分)

检 查 项 目	权重	检查数量	合格率/(%)	单项得分	得分	备注
内图廓线及对角线绘制精度						
控制点、坐标网、界址点点位精度						
图面内容与图面整饰						
界址点间距、界址点与邻近地物距离						
相邻地物点间距						
地籍要素表示与注记						
图幅接边						
宗地图						
面积量算方法及量算质量						
面积汇总与统计						
合　　计						

检 查 者：　　　　　　　　　　　　　　　　　　　　年　　月　　日

表 7-13　地籍测绘成果质量评定表(数据库成果部分)

检查项目			核查结果	备注
成果完整性检查		目录及文件规范性		
		数据有效性		
		影像数据完整性		
元数据属性检查		数据格式是否正确		
		数据内容正确性		
矢量数据	图层检查	图层命名是否正确		
		图层数据是否完整		
		坐标系或投影的正确性检查		
	图形检查	拓扑关系构建是否正确		
		必要的要素是否有漏失		
		矢量数据采集精度		
		单层宗地信息完整性		
		单幅宗地图信息的完整性		

<table>
<tr><th colspan="3">检查项目</th><th>核查结果</th><th>备注</th></tr>
<tr><td rowspan="6">矢量数据</td><td rowspan="3">属性检查</td><td>结构符合性</td><td></td><td></td></tr>
<tr><td>属性正确检查</td><td></td><td></td></tr>
<tr><td>值域的正确性检查</td><td></td><td></td></tr>
<tr><td rowspan="3">逻辑一致性检查</td><td>图属一致性</td><td></td><td></td></tr>
<tr><td>图层内属性一致性</td><td></td><td></td></tr>
<tr><td>图层间属性一致性</td><td></td><td></td></tr>
<tr><td>权属检查</td><td>数据字典检查</td><td>内容正确性</td><td></td><td></td></tr>
<tr><td colspan="2" rowspan="3">汇总面积检查</td><td>面积量算方法与量算质量</td><td></td><td></td></tr>
<tr><td>表内数据逻辑一致性</td><td></td><td></td></tr>
<tr><td>表格汇总面积和数据库汇总面积一致性</td><td></td><td></td></tr>
</table>

检 查 者： 年 月 日

注：1. 在表 7-7 至表 7-13 中，若验收项目无法计算合格率，可参照相关规定的相应等级标准，进行单项定性打分(%)，满分为 100%，然后将单项的打分乘以权重便可得单项得分。
2. 验收项目可以计算合格率的，将权重以合格率计为单项得分。
3. 各单位得分之和为验收成果的总分，评定等级。

最后，应对测区检查验收的情况，写出检查验收报告，队级(或作业单位)的验收报告，应随地籍测量资料一并上交，上级主管部门组织写出的验收报告，应随地籍资料一起保存建档。

§7-5 某地籍测绘项目检查报告样例

一、项目概述

本次地籍调查的范围为某县城区。某县位于太行山西麓，东经 112°，北纬 36°。测区南北长约 5 km，东西宽约 4 km，南北高差约 20 m，东西高差约 30 m，整体呈西高东低、北高南低之势，平均高程约 880 m，地势较为平坦。由于地处城区，食宿、用电、交通等均十分便利。城区内主要以居民区为主，地貌比较简单。

本项目的主要任务如下。

(一) 基础控制测量

在已有 D 级 GPS 控制网的基础上，建立覆盖某县建成区约 15 km^2 的地籍测量 E 级 GPS 控制网。

(二) 1∶500 城镇地籍调查

1∶500 城镇地籍调查总面积约 15 km^2。主要包括：加密控制测量(Ⅰ、Ⅱ级 GPS 控制测量)、图根控制测量、城镇地籍权属调查、地籍图测绘等多项内容。

二、检查工作概况

(一) 检查人员组成

本项目的检查由 4 名人员组成，检查人员姓名略。

(二) 检查的技术依据

(1)《城镇地籍调查规程》(TD 1001—1993)。

(2)《城市测量规范》(CJJ 8—99)。

(3)《全球定位系统(GPS)测量规范》(GB/T 18314—2009)。

(4)《土地利用现状分类》(GB/T 21010—2007)。

(5)《国民经济行业分类》(GB/T 4754—2002)。

(6) 批准后的《××县城镇地籍调查技术设计书》。

(7)《××省城镇地籍更新调查成果检查验收办法》。

(8) 市、区(县)文件及补充要求。

(9)《1∶500　1∶1 000　1∶2 000 地形图图式》(GB/T 20257.1—2007)。

(10)《城镇地籍数据库标准》(TD/T 1015—2007)。

(11)《土地利用数据库标准》(TD/T 1016—2007)。

(12)《第二次全国土地调查数据库建设技术规范》。

(13)《国土资源信息核心元数据标准》(TD/T 1016—2003)。

(三) 检查方法

为了保证产品质量、满足顾客要求。严格按照产品检查验收规定,对测绘产品质量实施过程检查和最终成果检查,实行二级检查,即分院级 100%检查,院级 30%检查。分院级检查是在作业队 100%自查的基础上进行的。

(四) 检查内容

(1) E 级 GPS 网:点位选择是否合理,标石埋设是否稳固,作业是否规范,数据处理方法是否正确,成果精度是否符合规范要求,成果资料是否齐全。

(2) 城镇地籍调查:调查表填写是否规范,各项资料是否齐全。

(3) 城镇地籍要素测量:测量的方法是否正确,成果的精度是否达到规范的要求。

(4) 城镇地籍图件:各种地籍图件是否符合规范要求,成果资料是否齐全。

(五) 检查重点

(1) 权属调查是否符合规范、设计书要求。

(2) 地籍要素测量各项数学精度是否符合规范、设计书要求。

三、各项的检查情况

(一) 室内检查

1. 控制部分

(1) E 级 GPS 控制网及一、二级导线测量

——选点和埋石。

本测区共布设 E 级 GPS 点 10 个(埋石 10 个),一、二级导线点 141 个(其中埋石 95 个,切割 46 个),均匀分布在测区范围内,点位选择考虑到了 GPS 观测和下工序的使用,点间至少有两个通视方向,避开了较强的磁场、大面积水域等。选埋点绝大部分点有利于 GPS 卫星观测,但从点之记中发现有少量点旁有障碍物等其他影响观测的因素,如点Ⅰ010、Ⅰ022 距离 100 m 处均有高压线经过,点Ⅱ052、Ⅱ054 两边均有高大建筑物,这些点的位置多少会影响观测。

从以上检查情况表明,总体布网及选埋质量较好。

——GPS 网的布设和观测。

全测区布设 E 级网 1 个,联测平面起算点 4 个,待定点 10 个,同步环 29 个,异步环 7 个,总基线 44 条,其中必要基线 13 条,多余基线 7 条,平均重复设站数为 1.7 个/站,每个流动站观测不少于两个时段,手簿记载清晰、完整,网形坚强,符合要求。

全测区布设一、二级导线网 1 个(并网观测),其中控制网包括 10 个已知点在内联测了 151 个点,组成最小同步环 305 个,多边形异步环 174 个(计算选取)。总基线 522 条,其中必要基线 141 条,多余基线 79 条,平均重复设站次数为 1.9 次/站。控制网观测时间选择恰当,手簿记载清晰、完整,网形坚强,符合要求。

——基线解算及网平差。

E 级 GPS 网及一、二级导线网基线解算软件使用的是××大学开发的××软件,网平差使用的是××软件。

同步环、异步环闭合差均优于限差要求,各网的重复基线差也优于限差要求。具体数据见表 7-14。

表 7-14　基线解算限差要求

网名	重复基线差类	基线号	重复基线差值/m	限差/m
E级网	最大	E002—E003	0.005	0.039
	最小	E004—E006	0.000	0.047
一、二级导线网	最大	Ⅱ054—ⅡT055	−0.003	0.037
	最小	ⅠT057—Ⅰ020	0.000	0.033

5″、8″网三维平差精度均优于限差要求，二维平差后点位误差情况统计如表 7-15 所示。

表 7-15　网平差后点位中误差

网名	最弱点点号	点位误差/cm	X误差/cm	Y误差/cm
E级网	E002	0.540	0.320	0.440
一、二级导线网	Ⅱ074	0.430	0.240	0.360
网名	最优点点号	点位误差/cm	X误差/cm	Y误差/cm
E级网	E010	0.270	0.150	0.220
一、二级导线网	Ⅰ021	0.200	0.090	0.180

由以上统计可看出二维平差精度均优于限差要求。

——四等水准测量及平差计算。

四等水准联测了测区内E级GPS点10个，三等水准点（起算点）3个。10个待定点在测区内均匀分布，路线总长16.67 km。使用的仪器设备为N2水准仪和3 m木质区格式标尺，PC-1500电子记录。平差计算使用××软件进行严密平差并评定精度。其最大点位误差0.007 08 m，最大点间误差0.006 71 m，满足要求。

——一、二级导线网高程拟合。

一、二级导线网均采用高程拟合的方法获得各待定点的高程。选用了网中10个E级点高程作为起算点，均采用附加地形改正的曲面拟合法。拟合高程检核点误差为0.002 m。可见精度良好，满足要求。

(2) 图根控制

平差计算使用××工程控制网平差软件进行平差计算，全测区53条图根导线中，从导线全长相对闭合差来看，小于1/3限差的35条，1/3～1/2限差的9条，大于1/2限差的9条，精度均合乎要求。图根高程导线从平差结果的高程闭合差和最大点位误差来看均合乎要求。

2. 权属调查

整个调查区共划分了1个街道，22个街坊，街坊的划分大小适中界线明确。

对调查成果抽取了100份进行检查。权属调查确认的土地所有者、使用者与土地登记申请一致；认定界址的法律手续完整、规范、有效；界址边的走向合理。地籍调查表填写方法正确，填写内容符合《城镇地籍调查规程》要求。

在对宗地草图进行检查发现：2份勘丈数据不全，3份相邻宗地表述不完整。

从检查结果来看权属调查的成果符合技术设计的要求。

3. 地籍图件

地籍图件共抽取了11幅地籍图，100幅宗地图。主要检查了图式使用是否正确，各种注记、编码有无遗漏，图面整饰是否清晰完善；图幅间接边是否合理，有无不接现象、逻辑错误等。

宗地图的检查结合权属调查表进行，检查两者是否一致。

(二) 野外设站检查情况

1. 控制部分

实地巡查各级控制点20个（包括埋石、割石），图根埋石点23个（包括埋石、割石），标石的制作及割石的尺寸符合设计书的要求，标石面的印字正规、等级清楚。但发现个别点埋设时，标石字头稍偏离正北方向。

还有因为非建成区多处正在进行土地平整，有部分点已被破坏。

野外设站用××全站仪对E级、一、二级GPS点随机设站检测，进行了水平角、边长及垂直角的观测。

经室内计算后与GPS网的平差结果值相比较，对于E级GPS网，角度较差最大的为1″，最小的为0.3″，边长较差最大的为11 mm，最小的为3 mm，边长相对中误差最高的为1/94 916，最低的为1/23 033；对于一、二级导线网，角度较差最大的为20.62″，最小的为0.4″，边长较差最大的为11 mm，最小的为2 mm，边长相对中误差最高的为1/119 142，最低的为1/22 516（具体的数据见某县GPS网设站检测水平角、边长精度统计表）。

2. 地籍要素测量部分

我们对抽查的11幅图（4幅为建成区，其余均为非建成区）进行了100％的野外巡查，认为质量比较好，差、错、漏较少，所测的地籍要素符合规程的要求。我们对界址点、房角点，以及其他地物要素点抽量边146条，设站打点84个。将这些数据与电脑中提取的数据进行比较，量边有2条大于0.2 m，粗差率为1.4％；坐标检测有2个点超过0.2 m，粗差率为2.4％；碎部点高程检测34个，粗差率为零。对这些粗差我们将第二次到实地复核证实。从146条边的中误差统计情况为：$m=\pm0.87$ cm；碎部点高程中误差为：$m_{高}=\pm0.68$ cm；从84个坐标值统计点位中误差为：$m_{点}=\pm0.81$ cm（具体的数据见地籍图检测误差分布状况统计表）。

四、存在的质量问题

（一）控制测量问题

（1）从抽查的11幅图中，图名为“某县第一小学”及“城乡建设局”的两幅图各缺少一个埋石点（各只有两个埋石点）。

（2）经过统计，在未抽查的图幅（56幅，其中满幅21幅）中，有些图幅埋石点的密度（按设计书的要求建成区4个，非建成区3个）未达到设计书的要求。具体的数据见图幅埋石点统计表。

（二）权属调查问题

在巡查的过程中共发现：10处宗地与实地测制的界址点不相符，5处宗地图形与实地图形不相符，1处宗地边长与实地不相符，15宗存在界址点标志不全。

（三）地籍分幅图问题

（1）绘错的有：

——房子移位1处；

——房子分层位置错2处；

——电线塔错绘成电杆1处；

——砖房误绘成土房，土房误绘成砖房各1处；

——把屋檐错绘成房子2处；

——界址线位置绘错1处。

（2）漏绘的有：

——漏绘砖房屋1处；

——漏绘封闭地类界内植被多处；

——漏绘涵洞符号多处。

（3）图面问题有：

——小路线性符号未处理好；

——等高线绘制点线矛盾1处，示坡线未按图式表示；

——界址线有交叉矛盾。

以上几个方面出现的问题，经检查人员提出已反馈给作业人员彻底地修改。

五、遗留的问题

（1）本测区中有3处权属界线有矛盾，待相关部门协调后处理。

（2）部分图幅中图根点的分布、密度、埋石点数量、地形点的密度等指标未按要求，但各项精度指标经检查均符合要求。

六、质量评定及结论

通过检查，本测区控制网点位分布合理，点位较好，埋石正确，标石质量符合规范要求，观测及平差的数学精度好，遗留问题已责成作业队认真修改、复查。该测区的控制质量评定为“良好”；地籍图图面表示合理，要素齐全，无重大缺陷，各图形要素线型及属性正确，遗留问题已责成作业队认真修改、复查。评定11幅图的质量为：7幅“良好”(85～95分)占63.6%，4幅“合格”(80～85分)占36.4%。

具体统计表由于篇幅有限不再列出。

思考题

1. 地籍测绘成果检查验收的依据有哪些？
2. 地籍测绘成果检查验收中，质量要求有哪些方面？
3. 地籍测绘成果检查验收的制度是什么？
4. 简述地籍测绘成果验收的程序。
5. 地籍测绘成果检查验收的内容有哪些？
6. 简述地籍测绘成果质量评定等级。
7. 简述地籍测绘工作中监理实施的过程。

第八章　地籍测绘技术总结

§8-1　测绘技术总结概述

测绘技术总结是在测绘任务完成后，对测绘技术设计文件和技术标准、规范等的执行情况，技术设计方案实施中出现的主要技术问题和处理方法，成果（或产品）质量、新技术的应用等进行分析研究、认真总结，并作出的客观描述和评价。测绘技术总结为用户（或下工序）对成果（或产品）的合理使用提供方便，为测绘单位持续质量改进提供依据，同时也为测绘技术设计、有关技术标准、规定的制定提供资料。测绘技术总结是与测绘成果（或产品）有直接关系的技术性文件，是长期保存的重要技术档案。

一、测绘技术总结的类型

测绘技术总结分项目总结和专业技术总结。

专业技术总结是测绘项目中所包含的各测绘专业活动在其成果（或产品）检查合格后，分别总结撰写的技术文档。专业技术总结所包含的测绘专业活动范畴以及各测绘专业活动的作业内容遵照CH/T 1004—2005（测绘技术设计规定）的相关规定。

项目总结是一个测绘项目在其最终成果（或产品）检查合格后，在各专业技术总结的基础上，对整个项目所做的技术总结。对于工作量较小的项目，可根据需要将项目总结和专业技术总结合并为项目总结。

项目总结由承担项目的法人单位负责编写或组织编写；专业技术总结由具体承担相应测绘专业任务的法人单位负责编写。具体的编写工作通常由单位的技术人员承担。技术总结编写完成后，单位总工程师或技术负责人应对技术总结编写的客观性、完整性等进行审核并签字，对技术总结编写的质量负责。技术总结经审核、签字后，随测绘成果（或产品）、测绘技术设计文件和成果（或产品）检查报告一并上交和归档。

二、测绘技术总结的编写依据和要求

测绘技术总结编写的主要依据包括：

(1) 测绘任务书或合同的有关要求，用户书面要求或口头要求的记录，市场的需求或期望。

(2) 测绘技术设计文件、相关的法律、法规、技术标准和规范。

(3) 测绘成果（或产品）的质量检查报告。

(4) 适用时，以往的测绘技术设计、测绘技术总结提供的信息以及现有生产过程中的产品记录和有关数据。

(5) 其他有关文件和资料。

测绘技术总结的编写应做到：

(1) 内容真实、全面，重点突出。说明和评价技术要求的执行情况时，不应简单抄录设计书的有关技术要求；应重点说明作业过程中出现的主要技术问题和处理方法、特殊情况的处理及其达到的效果、经验、教训和遗留问题等。

(2) 文字简明扼要，公式、数据和图表应准确，名词、术语、符号和计量单位等均应与有关法规和标准一致。

(3) 测绘技术总结的幅面、封面格式、字体字号符合规定。

三、测绘技术总结的内容

测绘技术总结（包括项目总结和专业技术总结）的内容通常由概述、技术设计执行情况、成果（或产品）

质量说明和评价、上交和归档的成果(或产品)及其资料清单四部分内容组成。

概述主要说明测绘任务的情况,如任务来源、目标、工作量等,任务的安排和完成情况,以及测区概况和已有资料利用情况等。

技术设计执行情况主要说明和评价测绘技术设计和有关的技术标准、规范的执行情况。内容包括生产所依据的测绘技术设计文件和有关的技术标准、规范,设计书执行情况以及执行过程中技术性更改情况,生产过程中出现的技术问题和处理方法,特殊情况的处理及其达到的效果等,新技术、新方法、新材料等应用情况,经验、教训、遗留问题、改进意见等。

成果(或产品)质量说明和评价主要说明和评价测绘成果(或产品)的质量情况、产品达到的技术指标、质量检查报告的名称和编号等。

上交和归档的成果(或产品)及资料清单主要说明上交和归档成果(或产品)的形式、数量等,以及一并上交的资料清单。

(一) 项目技术总结的内容

1. 概述

(1) 项目来源、内容、目标、工作量,项目的组织和实施,专业测绘任务的划分、内容和相应任务的承担单位,产品交付与接收情况等。

(2) 项目执行情况:说明生产任务安排与完成情况,统计有关的作业定额和作业效率,经费执行情况等。

(3) 作业区概况和已有资料利用情况等。

2. 技术设计执行情况

(1) 说明生产依据的主要技术性文件,包括项目设计书、专业技术设计书、技术设计更改文件、有关技术标准和规范等。

(2) 说明项目总结所依据的各专业技术总结。

(3) 说明和评价项目实施过程中,项目设计书和有关技术标准、规范的执行情况,并说明项目设计书的更改情况(包括技术设计更改的内容和原因等)。

(4) 重点描述项目实施过程中出现的主要技术问题和处理方法、特殊情况的处理及其达到的效果等。

(5) 说明项目实施过程中质量保证措施(包括组织管理措施、资源保证措施、质量控制措施以及数据安全措施)的执行情况。

(6) 说明生产中采用的新技术、新方法、新材料的应用情况。

(7) 总结经验、教训(重大的缺陷和失败)和遗留问题,并对今后生产提出改进意见和建议。

3. 测绘成果(或产品)质量说明与评价

说明和评价项目最终成果(或产品)的质量情况(包括精度统计),产品达到的技术指标,并说明最终测绘成果(或产品)的质量报告的名称和编号。

4. 上交和归档测绘成果(或产品)及其资料清单

(1) 测绘成果(或产品):说明其名称、数量、类型等,当上交成果的数量或范围有变化时需附上成果分布图。

(2) 文档资料:包括项目设计书及其有关的设计更改文件、项目技术总结,质量检查报告,必要时也包括项目所包含的专业技术设计书及其有关的专业设计更改文件和专业技术总结,文档簿(图历簿)以及其他作业过程中的重要记录。

(3) 其他必须上交和归档的资料。

(二) 专业技术总结的内容

1. 概述

(1) 测绘项目的名称、专业测绘任务的来源;专业测绘任务的内容、任务量和目标,产品交付与接收情况等。

(2) 计划与实际完成情况、作业率的统计。

(3) 作业区概况和已有资料利用情况等。

2. 技术设计执行情况

(1) 说明依据的技术文件,包括专业技术设计书及有关技术设计更改文件,有关技术标准和规范。

(2) 说明和评价专业技术文件的执行情况,并重点说明专业测绘生产过程中专业技术设计的更改情况(包括专业技术设计的更改内容、原因等)。

(3) 描述专业测绘生产过程中出现的技术问题和处理方法、特殊情况的处理及其达到的效果等。

(4) 作业过程中采用的新技术、新方法、新材料的应用情况。

(5) 总结经验、教训(重大的缺陷和失败)和遗留问题,并对今后生产提出改进意见和建议。

3. 测绘成果(或产品)质量情况

说明和评价测绘成果(或产品)的质量情况(包括精度统计),产品达到的技术指标,并说明测绘成果(或产品)的质量检查报告的名称和编号。

4. 上交测绘成果(或产品)和资料清单

(1) 测绘成果(或产品):说明其名称、数量、类型等,当上交成果的数量或范围有变化时需附上成果分布图。

(2) 文档资料:包括专业技术设计文件、专业技术总结、质量检查报告,必要的文档簿(图历簿)以及其他作业过程中的重要记录。

(3) 其他必须上交和归档的资料。

四、测绘技术总结格式要求

测绘技术总结包含正封面、副封面、目录、正文和附录。技术总结文本采用 A4 幅面,其中正、副封面名称用二号黑体,封面其他文字均使用四号仿宋体;目录页中"目录"使用三号黑体字,目录内容使用小四号宋体;技术总结正文中,章、条、附录的编号和标题使用小四号黑体,图、表的标题使用小四号黑体;条文(或图、表)的注、脚注使用五号宋体;图、表中的数字和文字以及图、表右上方关于单位的陈述用五号宋体;正文和附录的其他内容均采用小四号宋体。

封面格式参见图 8-1 至图 8-4。

密级[1] 编号[2]

项　目　名　称

项目总结

编写单位名称

年　　月　　日

注：1. “密级”依照有关国家规定划分的保密等级。
2. “编号”为设计单位自行编号，亦可采用项目编号。
3. 专业技术总结封面上的“密级”和“编号”与此相同。

图 8-1　项目总结正封面格式

密级[1] 编号[2]

项 目 名 称

(测绘专业名称)专业技术总结

编写单位名称

年 月 日

图 8-2 专业技术总结正封面格式

项　目　名　称

项目总结

编写单位(盖章)：

编写人：

年　月　日

审核意见：

审核人：

年　月　日

图 8-3　项目总结副封面格式

项　目　名　称

(测绘专业名称)专业技术总结

编写单位(盖章)：

编写人：

年　月　日

审核意见：

审核人：

年　月　日

图 8-4　专业技术总结副封面格式

§8-2　地籍测绘技术总结内容及要求

地籍测绘技术总结应以测绘技术总结为基础，结合地籍测绘工作特点，以其各工作环节技术执行情况编写而成的技术报告。主要包含以下内容。

一、地籍测绘（调查）的技术路线及技术路线制定依据

包括主要依据、参考依据等。

二、地籍测绘（调查）采用的资料

包括资料来源、类别、参数、采集时间、质量状况评价等。

三、权属调查的实施

主要内容包括：权属调查的实施方案及技术路线；调查内容、工作准备、界址确认（确权依据、方法、过程）、界标设置方法；界址边长及关系距离的丈量方法；宗地草图的绘制方法；地籍调查表的填写要求；权属争议调处、存在问题及解决办法、土地利用分类调查；土地利用情况调查的依据、内容和方法等。

四、地籍控制测量部分

主要包括坐标系统和高程基准选择与确定（包括投影带、投影面的选择）、已有控制点情况（等级、数量、施测时间、精度分析、标志状况、点之记及分布情况等），采用的仪器设备及检校情况、控制网设计与施测（首级控制、加密控制、图根控制网的布设、施测方法、技术要求、精度、密度、埋石情况等）、数据处理和平差程序与方法、精度评定与分析统计等。

五、地籍细部测量部分

界址点测量：界址点点位确定、等级选择；标志设置及编号方法；采用的仪器设备；界址点测定方法；精度指标及精度评定；质量检查与精度统计等。

地籍图测绘包括：

(1) 地籍图分幅与编号，比例尺。

(2) 图件类型。数字地籍图、数字地籍正射影像图、土地利用情况图、宗地图。

(3) 成图方法（航空摄影测量法、野外数字测量法、解析法、部分解析法）。成图过程、成图方法的选取与精度指标、地物要素取舍要求，地籍图精度评定与分析；土地利用情况图编绘；宗地图制作等。制作地籍图的方法、内容的取舍标准、图的分幅与编号等；宗地图制作方法等。

(4) 当采用航空摄影测量法时，需增加航空摄影方式、航摄仪类型和参数、摄影比例尺或图像分辨率、航空摄影各项质量标准、像控点联测、界址点坐标测量方法与精度、内业编绘地籍图的过程、方法、精度要求等说明。

(5) 新技术运用及技术创新。

六、面积量算与汇总统计

主要包括面积量算方法、面积统计结果，街道、街坊、宗地分地类面积汇总和行政辖区面积汇总及不符值的分配方法。

七、数据库建设部分

主要包括：技术依据、技术路线、方法、建库标准；硬件及软件环境；数据库结构及数据分层的原则；数据文件名命名规则；建库程序及要求；数据库功能及应用；管理与维护等内容。

八、评价与结论

检查验收情况及结论，经验与建议等。

九、附录

针对以上问题的附图、附表。

§8-3　某市 GPS 控制测量技术总结样例

一、概述

（一）测区概况

某市地处河南省北部、太行山东麓、古黄河北岸。位于东经 113°51′至 114°19′，北纬 35°19′至 35°42′之间，地势西高东低。南北长约 43 km，东西宽约 35 km，总面积 862 km^2，山区、丘陵、平原面积分别为 258 km^2、158 km^2、452 km^2，其中耕地面积 37 600 hm^2，城市建成区面积 18.9 km^2，规划区面积 45 km^2。总人口 48.59 万人，其中农村人口 32 万人。人口自然增长率为 4.91‰。辖汲水、后河、孙杏村、李源屯、太公泉、唐庄、上乐村七镇，狮豹头、顿坊店、安都、庞寨、柳庄、城郊六乡。

某市属暖带大陆性季风气候，年均气温 13.8℃，年均日照时数 2 446.9 h，年均降水量 576.5 mm，无霜期 209 d。气候温和，光照充足，雨热同步，寒暑适中。

某市区位优势明显。素有"南通十省、北拱神京"之称。交通便捷，京广铁路、107 国道、京珠高速公路和即将竣工的翟阳省道纵贯南北，省道新濮公路和卫柿（卫辉—山西柿槟）公路横跨东西，具有通南达北和东出西进之利。

（二）实际完成工作量

控制测量外业工作自 2009 年 1 月 1 日开始，至 2009 年 3 月 20 日结束。实际完成一级导线点 278 个，联测了 4 个 D 级 GPS 点和 10 个原有的 E 级 GPS 点；等外水准联测了 4 个 D 级 GPS 点，水准线路长 153.1 km。

二、作业技术依据

（一）起算基准

（1）平面坐标系统采用 1980 西安坐标系。

（2）高程系统采用 1985 国家高程基准（复测）。

（3）投影方式采用高斯-克吕格投影，3°分带，中央子午线 114°。

（二）作业标准

（1）《全球定位系统（GPS）测量规范》（CB/T 18314—2009）。

（2）《国家三、四等水准测量规范》（GB12898—91）。

（3）《城市测量规范》（CJJ8—99）。

（4）技术设计书。

三、已有资料分析利用

测区内及周边有 2005 年 5 月测量的 D 级 GPS 点和在 2006 年 12 月测量的 E 级 GPS 点，经实地踏勘 D 级 GPS 点有 DG081、DG085、DG086 和 DG087 四个点可以利用。

另外，测区范围内的 E 级 GPS 点经实地踏勘有 12 个保存良好，加密图根控制点时可以利用。

四、平面控制测量

（一）方案设计及精度要求

为满足地籍测图的需要，本次对全测区重新布设一级 GPS 导线点。

一级 GPS 导线按导线网的形状布设，网形确保有足够的网形强度，起算点分布均匀，点位布设密度可以满足图根控制导线加密发展的需要，相邻点间平均边长 388 m，每个控制点都至少有一个通视方向。

本测区一级 GPS 导线点技术要求参照 GPS 网 E 级的要求执行。具体测量技术要求按表 8-1 执行。

表 8-1　GPS 控制网基本技术指标表

项　目	指　标		E 级 GPS 网
GPS 网设计	闭合环或符合路线边数		≤10
	GPS 网平均基线长度/km		0.2～5
标准 σ 参数	固定误差 a/mm		≤10
	比例误差 b		≤20
GPS 观测	GPS 测量模式		静态相对定位
	卫星截止高度角/(°)		≥15
	数据采样间隔/s		=15
	有效观测卫星数		≥4
	观测时段长度/min	GPS 双频机	≥40
	观测平均时段数		≥1.6
基线精度	最弱边相对中误差		≤1/20 000

注：当边长小于 200 m 时，边长中误差应小于 20 mm。

（二）选点与埋石

新布的导线点主要选在视野开阔的主要街道路边的水泥路面上，标志埋设采用现场钻孔的方法；空旷地方的标志埋设采用现场浇灌的方法。

本次点位布设，城区和乡镇共同选埋点，点号以Ⅰ001，Ⅰ002……的顺序编号，并在实地绘制了点之记。根据具体情况新布设了一级导线点 444 个。其中城区部分新布设了一级导线点 278 个，相邻点平均距离 388 m，相邻两点间相互通视，个别布点困难处也有一个方向通视，整体网形布设合理。

（三）GPS 外业观测

1. 使用的仪器及精度

一级导线网采用 GPS 作业。本项目部投入六台 Trimble 系列 GPS 接收机进行观测，该仪器经过检验，符合规范要求。主要精度指标为：

水平距离　$\pm(5\ \text{mm}+1\times10^{-6}\ D)$

垂直距离　$\pm(1\ \text{cm}+1\times10^{-6}\ D)$

方向值　$\pm(1''+5/D)$

式中，D 为边长，单位为 km。

2. 外业观测方法

本次 GPS 导线网外业采用边连接的方式构网观测，每个时间段观测时间≥45 min。接收机的天线利用脚架安置在标志中心的垂线方向上，用测前经过检验、校正的光学对点器进行对中、整平，对中误差小于 3 mm。天线量高使用特制的测高尺，量至天线上缺口处，测前测后各量一次，取位至 0.001 m，取中数记录到外业记录手簿上。观测完后构成 GPS 基线向量网，网中几何图形基本是三角形，各测站数据剔除率小于 10%，外业观测数据良好。

（四）GPS 网的数据处理

数据处理使用 Trimble TGO1.6 商用软件包。当天采集的数据回来后即传输到计算机，对照外业记录，检查点名和天线高，输入计算机中。然后使用多基线批处理程序进行自动数据处理，同时这是对外业数据质量的检验。

根据计算机自动处理后输出的基线质量摘要，检查基线方差比(Ratio)，中误差(RMS)、周跳数和测站数据剔除率等。GPS 网观测采用边连接方式，基线长度一般都不大于 10 km，使用 L_1 频率采集的数据自动处理后，大部分基线质量在限差以内，对于超限基线进行手工处理或外业进行了补测，使基线质量都达到了要求。

(五) 基线质量检验

基线处理后，对同步环、异步环和重复基线进行了检查，其计算公式如下：

(1) GPS 网相邻点弦长精度用式(8-1)表示，即

$$\sigma=\sqrt{a^2+(bd)^2} \tag{8-1}$$

式中，σ 为标准差，mm；a 为固定误差，mm；b 为比例误差；d 为网中所有基线边平均边长，km。

其中，$a=10$ mm，$b=20\times10^{-6}$，$d=0.388$ km，$\sigma=\sqrt{a^2+(bd)^2}=13$ mm。

(2) 同步环限差。在闭合环检验时，对三节点的同步环进行了检查，同步环中平面误差最大为Ⅰ424-Ⅰ425-Ⅰ426 环，误差为16 mm，环线全长相对闭合差为 14.695×10^{-6}，小于限差要求，见表 8-2。所以同步环达到了限差的要求。

表 8-2　闭合环限差要求

限差类型	E 级
坐标分量相对闭合差	9.0×10^{-6}
环线全长相对闭合差	15.0×10^{-6}

(3) 异步环限差。若干个独立观测边组成闭合环，各坐标增量闭合差允许为

$$\omega_x\leqslant2\sqrt{n}\times\sigma、\quad \omega_y\leqslant2\sqrt{n}\times\sigma、\quad \omega_Z\leqslant2\sqrt{n}\times\sigma$$

环闭合差限差为

$$\omega=\sqrt{\omega_x^2+\omega_y^2+\omega_z^2} \tag{8-2}$$

式中，n 为闭合环中的边数，σ 为 GPS 网标准差(按平均边长计算)。

当 $n=3$ 时

$$\omega_x\leqslant2\sqrt{n}\times\sigma=37\text{ mm}$$

$$\omega_y\leqslant2\sqrt{n}\times\sigma=37\text{ mm}$$

$$\omega_z\leqslant2\sqrt{n}\times\sigma=37\text{ mm}$$

$$\text{平面限差}\leqslant64\text{ mm}$$

在闭合环检验时，对三节点的异步环进行了检查，异步环中平面误差最大为Ⅰ275-Ⅰ276-Ⅰ396 环，误差为 12 mm，小于限差的要求。所以异步环达到了限差的要求。

由于高程采用了水准测量，未统计垂直分量的误差。

(4) 重复基线的长度较差，不超过式(8-3)的规定

$$d_s=2\sqrt{2}\times\delta=37\text{ mm} \tag{8-3}$$

在基线检验时，对重复基线进行了检查，重复基线中最大不符值为 7 mm，最小为 0 mm，重复基线符合规定要求。

详见闭合环检验统计资料。

(六) GPS 网平差

1. GPS 网无约束平差(WGS-84 坐标系)

根据环闭合差检查结果，选出质量好的基线组成 GPS 平差网。GPS 网无约束平差在 WGS-84 基准下进行，平差时用内部约束以满足网中方位角和尺度的约束条件，最后加权平差后，GPS 网的参考因子为 1.00，自由度为 1 437，通过 X2(α=95%)统计检验，平差收敛。

GPS 网无约束平差后精度见表 8-3。

表 8-3　GPS 网无约束平差精度

平差后边长相对精度(1/10 000)		平面点位中误差/cm	
最高	最低	最大	最小
1/28.7	1/1.8	±2.6	±0.9

GPS 网在 WGS-84 系中无约束平差表明，该网内附合精度良好(详见 GPS 网无约束平差资料)。

2. GPS 网约束平差(1980 西安坐标系)

本次 GPS 网约束平差在 1980 西安坐标系中进行,共联测了 4 个已知点:DG081、DG085、DG086 和 DG087,均为 D 级 GPS 点。平差前对联测的已知点的精度进行了检查,结果如下:

固定 DG081 和 DG087 两个点,检查 DG085 和 DG086,和已知坐标比较,互差为

DG085　$dx=-0.8$ cm,$dy=0.8$ cm

DG086　$dx=-0.2$ cm,$dy=-0.3$ cm

固定 DG081、DG085 和 DG087 三个点,检查 DG086,和已知坐标比较,互差为

DG086　$dx=-0.6$ cm,$dy=0$ cm

固定 DG081、DG086 和 DG087 三个点,检查 DG085,和已知坐标比较,互差为

DG085　$dx=-1.0$ cm,$dy=-0.7$ cm

从以上检查结果可以看出,4 个起算点之间精度一致。最后固定这 4 个起算点的平面坐标约束平差后,GPS 网在 1980 西安坐标系中的参考因子为 1.00,自由度为 1 442,通过了 X2($\alpha=95\%$)统计检验,且无超限观测值出现,平差收敛。

GPS 网约束平差后边长相对精度、点位中误差统计见表 8-4。

表 8-4　GPS 网约束平差

平差后边长相对精度(1/10 000)		平面点位中误差/cm	
最高	最低	最大	最小
1/27.7	1/1.8	±2.8	±0.5

GPS 网在 1980 西安坐标系中约束平差后,相对精度最低的边为Ⅰ306—Ⅰ315 和Ⅰ253—Ⅰ363,相对精度是 $1/1.77\times10^4$ 和 1/1.81,边长为 115.221 m 和 138.840 m,边长中误差±6 mm 和±8 mm,边长中误差均在 2 cm 之内,其余的相对精度都在 1/20 000 以上,完全满足规范的要求。

本次 GPS 网联测了 10 个原有 E 级 GPS 点,比较结果见表 8-5。

表 8-5　GPS 网联测坐标精度

点名	实测坐标		原坐标		较差	
	X/m	Y/m	X/m	Y/m	ΔX/m	ΔY/m
E405	3 922 872.474	505 201.541	3 922 872.480	505 201.532	−0.006	0.009
E406	3 922 837.148	505 423.996	3 922 837.160	505 423.989	−0.012	0.007
E412	3 921 525.277	506 060.575	3 921 525.293	506 060.573	−0.016	0.002
E417	3 920 148.828	505 741.836	3 920 148.830	505 741.836	−0.002	0
E418	3 920 183.559	507 537.797	3 920 183.560	507 537.794	−0.001	0.003
E420	3 919 256.209	506 298.284	3 919 256.207	506 298.284	0.002	0
E421	3 919 155.956	505 685.662	3 919 155.951	505 685.670	0.005	−0.008
E422	3 919 030.873	506 234.759	3 919 030.866	506 234.764	0.007	−0.005
E423	3 919 343.153	504 040.187	3 919 343.156	504 040.183	−0.003	0.004
E425	3 918 215.603	504 284.438	3 918 215.602	504 284.445	0.001	−0.007

以上统计结果表明,本次 GPS 测量内外业成果良好,达到了设计要求,可以作为本次测图的起算数据并能满足今后测量工作的需要。

五、高程控制测量

测区内一级导线网中所有地面点均联测了等外水准,这些点和测区内其他需要进行水准联测的原 E 级GPS 点共同组成了多结点水准网。

(一) 仪器设备及外业观测

1. 仪器设备及其检验

水准观测使用索佳 C30Ⅱ自动安平水准仪,配 3 m 区格木质标尺,标尺分划 1 cm。在水准观测前对仪

器设备进行了 i 角检验。

具体检验见《i 角检验资料》。

2. 水准观测与记簿

(1) 水准观测采用中丝法测高，直读视距，单程观测，观测次序为后—后—前—前。

(2) 水准观测在成像清晰，视线稳定的条件下进行，前后视距≤100 m。

(3) 观测时仪器脚架安置牢固，尺垫踩实；沿公路进行施测时，仪器和标尺安置在路基上。

(4) 各测段均是偶数测站。

(5) 水准记录采用电子记录，外业各项记录填写齐全，当天记录的数据传到计算机中自动进行汇总，并生成水准外业记录手簿。

(二) 水准网平差

水准网平差软件使用南方平差易。水准环线和附合路线闭合差均小于 40 $\sqrt{L}$ mm，高差计算至 0.000 1 m，成果取至 0.001 m。由于测区范围小，高差起伏不大，且水准标尺的每米真长误差很小，平差计算时没有加入尺长改正和水准面不平行性改正，以测段长度加权，进行结点网统一平差。

平差后精度情况如表 8-6 所示。

表 8-6 水准网平差精度

高程控制网等级	等外水准
已知高程点个数	4
未知高程点个数	299
每公里高差中误差	7.31 mm
最大高程中误差[Ⅰ333]	7.35 mm
最小高程中误差[Ⅰ181]	2.21 mm
平均高程中误差	4.84 mm
规范允许每千米高差中误差	15 mm
边长统计	总边长：153 126.000 m 平均边长：424.172 m 最小边长：131.000 m 最大边长：3 218.000 m
观测测段数	361
水准环数	59

四等水准观测时联测了 10 个原有的 E 级 GPS 点作为检查，比较结果见表 8-7。

表 8-7 水准网联测高程精度

点名	实测高程	原高程	较差
E405	69.961	69.982	−0.021
E406	69.871	69.888	−0.017
E412	68.529	68.545	−0.016
E417	67.859	67.874	−0.015
E418	66.722	66.741	−0.019
E420	68.351	68.381	−0.030
E421	68.326	68.359	−0.033
E422	69.360	69.400	−0.040
E423	68.245	68.275	−0.030
E425	68.641	68.647	−0.006

以上统计结果表明，本次水准测量内外业成果良好，达到了设计要求，可以作为本次修测的首级高程控制并能满足今后测量工作的需要。

六、提交资料清单

(1) 测量仪器检定资料。

(2) GPS 外业观测手簿。

(3) 水准外业观测手簿。

(4) GPS 点之记。

(5) GPS 控制测量计算成果册。

(6) 水准测量计算成果册。

(7) 技术总结。

附件:首级控制网布置图。

§8-4 某县地籍测绘项目技术总结样例
——某县城镇地籍调查技术总结

一、地理概况

某县东经 114°14′至 114°46′,北纬 34°53′至 35°14′。东临某县,南隔黄河与某市相望,西靠某县,北接某县。县境南北长 38.2 km,东西宽 48.7 km。面积 1 220.5 km^2,耕地面积 92.6 万亩(1 亩=0.066 7 公顷)。辖 6 个镇 13 个乡,60 个村民委员会,627 个自然村,69.39 万人。除汉族外,有回、满、朝鲜、蒙古、苗民族等,其中回族人口占总人口的 2%。

地处黄河的故道,地貌复杂,沙岗、平原、洼地兼有,黄河大堤以南滩地较高,其余地势低洼。地势由西南向东北倾斜。海拔 65～72.5 m。黄河从县南和县东流过,境内流长 56 km。最枯水位与堤背地面高低达 3 米左右,引黄灌溉非常便利。过境渠有天然渠、文岩渠,地质构造古老而复杂,长期以来地壳的不断运动和变化,形成了境内地下矿藏资源。20 世纪 60 年代以来,根据地质勘测,某县北和东部大部分地下是中原油田一部分,石油储量比较丰富,正待有计划地进行开采。

黄河大堤以南高滩多旱地,经北沿堤附近低洼,县城北文岩渠一带低洼易涝,县东部天然渠南岸和黄陵一带有沙丘起伏。主要河流黄河境内长 56 km,天然渠境内长 46 km,文岩渠境内长 40 km。年平均气温 13.9℃,年平均降水量 626 mm,全年无霜期 214 d。

国民生产总值 124 575 万元,人均国民生产总值 1 826 元。现有耕地 92.48 万亩,粮食作物以小麦、玉米、大豆为主,经济作物有麻类、糖料、烟叶、药材,森林覆盖率为 11%。

境内公路总里程 302 km,公路密度每百平方公里 24.7 km。省道 3 条全长 80 km,县乡道全长 205 km,桥梁 53 座 1 218 延米。乡公路晴雨畅通,行政村全通汽车。北上有新菏铁路 4 km,并设有封丘火车站。境内黄河通航。航道总长 62 km,因与某市区、某县、某县交界,为重复里程。

全县拥有商业、饮食、服务网点和机构 3 700 多个,各类贸易市场 32 个,其中较大规模的城乡通开的专业化市场 4 个,形成了全国有名的皮毛集散地。档次较高的宾馆、酒店数十家,接待设备齐全,服务优良。年社会消费品零销总额达 38 960 万元。对外经济贸易和对外经济技术合作正向多形式、多渠道、全方位发展。

二、任务概述

城镇地籍测绘为了适应现代社会经济快速发展,科学有效地管理地籍,通过此次调查,建立城镇地籍信息系统,改变过去人工管理的老模式,为土地权属登记、发证、统计、定级估价及利用管理提供技术依据,城镇地籍调查的任务是在全县的城区内全面进行权属调查或核查,开展土地利用情况调查,测定界址点、测绘地籍图;建立地籍调查数据库及管理系统,实现地籍基础数据的信息化管理,权属调查是现场调查核实每一宗地的位置、权属、界址、地类、数量等基本情况;土地利用情况调查是查清城镇内存量建设用地、各行业用地、闲置土地、空闲土地、低效使用土地、批而未供土地、供而未用土地等土地状况。地籍测量是测量每宗土地的界址点、界址线、位置、形状、计算面积、测绘地籍图和宗地图。

本次调查范围为城区 15 km^2 及某 5 个镇约 5 km^2,总计 20 km^2。

三、技术路线

按照城镇地籍测绘的有关技术标准和规范,在权属调查和土地利用情况调查的基础上,参考原有的地籍调查资料，利用 GPS 和全站仪采用全野外数字测量的方法测绘符合要求的 1∶500 城镇地籍图。获取全区城镇每一宗土地类型、权属、界址、面积、位置及利用和分布信息，为建立“省—市—县”三级数据库及网络化管理系统打好基础。

四、作业依据

(1)《城镇地籍调查规程》(TD 1001—1993)。

(2)《第二次全国土地调查技术规程》(TD/T 1014—2007)。

(3)《××省城镇地籍更新调查技术规程》(国土资发[2006]153 号)以下简称《规程》。

(4)《城市测量规范》(CJJ8—99)。

(5)《全球定位系统(GPS)测量规范》(GB/T18314—2009)。

(6)《土地利用现状分类》(GB/T21010—2007)和《国民经济行业分类》(GB/T4754—2002)。

(7)《××县城镇地籍调查技术设计书》。

(8)《××省城镇地籍更新调查成果检查验收办法》(2006××省国土资源厅)。

(9) 市、区(县)文件及补充要求。

(10)《1∶500　1∶1 000　1∶2 000 地形图图式》(GB/T 20257.1—2007)。

五、权属调查情况

(一) 街道、街坊、宗地划分

在调查中经国土局同意，将城区(城关镇)划为一个街道，依据道路、河流、渠等主要线状地物划分 26 个街坊，以国土局提供的 1∶1 000 地形图为调查工作底图，依据技术设计书的要求、原则划分宗地。

(二) 宣传通知

在县国土局的组织下，张贴了大量的政府通告，还通过电台、广播广泛宣传，同时组织调查作业员，挨家挨户发放指界通知书，进行告知，为权属调查打下了基础。

(三) 实地调查

依据《规程》规定，调查员现场约请各方指界人指界，确定界址，在各方认可的情况下，按照《规程》要求进行了外业勘丈、草图绘制、填写调查表(具体要求参见技术设计书)，并进行了签字盖章，明确各方权益。

(四) 调查中存在的问题

在调查中，由于历史的原因，一些地方常年积累的矛盾、干群关系导致不配合的情况，签字率不高；还有临街房、门面房几经转手，找不到或联系不到户主；开发商开发的商品房，无人居住联系不到业主等情况，造成无法签字。另外，还有大量拒不签字的，不配合、拒绝调查的，依据《规程》要求，视为违约缺席，并下发违约缺席通知书，报县第二次土地调查办公室处理。

六、坐标系统的确定

县城测区内有县国土资源局提供的 30 个 E 级 GPS 点，为 1980 西安坐标系成果，采用中央子午线 114°，3°分带，作为测区首级控制起算点使用。乡镇区有县国土资源局测绘队提供的 1980 西安坐标系一级 GPS 点 60 个，作为乡镇范围起算点。

高程系统以××县提供的四等水准点(成果为 1985 国家高程基准)为起算，选用 1985 国家高程基准。

七、平面控制测量

(一) 首级控制测量

首级控制测量采用经鉴定合格的中海达 HD8200E(5 台套)快速静态测量，以 30 个 E 级 GPS 点为起算点，布设由 138 个待定点组成的一级 GPS 控制网。

首级控制 GPS 网点位选择良好，视野开阔，点位上空无障碍物，保证了良好的信号接收。标石埋设稳固牢靠，上下标石标志在同一条垂线上，偏差均在 2 mm 以内，外业观测符合《规程》要求。

数据处理采用中海达随机处理软件 HDS2003 数据处理软件包，GPS 网共施测等外点 138 个，平均边长 0.2 km，全网共 135 个同步环，环线坐标增量闭合差最大为 9.26 mm，均小于限差要求，相对精度最大为 3.80×10^{-6}；由若干个最小独立观测边组成的闭合环为异步环，全网共 108 个异步环，环线坐标增量闭合差最大为 2.87 cm，均小于限差要求，相对精度最大为 15.0×10^{-6}；全网中共有重复观测边 83 条，最大互差为 1.6 cm，均小于限差要求；二维平差结果：点位中误差最大为 0.01 m，最弱边距离相对精度 1/26 000，均小于限差要求。仪器的性能比较稳定，外业观测精度较高，能满足加密控制的需要。

高程控制测量在城区四等水准点上按等外水准要求实测。共布设 13 条水准路线。最大闭合差为 ±41 mm；最小闭合差为 ±1 mm，均小于限差要求。

（二）图根控制测量

图根控制测量采用拓普康 102N(2″)，布设一、二级图根导线。

本测区内共布设图根点 2 137 点，点的密度为每平方千米 106 点。

(1) 图根点以 E 级、一级 GPS 点为基础进行加密。一般以图根附合导线和导线网的形式进行布设，不超过两次附合。

(2) 图根点密度以满足界址点施测、地形测图需要为原则，根据建筑物密集程度、地形复杂程度以及界址点分布情况，加大了图根点密度。

(3) 图根点一般设置临时标志，土质地面打入了 20 cm 长木桩，木桩上钉上小钉，铺装地面打入了 10 cm长水泥钉，或打“＋”字，刻方框，红漆涂描。铺装路面上的图根点打入 15 cm 长的钢筋或道钉作为埋石点，相邻埋石点之间互相通视。

(4) 图根导线采用标称精度 $\pm(3\ \text{mm}+2\times10^{-6}\ D)$，测角精度 2″的 GTS-102N 全站仪，采用斜距和垂直角模式进行测量。水平角按测回法观测，各项限差依《规程》表 4 执行；距离归算进行了加常数、乘常数、气象改正和倾斜改正，距离归化至高斯投影面上。

① 距离测量采用全站仪测距一测回，4 次读数，各次读数较差均小于 10 mm，气象数据采用时间段平均值。

② 测边时均加入了加常数、乘常数和倾斜改正，当气象改正数大于边长的 1/10 000 时加入了气象改正。

③ 边长的水平距离按近似公式计算：$D=S\cdot\cos\alpha$。

④ 垂直角施测一测回。

⑤ 采用全站仪施测，各项改正直接置入仪器自动完成。

⑥ 图根导线的记录采用清华山维 ELER 电子记录手簿，平面坐标计算采用清华山维智能图文网平差软件在电脑上进行。

(5) 图根点的编号以英文字母“T”开头，后缀自然数顺序排列，图根点编号在实地用红漆书写，用箭头指示方位，一般没有空号和跳号。图根导线图根点密度均匀，通视良好，能满足测图及测量界址点的要求。图根导线平均边长为 61.1 m；导线点点位中误差最大为 3.7 cm，最小为 1.72 cm；方位角闭合差均不超过限差，导线全长相对闭合差最大为 1/4 800，最小为 1/18 000。图根点密度大，分布均匀，观测精度良好。

八、界址点测量

（一）界址点设置

实地调查每宗地每个界址点实际位置，设界址点标志，并绘制宗地草图。实地界址点编号是在各宗地调查清楚确定后以街坊为单位统一进行编号。

（二）界址点测量

界址点的测定采用全站仪进行实测，在图根点上设站；隐蔽的界址点采用支站方法进行测绘，支站不超过 3 次。界址点按宗地为单位打印界址点成果表。界址点精度指标及使用范围均符合规定。

九、地籍图编绘

（一）地籍图测绘内容

地籍图测绘内容主要包括数学基础、地籍要素、地物要素和有关的土地利用要素等。

数学基础包括平面坐标系、高程基准、内外图廓线、坐标格网及注记、比例尺、图幅编号与注记等。

地籍要素包括各级行政界线(省界、市界、县(市、区)界、乡(镇)界、街道界，当各级行政界线重合时，只表示高级界线)、权属界线(宗地界址点、界址线、地籍街坊界线(村街坊)、城乡结合部国有土地使用权和集体土地所有权界)、地籍号(街道(乡、镇)号、街坊(村)号、宗地号)、地类、宗地坐落、土地使用者或所有者、宗地面积、行业代码等。

(二) 地籍图的分幅与编号

地籍图统一采用 50 cm×50 cm 正方形分幅，1∶500 图幅编号以图幅的西南角坐标千米数为单位，按 **.00、**.25、**.50、**.75 的规则分幅，X 在前，Y 在后，中间用短线连接，如 08.25—24.00；1∶1 000 地籍图按 **.0、**.5 的规则编号。图名用图内最大用地单位全称，当无单位名可取用时，可用与邻幅单位相关位置作为图名，如“面厂北”。

(三) 地籍图的成图方法

在测区以全野外数字法测绘地籍图，以已知控制点为依据，利用全站仪或 GPS 实地采集界址点、地物点及其他有关数据，现场绘制草图，利用计算机成图软件，采用 CASS8.0 软件室内编辑图形，编辑 dwg 格式的 Cass 图形文件，由坐标数据文件和编码文件生成图形信息数据文件，生成数字地籍图，并将数字地籍图以数据形式存储在计算机介质上，通过绘图仪绘出所需比例尺的地籍图。

十、完成的主要工作量

凡建成区内的党政机关、团体、事业单位、全民和集体所有制企业，城镇居民、城市公共设施用地，乡村办企事业单位及公共设施，农业户口居民使用国有和集体的土地，均在此次调查的范围，调查面积大约为 20 km^2。在城区共划分 26 个街坊，调查宗地 13 331 宗。

(一) 城镇地籍权属调查成果

26 个街坊的权属调查是现场核实每宗土地的位置、权属、界址、地类、数量等基本情况，只有少数的宗地有争议位置、权属、界址等尚未确定。

(二) 控制测量成果

(1) 首级 GPS 点：213 点。

(2) 图根导线点：2 137 点。

(3) 分幅地籍图：417 幅。

(4) 测图面积：20 km^2。

(5) 街道、街坊数：共 6 个街道、26 个街坊。

(6) 地籍权属调查：13 331 宗。

十一、经验与体会

我公司所承担的某县城镇地籍更新调查项目，在某县国土资源局领导和地籍股的大力支持和配合下，经过不懈努力，圆满完成了任务，为某县的土地管理和城市建设做出了我们应作的贡献。工作中我们也总结出了一些经验体会：

(1) 辖区的地籍测绘和权属调查工作的重点是权属调查工作，能否顺利开展，将直接影响整个工期。对此应予以高度重视，应通过不同渠道(如广播、电视、报纸等)加大宣传力度，最好能由政府部门专门下发通知或文件至各机关、企事业单位，避免只由调查员到各单位、居民区进行一对一的宣传，扩大宣传的力度和深度。让全市居民从多渠道了解这是一项社会公益性事业，牵涉自己的切身利益，对其目的、意义和重要性有充分理解。

(2) 地籍测绘工作和地籍权属调查工作具有很强的连贯性，各工序间环环相扣、相互牵制，因此应精心组织，科学安排，有序推进，应组建工作指导小组、技术监督小组等，进行全程科学有效的管理，否则会造成大量人力、设备资源的浪费，甚至出现窝工、返工现象，影响整体工期。

(3) 地籍调查和地籍测绘工作是一项政策性、技术性较强的工作，对作业人员素质要求较高，除应具备相应的专业知识外，还应有较强的社交能力，因此，只有加强业务培训，熟悉各项土地法律、法规，深刻理解相关规程、规范，提高自身理论水平，才能做好该项工作。

(4) 地籍调查和地籍测绘工作测区范围大，数据资料多，认真做好质量检查工作，严把质量关，统一标准，统一要求，统一尺度，是搞好这项工作的基础和关键。

(5) 在地形、地物、地貌和权属变化不大的前提下，应充分利用原有老资料进行检核，尤其对于权属部分，对于变更之处应认真核实，搞清原因，确保成果、成图的准确性。

(6) 国土资源局定期召开由专家、监理和作业技术人员参加的协调会，针对所出现的问题及时做出应对措施，统一标准，以保证成果资料的统一。

(7) 作业中尽量以作业组为单位按街坊相互配合，即地籍测量与权属调查工作由同一小组负责相互配合完成，这样可避免调查、测量脱节现象，保证数据、成果的一致性，同时可根据两项工作的不同特点，进行穿插作业，合理安排生产，充分利用时间，提高工作效率。

(8) 在施工过程中，由于目前软件的开发均为通用商业软件，可能会对具体项目存在一些使用上的问题，生产过程中同样借鉴过去的一些有效的施工对策，并在此基础上进一步开发一些实用的小程序，来解决软件功能的欠缺和对数据质量的检查控制。

(9) 同时还要与软件、仪器商进行合作，争取他们在技术上的改进和硬件上的支持，最终目的是确保项目如期优质完成。

思考题

1. 什么是测绘技术总结？分为几类？
2. 测绘技术总结的内容包括哪些方面？
3. 编写测绘技术总结的依据和要求有哪些？
4. 地籍测绘技术总结包括哪些内容？
5. 已有资料分析包括哪些方面？
6. 简述地籍测绘技术总结的编写格式要求。

第九章　技术指导与业务培训

依照国家测绘职业标准(6-01-02-05)的要求,地籍测绘技师应能对低级别的地籍测绘员进行技术指导和业务培训。培训初级、中级地籍测绘员,应当具备高级地籍测绘员及以上职业资格;培训高级地籍测绘员,应当具有地籍测绘技师职业资格2年以上(或中级专业技术任职资格);培训地籍测绘技师,应具有地籍测绘技师职业资格3年以上(或高级专业技术任职资格)。

对于低级别的地籍测绘员的指导与培训,应按照地籍测绘职业要求,结合实际生产需要掌握的技术,以及相关的法规、标准、政策等情况,制订指导和培训计划、指导和培训目标、理论学习和实操学时安排等内容。指导和培训计划应切实可行,可操作性强,能切实提高测绘能力。

一、理论培训

(一)理论培训的目的

通过系统专业的理论培训,使申报相应等级测量员职业技能鉴定的申请者加深对测绘工作的认识与理解,掌握地籍测绘的基本理论知识、技术和技能,达到国家测绘职业标准中各级地籍测量员在理论知识和技能方面的基本要求,为参加相应等级的职业技能鉴定考试做好准备。

(二)理论培训总体要求

(1)按照培训教材和国家职业标准的要求安排培训内容,培训内容力求接近生产实践。

(2)培训课程的安排要有针对性,尽量考虑内业与外业的区别。

(3)注重操作技能的掌握。

(4)培训时尽量采取案例教学法、互动式教学法,以提高技能为原则。

(三)制订培训计划

培训计划是指导和培训的大纲,反映了指导和培训的总体要求与目标,计划应切实可行,有针对性、可操作性强,能切实提高测绘技术能力。

1. 课时设置

地籍测绘各工种培训学时不得低于测绘职业技能鉴定安排的学时数,具体可参见表9-1。

表9-1　各工种培训学时安排

工种名称	工种等级	理论知识培训课时	实操技能培训课时
地籍测绘员	二级(技师)	120	100
	三级(高级测绘员)	140	120
	四级(中级测绘员)	160	140
	五级(初级测绘员)	190	170

2. 培训场地及分组

理论知识培训场地为标准教室,若培训人员较多,也可合班上课,对于级别不同、内外业有别的也可分班培训。实操技能培训以小组为单位在有被测实体的、配备测绘仪器的训练场地进行。

(四)理论考核

理论知识考核采用闭卷笔试方式,在标准教室内进行,时间为120 min,实行百分制,60分以上为合格。考核内容应涵盖职业标准所要求的理论知识及相关知识。

二、技术指导

(一)技术指导的目的

技术指导的目的是让测量员掌握基本的操作要求和操作程序。地籍测绘技师利用自己熟练的测绘技能，从地籍测绘的各环节特别是易错易忽视的细节问题指导低级别地籍测绘员进行实际操作，发现和纠正问题，提高其操作技能。同时还要鼓励新技术的应用。

（二）技术指导的方法

技术指导采用训练现场演示、案例讲解的方法进行，明确地籍测绘项目的工作流程，按项目的各环节分解为若干任务，指导地籍测量员正确施测，保证成果质量。为了尽快提高地籍测量员的测量技能，也可采用师傅带徒弟的方式进行指导，直接参与到地籍测绘项目中，由地籍测量技师根据业务流程及分配的实际工作指导。对于这种方式，能更快提高操作技能，边学边干，也被作业单位普遍采用。

（三）操作技能考核

技能考核在有被测实体的、配备测绘仪器的训练场地进行，按指定的考核项目实际操作。时间为90～240 min。对于技师还要进行综合评审，以实际工作中的技术问题、解决方案等撰写论文，专家组进行答辩，时间不少于30 min。

思考题

1. 在技术指导与培训方面，对地籍测绘技师有哪些基本要求？

2. 假设有30人参加地籍测绘技能鉴定，在技能考核中，应分为几个小组？应有多少个考评员？若以一级导线(5″)测量为考核内容，请制定考核及评分方案。

参考文献

[1] 王泽根,武芳,2004.地图数据库原理与技术[M].北京:解放军出版社.

[2] 刘耀林.2003.土地信息系统[M].北京:中国农业出版社.

[3] 邬伦等.1996.地理信息系统教程[M].北京:北京大学出版社.

[4] 张新长,唐力明等.2009.地籍管理数据库信息系统研究[M].北京:科学出版社.

[5] 蒋捷,韩刚,陈军.2003.导航地理数据库[M].北京:科学出版社.

[6] 孔祥元.2005.测绘工程监理学[M].武汉:武汉大学出版社.

[7] 李恩宝.2008.测绘工程监理[M].北京:测绘出版社.

[8] 曹康泰,陈邦柱.2004.中华人民共和国测绘法释义[M].北京:法律出版社.

[9] 孔祥元,郭际明,刘宗泉.2005.大地测量学基础[M].武汉:武汉大学出版社.

[10] 贺国宏.1999.桥隧控制测量[M].北京:人民交通出版社.

[11] 吴俊昶,刘大杰,于正林.1985.控制网测量平差[M].北京:测绘出版社.

[12] 刘大杰,施一民,等.1996.全球定位系统GPS的原理与数据处理[M].上海:同济大学出版社.

[13] 杨国清.2005.控制测量学[M].郑州:黄河水利出版社.

[14] 隋立芬,李骏元,吕安民.2001.测量平差基础[M].哈尔滨:哈尔滨地图出版社.

[15] 徐绍铨等.1998.GPS测量原理及应用[M].武汉:武汉测绘科技大学出版社.

[16] 孔祥元等.2005.大地测量学基础[M].武汉:武汉大学出版社.

附录　土地利用现状分类

附表 1　土地利用现状分类和编码

一级类		二级类		含　义
编码	名称	编码	名称	
01	耕地			指种植农作物的土地，包括熟地，新开发、复垦、整理地，休闲地(含轮歇地、轮作地)；以种植农作物(含蔬菜)为主，间有零星果树、桑树或其他树木的土地；平均每年能保证收获一季的已垦滩地和海涂。耕地中包括南方宽度＜1.0 m、北方宽度＜2.0 m 固定的沟、渠、路和地坎(埂)；临时种植药材、草皮、花卉、苗木等的耕地，以及其他临时改变用途的耕地
		011	水田	指用于种植水稻、莲藕等水生农作物的耕地。包括实行水生、旱生农作物轮种的耕地
		012	水浇地	指有水源保证和灌溉设施，在一般年景能正常灌溉，种植旱生农作物的耕地。包括种植蔬菜等的非工厂化的大棚用地
		013	旱地	指无灌溉设施，主要靠天然降水种植旱生农作物的耕地，包括没有灌溉设施，仅靠引洪淤灌的耕地
02	园地			指种植以采集果、叶、根、茎、汁等为主的集约经营的多年生木本和草本作物，覆盖度大于 50%或每亩株数大于合理株数 70%的土地。包括用于育苗的土地
		021	果园	指种植果树的园地
		022	茶园	指种植茶树的园地
		023	其他园地	指种植桑树、橡胶、可可、咖啡、油棕、胡椒、药材等其他多年生作物的园地
03	林地			指生长乔木、竹类、灌木的土地，及沿海生长红树林的土地。包括迹地，不包括居民点内部的绿化林木用地，铁路、公路征地范围内的林木，以及河流、沟渠的护堤林
		031	有林地	指树木郁闭度≥0.2 的乔木林地，包括红树林地和竹林地
		032	灌木林地	指灌木覆盖度≥40%的林地
		033	其他林地	包括疏林地(指树木郁闭度≥0.1、＜0.2 的林地)、未成林地、迹地、苗圃等林地
04	草地			指生长草本植物为主的土地
		041	天然牧草地	指以天然草本植物为主，用于放牧或割草的草地
		042	人工牧草地	指人工种植牧草的草地
		043	其他草地	指树木郁闭度＜0.1，表层为土质，生长草本植物为主，不用于畜牧业的草地
05	商服用地			指主要用于商业、服务业的土地
		051	批发零售用地	指主要用于商品批发、零售的用地。包括商场、商店、超市、各类批发(零售)市场，加油站等及其附属的小型仓库、车间、工场等的用地
		052	住宿餐饮用地	指主要用于提供住宿、餐饮服务的用地。包括宾馆、酒店、饭店、旅馆、招待所、度假村、餐厅、酒吧等
		053	商务金融用地	指企业、服务业等办公用地，以及经营性的办公场所用地。包括写字楼、商业性办公场所、金融活动场所和企业厂区外独立的办公场所等用地
		054	其他商服用地	指上述用地以外的其他商业、服务业用地。包括洗车场、洗染店、废旧物资回收站、维修网点、照相馆、理发美容店、洗浴场所等用地
06	工矿仓储用地			指主要用于工业生产、物资存放场所的土地
		061	工业用地	指工业生产及直接为工业生产服务的附属设施用地
		062	采矿用地	指采矿、采石、采砂(沙)场，盐田，砖瓦窑等地面生产用地及尾矿堆放地
		063	仓储用地	指用于物资储备、中转的场所用地

续表

一级类		二级类		含　　义
编码	名称	编码	名称	
07	住宅用地			指主要用于人们生活居住的房基地及其附属设施的土地
		071	城镇住宅用地	指城镇用于生活居住的各类房屋用地及其附属设施用地。包括普通住宅、公寓、别墅等用地
		072	农村宅基地	指农村用于生活居住的宅基地
08	公共管理与公共服务用地			指用于机关团体、新闻出版、科教文卫、风景名胜、公共设施等的土地
		081	机关团体用地	指用于党政机关、社会团体、群众自治组织等的用地
		082	新闻出版用地	指用于广播电台、电视台、电影厂、报社、杂志社、通讯社、出版社等的用地
		083	科教用地	指用于各类教育，独立的科研、勘测、设计、技术推广、科普等的用地
		084	医卫慈善用地	指用于医疗保健、卫生防疫、急救康复、医检药检、福利救助等的用地
		085	文体娱乐用地	指用于各类文化、体育、娱乐及公共广场等的用地
		086	公共设施用地	指用于城乡基础设施的用地。包括给排水、供电、供热、供气、邮政、电信、消防、环卫、公用设施维修等用地
		087	公园与绿地	指城镇、村庄内部的公园、动物园、植物园、街心花园和用于休憩及美化环境的绿化用地
		088	风景名胜设施用地	指风景名胜(包括名胜古迹、旅游景点、革命遗址等)景点及管理机构的建筑用地。景区内的其他用地按现状归入相应地类
09	特殊用地			指用于军事设施、涉外、宗教、监教、殡葬等的土地
		091	军事设施用地	指直接用于军事目的的设施用地
		092	使领馆用地	指用于外国政府及国际组织驻华使领馆、办事处等的用地
		093	监教场所用地	指用于监狱、看守所、劳改场、劳教所、戒毒所等的建筑用地
		094	宗教用地	指专门用于宗教活动的庙宇、寺院、道观、教堂等宗教自用地
		095	殡葬用地	指陵园、墓地、殡葬场所用地
10	交通运输用地			指用于运输通行的地面线路、场站等的土地。包括民用机场、港口、码头、地面运输管道和各种道路用地
		101	铁路用地	指用于铁道线路、轻轨、场站的用地。包括设计内的路堤、路堑、道沟、桥梁、林木等用地
		102	公路用地	指用于国道、省道、县道和乡道的用地。包括设计内的路堤、路堑、道沟、桥梁、汽车停靠站、林木及直接为其服务的附属用地
		103	街巷用地	指用于城镇、村庄内部公用道路(含立交桥)及行道树的用地。包括公共停车场，汽车客货运输站点及停车场等用地
		104	农村道路	指公路用地以外的南方宽度≥1.0 m、北方宽度≥2.0 m 的村间、田间道路(含机耕道)
		105	机场用地	指用于民用机场的用地
		106	港口码头用地	指用于人工修建的客运、货运、捕捞及工作船舶停靠的场所及其附属建筑物的用地，不包括常水位以下部分
		107	管道运输用地	指用于运输煤炭、石油、天然气等管道及其相应附属设施的地上部分用地
11	水域及水利设施用地			指陆地水域、海涂、沟渠、水工建筑物等用地。不包括滞洪区和已垦滩涂中的耕地、园地、林地、居民点、道路等用地
		111	河流水面	指天然形成或人工开挖河流常水位岸线之间的水面。不包括被堤坝拦截后形成的水库水面
		112	湖泊水面	指天然形成的积水区常水位岸线所围成的水面
		113	水库水面	指人工拦截汇集而成的总库容≥10 万 m^3 的水库正常蓄水位岸线所围成的水面
		114	坑塘水面	指人工开挖或天然形成的蓄水量<10 万 m^3 的坑塘常水位岸线所围成的水面

续表

一级类		二级类		含　　义
编码	名称	编码	名称	
11	水域及水利设施用地	115	沿海滩涂	指沿海大潮高潮位与低潮位之间的潮浸地带。包括海岛的沿海滩涂。不包括已利用的滩涂
		116	内陆滩涂	指河流、湖泊常水位至洪水位间的滩地；时令湖、河洪水位以下的滩地；水库、坑塘的正常蓄水位与洪水位间的滩地。包括海岛的内陆滩地。不包括已利用的滩地
		117	沟渠	指人工修建，南方宽度≥1.0 m、北方宽度≥2.0 m用于引、排、灌的渠道，包括渠槽、渠堤、取土坑、护堤林
		118	水工建筑用地	指人工修建的闸、坝、堤路林、水电厂房、扬水站等常水位岸线以上的建筑物用地
		119	冰川及永久积雪	指表层被冰雪常年覆盖的土地
12	其他土地			指上述地类以外的其他类型的土地
		121	空闲地	指城镇、村庄、工矿内部尚未利用的土地
		122	设施农用地	指直接用于经营性养殖的畜禽舍、工厂化作物栽培或水产养殖的生产设施用地及其相应附属用地，农村宅基地以外的晾晒场等农业设施用地
		123	田坎	主要指耕地中南方宽度≥1.0 m、北方宽度≥2.0 m的地坎
		124	盐碱地	指表层盐碱聚集，生长天然耐盐植物的土地
		125	沼泽地	指经常积水或渍水，一般生长沼生、湿生植物的土地
		126	沙地	指表层为沙覆盖、基本无植被的土地。不包括滩涂中的沙地
		127	裸地	指表层为土质，基本无植被覆盖的土地；或表层为岩石、石砾，其覆盖面积≥70%的土地

开展农村土地调查时，对《土地利用现状分类》中05、06、07、08、09一级类和103、121二级类按附表2进行归并。

附表2　城镇村及工矿用地

一级		二级		含　　义
编码	名称	编码	名称	
20	城镇村及工矿用地			指城乡居民点、独立居民点以及居民点以外的工矿、国防、名胜古迹等企事业单位用地，包括其内部交通、绿化用地
		201	城市	指城市居民点，以及与城市连片的和区政府、县级市政府所在地镇级辖区内的商服、住宅、工业、仓储、机关、学校等单位用地
		202	建制镇	指建制镇居民点，以及辖区内的商服、住宅、工业、仓储、学校等企事业单位用地
		203	村庄	指农村居民点，以及所属的商服、住宅、工矿、工业、仓储、学校等用地
		204	采矿用地	指采矿、采石、采砂(沙)场，盐田，砖瓦窑等地面生产用地及尾矿堆放地
		205	风景名胜及特殊用地	指城镇村用地以外用于军事设施、涉外、宗教、监教、殡葬等的土地，以及风景名胜(包括名胜古迹、旅游景点、革命遗址等)景点及管理机构的建筑用地